影響世界歷史的50場戰爭

最殘酷、最暴力的手段，
也是最快速、最有效的辦法！

智慧、謀略、權術、慾望，勾勒出歷史上的絕美與悲壯。
戰爭，不僅是過程，而是結果；不再是手段，而是目的！

張彩玲 / 著

前言

自從人類有歷史以來，戰爭就一直沒有停止過。原始人類為了食物、水源、毛皮而戰，古代人類為了財產、土地、美人而戰，近代人類為了民族、階級、主權而戰，現代人類為了政治利益、經濟利益、國際地位而戰。

戰爭是一個持續不斷的話題，在每一時代、每一國家，它都會以前所未有的面孔出現，給人們帶來福音或是災難，顯示出它的睿智或愚蠢的面孔。

戰爭是政治集團之間、民族或是部落之間、國家之間衝突的具體表現，是最嚴重的、最激烈的鬥爭形式。它是解決人類糾紛中最殘酷、最暴力的手段，也是最快捷、最有效的辦法。戰爭往往伴隨著革命而來，它的最終結果是為整個社會帶來新的格局，使社會生產力邁向新的階梯。

原始人類的戰爭使身強力壯的、學會用腦的人，因此獲得食物而生存下來；古代各個部落之間的戰爭，促進民族的融合和國家的形成，還導致民族大遷徙，使先進的文化和生產力在世界各地傳播；國家內部不同民族之間的戰爭，讓受壓迫的民族獲得獨立，並且讓新的國家從中誕生。

當然，戰爭並不總是為人們帶來好處。它的殘酷性和暴力性，決定它的破壞性和摧毀性。在戰爭中，雙方都用暴力、血腥的手段去攻擊另一方，目的是讓對方屈服，甚至是徹底消滅對方。並且，許多戰爭都不會在一、兩天內結束，往往會持續幾個月、幾年甚至幾十年、上百年，其災難性可想而知。一場戰爭過後，留下來的往往是滿地屍體和滿城廢墟。

戰爭是人類長久的話題，尤其是激烈而充滿智慧的戰爭，往往最能打動人的心靈，因為那是很多人用自己的身體、靈魂、生命鑄造的歷史精彩。凝視它，斑駁的畫面是血淚塗抹的底色；傾聽它，穿越時空的是痛苦的呻吟；玩味它，智人的、偉人的、愚人的、懦夫的目的攪拌成複雜的味道。

從古代到現代，從國內到國外，每一場戰爭都是一個時代的濃縮。戰爭不僅是為了爭而戰，戰爭的意義比它本身更重要、更耐人尋味。戰爭不僅是將士之間力量的較量，還是策劃者之間思想與智慧的較量。

本書精選歷史上最經典的、對人類影響最大的、最具特色的戰爭，透過對每場戰爭的起因、經過、結果和影響的簡單而真實的介紹，向您展示一幅幅波瀾壯闊的畫面，帶您回味逝去的一幕幕精彩和悲壯。透過硝煙瀰漫的戰爭，我們應該思考，思考炮火洗禮中災難之深重，思考和平之路走過多少坎坷。

為了美麗的家園可以不再化為烏有，為了可愛的孩子們可以永保純真的笑容，我們都應該珍惜並且小心呵護我們擁有的和平。

向世界祈禱，祈禱永遠和平！

目錄

牧野之戰

一場中國古代早期戰略形成的戰爭

商朝末年，周武王為了興周滅商，在呂尚等人輔助下，統兵直搗商都朝歌（今河南淇縣），與商軍在牧野（今河南淇縣南衛河以北地區）展開決戰，歷史上稱這次事件為「武王伐紂」，這場著名的戰爭被稱為牧野之戰。

起因

商湯自建立商王朝以後，歷經初興、中衰、復振、全盛、衰弱幾個階段以後，到了商紂王（帝辛）即位時期，在內外問題交織中，已經步入全面危機的深淵。商紂王為了加強王權，任用四方逃來的人，觸犯到舊貴族的利益，造成統治集團內部分裂，進而導致整個社會動盪不安，出現「如蜩如螗，如沸如羹」的混亂局面。並且，因為殷商王朝政治腐敗，連年對外用兵，兼因施用殘暴酷虐手段，加重對民眾的剝削、壓迫，更激化與奴隸、平民的衝突，導致商朝統治更岌岌可危。

與日薄西山、奄奄一息的商王朝形成鮮明的對比，地處今涇河、渭河流域一帶的被商朝征服的周國蓬勃發展起來。周國自周太王的時候開始崛起，經公劉、古公亶父、季歷等人的積極經營，迅速強盛起來，其勢力伸入到江、漢流域，欲擺脫商朝控制，周文王姬昌即位以後，國勢更是如日當中、蒸蒸日上。商王文丁殺季曆、紂王一度囚姬昌，這些使商、周之間的衝突日益加深，所以周文王即位之後，積極從事伐紂滅商的宏偉大業。

周文王為了完成「翦商」大業，從各方面為自己奠定堅實的基礎。在政治上，他修德行善，裕民富國，廣羅人才，發展生產，造成「耕者九一，仕者世祿，關市譏而不征，澤梁無禁，罪人不孥」的清明政治局面。他的「篤仁、敬老、慈少、禮下賢」政策，贏得人們的廣泛擁護，鞏固內部的團結。在修明內政的同時，周文王還使用積極的政治、外交攻勢，用最大力量孤立商紂。例如，他請求商紂「去炮烙之刑」，用這種方法籠絡人心。周文王曾經公平的處理虞、芮兩國的領土糾紛，還頒佈「有亡荒閱」（搜索逃亡奴隸）的法令，保護奴隸主們的既得利益。

透過這些措施，周文王擴大政治影響，瓦解商朝的附庸，取得「伐交」鬥爭的重大勝利。

在處理商、周關係上，周文王鑑於「商、周之不敵」，納熟悉商朝內部情況的賢士呂尚等謀臣之策，恭順事商，麻痺紂王，誘使商朝放鬆制周而用兵東夷（今江、淮地區），趁機發展周的實力。周文王曾經率諸侯朝覲紂王，向其顯示「忠誠」。同時，大興土木，「列侍女，撞鐘擊鼓」，裝出一副貪圖享樂的樣子欺騙紂王，誘使其放鬆警惕，確保滅商準備工作可以在暗中順利的進行。

在各方面準備工作基本就緒之後，周文王在呂尚的輔佐下，制定正確的伐紂軍事戰略方針。第一個步驟就是翦商羽翼，對商都朝歌形成戰略包圍態勢。為此，周文王首先向西北和西南用兵，相繼征服犬戎、密須、阮、共等方國，消除了後顧之憂。接著，組織軍事力量向東發展，東渡黃河，率兵擊破與周為敵的黎（今山西長治西南）、邘（今河南沁陽西北）、崇（今河南嵩縣東北）等商西部屬國，將勢力深入商畿之內，打開進攻商都朝歌之路。至此，周已經處於「三分天下有其二」的有利態勢，伐紂滅商只是一個時間問題。

周文王在完成翦商大業前夕逝世，其子姬發繼位，是為周武王。他即位以後，繼承其父遺志，遵循既定的戰略方針，加緊進行滅商準備。為了團結反商力量，周武王在繼位後二年，載周文王「木主」（靈牌）於軍中，興師東進，「觀兵」盟津（今河南孟津東北），進行渡河演習。相傳有八百諸侯前來會盟，結成同心滅商的聯合陣線。周武王鑑於滅商時機尚未成熟，拒絕與會盟諸侯即刻攻商，引兵西歸，待機伐商。同時，以許願封賜為條件，收買紂王重臣微子啟、膠鬲等人，促其內部反叛。又派間諜潛入朝歌，準備伺機興師。

當時，商紂王已經感覺到周人對自己構成的嚴重威脅，決定對周用兵。然而，就在商紂王決定執行這個軍事行動的時候，東夷又發動叛商戰爭，紂王只好移兵東向，陷入與東夷的長期戰爭。為了平息東夷的反叛，紂王調動部隊傾全力進攻東夷，結果造成西線兵力的極大空虛。與此同時，商朝統治集團內部的衝突加深，商紂飾過拒諫、肆意胡為，殘殺王族重臣比干，囚禁箕子，逼走微子啟，太師疵、少師奔周，統治集團分崩離析。周武王、呂尚等人決定把握這個有利戰機，趁朝歌兵力空虛之際先發制人，乘隙直搗商都，一舉滅商。

經過

西元前一〇二七年（另有前一〇五七年等多說）正月，周武王以遵奉周文王之命，「殷有重罪，不可以不畢伐」為號召，與呂尚、周公、召公等率兵車三百乘、虎賁三千人、甲士四・五萬人自鎬京出發，浩浩蕩蕩東進伐商。同月下旬，周軍進抵孟津，在那裡與反商的庸、盧、彭、濮、蜀（均居今漢水流域）、羌、微（均居今渭水流域）、髳（居今山西省平陸南）等八個方國部落軍隊及各反商諸侯部隊會合。

周武王做「泰誓」聲討商紂，宣稱自己「恭行天罰」，以增強滅商的信心。當時歲星（木星）在東，迎歲星而進為用兵所忌，又值大雨日夜不停。為了不失去商地人心歸周的有利形勢，周武王於正月二十八日率周軍本部及八個方國部落軍隊冒雨繼續東進，從汜（今河南滎陽境）渡過河水（黃河），排除軍中出現的畏懼水泛、山崩之災之心，兼程北上，至百泉（今河南輝縣西北）折而東行，直指朝歌。周軍沿途向商民宣告，周軍不以百姓為敵，而是為民除害，最大限度的爭取商地民眾的支持。經過六天急行，周軍於二月初四拂曉進抵牧野佈陣，取得與商決戰的戰略主動性。

周軍壓境的消息傳至朝歌，朝廷上下一片驚恐。此時，商軍主力遠在東南地區，無法立即調回。紂王無奈之中，只好倉促部署防禦，調集守衛國都的少數貴族的軍隊，並且武裝大批奴隸、戰俘十七萬人（一說七十萬）親自率領，開赴牧野迎戰周軍。在廣闊的牧野戰地，「殷商之旅，其會如林」，紂王仗著人多勢眾，企圖憑此取得勝利。周軍則「檀車煌煌，駟騵彭彭」，軍容嚴整，鬥志旺盛，具有必勝信心。

二月甲子日凌晨，周軍佈陣完畢，周武王在陣前莊嚴誓師，史稱「牧誓」。周武王在陣前聲討紂王聽信寵姬讒言，不祭祀祖宗，招誘四方的罪人和逃亡的奴隸，暴虐的殘害百姓等諸多罪行，進而激發全軍將士同仇敵愾的決心與鬥志。接著，周武王又鄭重宣佈作戰中的行動要求和軍事紀律，規定每前進六、七步、每擊刺四、五次就停止，保持隊形整肅，以確保指揮順暢和車徒協調，發揮車戰的整體威力；嚴申作戰紀律，要求將士聽從命令，奮勇殺敵，但是不准殺降，違令者斬。

周武王誓師完畢，下令軍隊向商軍發起總攻擊。他先使「師尚父與百夫致師」，即讓呂尚率領一部份精銳突擊部隊向商軍做挑戰性進攻，示其必戰之志，震懾、動搖商軍。商軍中奴隸、戰俘不堪忍受紂王的殘暴，不願為紂王賣命，希望周軍迅速取勝，紛紛掉轉戈矛，幫助周軍作戰。周武王趁勢指揮以虎賁、戎車為骨幹的主力猛烈衝殺敵軍，使得商軍陣腳大亂。

周武王與呂尚等人揮軍衝殺，雖然有部份商貴族軍隊拚死抵抗，終未能阻擋周軍破竹之勢，及至天明，商軍土崩瓦解。紂王見大勢已去，於當天晚上倉皇逃回朝歌，登上鹿台自焚而死。周軍趁勝進擊，攻佔朝歌，滅亡商朝。周武王舉行祭社典禮，宣告以周代商，結束商朝約六百年的統治，建立西周王朝。然後，周武王分兵四出，征伐附商的各地諸侯，控制商王朝統治的主要地區，肅清殷商殘餘勢力。

上古時期 BC
漢
0
100
200
三國
晉
300
400
南北朝
500
隋朝
600
唐朝
700
800
五代十國
900
宋
1000
1100
1200
元朝
1300
明朝
1400
1500
1600
清朝
1700
1800
1900
中華民國
2000

結果與影響

牧野之戰是中國古代車戰初期的著名戰例，它終止殷商王朝長達六百年的統治，確立周王朝對中原地區的統治秩序，為西周奴隸制禮樂文明的全面興盛開闢道路，對後世歷史的發展產生深遠的影響。其所展現的謀略和作戰藝術，象徵中國古代早期戰略的形成，對古代軍事思想的發展，也產生不可低估的影響。

在牧野之戰中，商紂王之所以迅速敗亡，其根本原因是殷商統治集團政治腐朽，橫行暴斂，導致民心喪盡、眾叛親離。其次，對東方進行長期的掠奪戰爭，削弱了力量，並且在軍事部署上失去平衡，給周軍造成可乘之隙。第三，殷商統治者對周人的戰略意圖缺乏警惕，放鬆戒備，終於自食惡果。第四，紂王在作戰指揮上消極被動，沒有為鼓舞士氣做努力，再加上軍中臨時倉促徵發的奴隸在戰場上起義，反戈一擊，其一敗塗地也就不可避免。

周軍之所以取得徹底的勝利，也絕非偶然之事，其原因主要有以下幾個方面。首先，周文王、周武王長期正確運用「伐謀」、「伐交」的策略，產生爭取人心、翦敵羽翼、麻痹對手、建立反商統一戰線的積極效果。其次，周武王做到正確選擇決戰的時機，即趁商師主力遠征東夷未還、商王朝內部份崩離析之時，果斷的統率諸侯聯軍，實施戰略奔襲，進而使敵人在戰略、戰術上均陷於劣勢和被動，沒有機會做有效的抵抗。第三，適時展開戰前誓師，歷數商紂罪狀，鼓舞士氣，瓦解敵人。第四，在牧野決戰前，宣佈作戰行動要領和戰場紀律，作戰指揮上善於做到奇正並用，予敵巧妙而猛烈的打擊，使之頃刻間分崩離析。

資訊補給站：兵家始祖——呂尚

呂尚就是姜子牙，俗稱姜太公，東海海濱人。他的祖先曾經輔佐禹治理水土，因功封於呂，所以以呂為氏，他的姓則是姜。呂尚因為在周朝初年做過太師，尊稱「師尚父」，因而得名「呂尚」。

呂尚曾經非常窮困，年紀很大了，還經常到渭水之濱垂釣。有一天，周文王將出外狩獵，占卜得到：「捕獲的不是龍、不是虎，也不是熊，而是獨霸天下的輔臣。」於是，周文王西出狩獵，果然在小溪之上遇到呂尚。兩人談論之後，周文王大喜，說：「我的祖先曾經預言：『將來會有聖人到達周邦，幫助周國振興。』難道說的就是您嗎？我的祖先太公盼望您已經很久了。」於是稱呂尚為「太公望」，立為周之國師。

不久，商紂王懷疑周文王欲圖謀商之天下，遂將周文王拘捕在都城的監獄裡。呂尚等人廣求天下美女和奇玩珍寶，獻給紂王，贖出周文王。周文王歸國，就與呂尚暗地裡謀劃如何傾覆商朝政權。為此，呂尚策劃出許多兵家謀略和新奇妙計。由於這個原因，後人言及兵家權謀都首推呂尚，他成為兵家的始祖。

周文王去世，周武王即位。過了九年，開始發揚光大周文王的事業。又過了兩年，商紂王殺比干，囚禁箕子。周武王要伐紂王，但是占卜結果卻不吉利，而且兵未出行，又遇到暴風雨。眾大臣都很恐懼，只有呂尚堅持出兵，他說占卜用的龜甲和蓍草根本不懂什麼吉凶。周武王最終聽從呂尚的意見，在牧野向軍隊訓話，之後開始攻打商紂王。在這場戰爭中，呂尚的戰略、戰術的指揮都很得法。

在戰略指導上，呂尚善於把握戰機，他選擇商軍主力遠征東夷，紂王在國都朝歌孤立無援、眾叛親離的有利時機，領兵出戰。周軍甲兵四萬五千人，加上其他諸侯國軍隊，在牧野和商軍展開激戰。戰略時機的正確選擇，是周軍最後取勝的重要前提。

在戰術運用方面，呂尚攻心為上，他親自率領百名精銳，衝擊商軍陣腳。因為打前陣的是奴隸，呂尚初戰告捷之後，周武王就率領主力跟進圍殲，加上商軍中的奴隸兵的倒戈，周軍很快大獲全勝，商朝被滅。

周朝建國之後，將呂尚封於齊，都城營丘（今日臨淄）。呂尚東行到自己的封地，路上每宿必留，走得很慢。有人對他說：「我聽說時機難得而易於失去，作為一個客人，安於路邊旅店中的享樂，恐怕不像到自己封地上任的樣子。」呂尚聽了，馬上穿起衣服前行封地，天亮的時候到達營丘，正好遇到萊國的人與他爭奪營丘。

呂尚在齊國政局穩定以後，又開始改革政治制度。他順應當地的習俗，簡便周朝的繁文縟節，大力發展商業，讓百姓享受魚鹽之利。於是，很多人都來齊國，齊國成為當時的富國之一。在周成王的時候，管叔、蔡叔作亂，淮河流域的少數民族也趁機叛亂，周成王下令給呂尚：「東到大海，西到黃河，南到穆嶺，北到無棣，無論是侯王還是伯男，若不服從，你都有權力征服他們。」從此，齊國成為大國，疆域日益廣闊。

太公呂尚活了一百多歲而卒，但是葬地不詳。

波希戰爭

東西兩大文明古國的碰撞

西元前四九二年～西元前四四九年，波斯帝國對希臘各城邦發動一連串的侵略戰爭，被統稱為波希戰爭。

起因

希臘是人類文明古國之一，在當時由於受到地形的限制，許多城邦被山脈分隔，中間只有極少量的陸上交通。所以，每一個城邦小國都以「天下」自居，城牆內是朋友，城牆外就是敵人。

在希臘本部、愛琴海的海岸和各島嶼上，一共興起幾百個城市國家，其中雅典、斯巴達是兩個比較強大的城邦。

隨著各城邦人口的增多，而且城邦糧食生產有限，希臘人開始向沿海地區移民和殖民，奪取敵人的莊稼就成為經常性的作戰目標。因此，各城邦經常發生戰爭。在斯巴達，男人們都不在家居住，只在營房裡準備打仗。

男孩們每年都要接受一次殘酷的鞭撻，以考驗他們忍受痛楚的能力。女孩們必須接受嚴格的體能訓練，以保證她們可以生出身強力壯的孩子，將來守衛城堡。

波斯是古代西亞一個奴隸制國家，是透過侵略其他國家而發展的大帝國。

西元前六世紀中葉，波斯帝國侵佔小亞細亞西部希臘城邦；西元前五一三年，波斯佔領黑海海峽和色雷斯一帶，直接威脅希臘半島諸城邦的安全和海外貿易。

到了大流士一世統治時期，波斯已經成為世界古代史上第一個橫跨歐、亞、非三大洲的大帝國。

西元前五〇〇年，遭受波斯壓迫的小亞細亞西部希臘城邦聯合起來，以米利都為中心爆發了反波斯浪潮，雅典和埃雷特里亞城邦派二十五艘戰船支援。反抗軍一度攻入小亞細亞的波斯總督府所在地薩迪斯，當地希臘城邦趁機紛紛脫離波斯的統治。

西元前四九四年，反抗軍被波斯軍鎮壓。波斯帝國早有西侵野心，於是藉口雅典和埃雷特里亞曾經援助米利都，於西元前四九二年夏天，全面發動對希臘的侵略戰爭，波希戰爭爆發。

經過

西元前四九二年，大流士一世派馬多尼奧斯率陸、海軍渡過赫勒斯滂海峽（今達達尼爾海峽），沿色雷斯海岸西進。海軍到達阿索斯的時候，遇到大風暴，一百多艘戰船撞毀，二萬餘人失蹤，幾乎全軍覆沒，陸軍也遭到色雷斯人的襲擊。出師不利，大流士一世命令部隊退回小亞細亞。

次年，波斯向許多希臘城邦派出使者，索要「土和水」，要求各城邦降服，斯巴達和雅典處死波斯使者。

西元前四九〇年春，大流士一世派老將達提斯和阿塔非尼斯率軍約五萬（包括近四百艘戰船），第二次遠征希臘。波斯軍橫渡愛琴海，攻佔並且破壞埃雷特里亞城，進而南進，在距離雅典城東北約四十公里的馬拉松平原登陸。

面對強敵，雅典政府一面緊急動員全體公民赴馬拉松應戰，一面派遣長跑健將費迪皮迪茲星夜奔往斯巴達求援。

費迪皮迪茲在兩天內跑了一百五十公里，於九月九日到達斯巴達。斯巴達人雖然同意出兵，但是聲稱只有等待月圓才可以出兵援助。就這樣，反波斯入侵的任務，完全落在雅典身上。

九月十二日清晨，馬拉松會戰開始。雅典軍在米提雅德的指揮下，利用有利地形，將主力分置於兩翼，趁波斯軍大部份騎兵尚未趕到會戰地點的時候，佯作正面進攻。波斯軍依仗兵力優勢，採取中央突破戰術。希臘中軍且戰且退，波斯軍步步進逼。希臘軍突然發起兩翼攻擊，其長槍密集方陣攻勢淩厲，波斯軍無法抵抗，倉皇後撤。希臘軍趁勝追擊，波斯軍退至海上回國。

在這場戰爭中，希臘軍以損失少於二千人的輕微代價，殲敵六千四百人，繳獲艦船一批，馬拉松會戰成為古代戰爭史上以少勝多的範例之一。

雅典人獲勝以後，又立即派費迪皮迪茲從馬拉松奔回雅典通報喜訊。他一下子跑了四十二公里多，到達雅典城的時候，已經精疲力竭，只喊了一聲「高興吧，我們勝利了！」就倒地而死。

後世為了紀念馬拉松戰役和菲力彼德斯，就舉行同樣距離的長跑競賽，並且定名為馬拉松長跑。

此後十年間，波斯和希臘雙方都緊張備戰。波斯徵集大量兵員物資，建造大批艦船，架設浮橋，開鑿運河，準備再次攻入希臘。希臘也擴建各項防禦工事，並且加強海軍訓練。

西元前四八一年，以斯巴達和雅典為首的三十多個城邦在科林斯集會，組建希臘聯軍，並且推舉擁有強大陸軍的斯巴達為盟主，準備抗擊波斯的再次入侵。

西元前四八六年，大流士一世逝世，其子薛西斯一世即位。在鎮壓埃及的反抗以後，薛西斯一世準備出征希臘，他下令在聖山半島底部開挖運河，在赫勒斯滂海峽架設浮橋，在色雷斯屯積糧草，並且從被征服地區徵集大批兵員。在希臘方面，雅典公民大會根據特米斯托克利的提議，決定建造一百多艘三層槳戰船，把比雷埃夫斯港擴建成堅固的軍港，以抵抗波斯的進攻。

西元前四八〇年春，薛西斯一世出動約二十五萬人、一千艘戰船，大舉遠征希臘。波斯軍分水陸兩路沿色雷斯西進，佔領北希臘，迫使一些城邦投降。

在攻克溫泉關之後，向中希臘進軍。陸軍很快進佔雅典城，大肆破壞劫掠，海軍繞過阿提卡半島南端的蘇尼恩角，進入狹窄的薩拉米斯海峽。

九月下旬，薩拉米斯海戰開始，波斯艦隊在數量上佔絕對優勢，對薩拉米斯海峽呈圍攻態勢。希臘艦隊隱藏在艾加萊奧斯山以後，編成兩線戰鬥隊形。

波斯戰船由於船體碩大，調度失靈，陷於挨打的境地，甚至自相碰撞而沉沒。希臘的戰船船體小，運動自如，可以靈活的襲擊敵艦。在這一戰中，波斯海軍遭受重大損失，薛西斯一世深恐後路被切斷，倉皇敗逃回國。

西元前四七九年八月中旬，南下的波斯陸軍與希臘聯軍在布拉底決戰。斯巴達統帥普薩尼亞斯率軍約十萬人，重創佔有明顯優勢的波斯陸軍，殺死馬多尼奧斯，粉碎波斯第三次遠征。

波斯第三次遠征希臘失敗以後，由於帝國內部問題重重，被迫退居守勢。以雅典為首的希臘聯軍逐漸轉入反攻，並且趁機擴張海上勢力，企圖建立雅典在愛琴海的霸權。西元前四七八年，雅典艦隊佔領赫勒斯滂海峽北岸的重鎮塞斯托斯，進而控制通向黑海的要道；西元前四七六年，希臘聯軍在西門指揮下奪取色雷斯沿岸地區、愛琴海上許多島嶼和戰略要地拜占庭。

西元前四六八年，西門指揮希臘海軍在歐里墨東河口大敗波斯艦隊；西元前四四九年，希臘海軍在賽普勒斯以東海域重創波斯軍。

結果與影響

西元前四四九年，雅典全權代表卡里阿斯到波斯首都蘇薩談判，與薛西斯一世簽定《卡里阿斯和約》。

和約規定：波斯放棄對愛琴海、赫勒斯滂和博斯普魯斯海峽的控制，承認小亞細亞希臘諸城邦獨立。

波希戰爭到此結束，雅典成為愛琴海地區新的霸主。

波希戰爭是亞洲與歐洲之間的一場規模大、時間長的戰爭，前後持續將近半個世紀。戰爭的結果是波斯帝國一蹶不振，希臘獲得自由、獨立與和平，雅典一躍成為愛琴海地區的霸主，奪取愛琴海沿岸包括拜占庭在內的大量戰略要地，控制通往黑海的要道。從此之後，希臘開始對沿岸國家進行掠奪，並且從中獲得巨大利益。

「人們似乎都一致被喚醒」，各國紛紛效仿希臘雅典，大造艦艇和商業船，積極發展海上力量，爭奪海上霸權，向海岸國家傾銷商品、開闢市場、攫取經濟利益。

英國富勒在《西洋世界軍事史》中說：「**隨著這一戰，我們就站在西方世界的門檻上。在這個世界之內，希臘人的智慧為後來的諸國，奠定立國的基礎。**」

在戰爭中，以雅典和斯巴達為首的希臘城邦，為了保衛國家的自由和獨立，暫棄前嫌、團結對敵，結束希臘各城邦相互隔絕的局面，促進各城邦的經濟與文化的交流。

另外，希臘將領正確指揮，靈活運用戰略戰術，充份利用天時、地利、人和等有利條件，在馬拉松和薩拉米斯會戰中，創造以少勝多、以弱勝強的戰例，對西歐軍事產生深刻的影響。

亞歷山大東征

一場使希臘文化世界化的戰爭

西元前三三四年～西元前三二四年，馬其頓國王亞歷山大三世對東方波斯等國，進行長達十年的侵略戰爭，被後人稱為「亞歷山大東征」。

起因

西元前四世紀，正當希臘各城邦內部以及各城邦之間問題錯綜複雜、衝突持續不斷的時候，北方近鄰馬其頓國家逐漸強大。國王腓力二世憑藉其強大的軍事力量，運用外交手腕、金錢利誘和軍事進攻等手段，插手希臘事務，先後奪取一個個衰落的希臘城邦。

西元前三三八年，馬其頓軍隊大敗希臘聯軍於喀羅尼亞城下，確立在全希臘的霸主地位。

西元前三三七年，腓力二世在科林斯召開希臘各邦大會，要求各邦 之間停止戰爭，建立以馬其頓為盟主的希臘同盟。腓力二世下一步的侵略目標，是東方的波斯以及其他文明世界。西元前三三六年，腓力二世遇刺身亡，其子亞歷山大三世受到軍隊的擁戴，登上王位，時年二十歲。亞歷山大決心繼承父業，實現稱霸世界的野心。

亞歷山大自幼接受希臘文化教育，曾經拜希臘著名哲學家亞里斯多德為師。十六歲的時候，他就跟著父親南征北戰，從中學到不少作戰技術和軍事知識。十八歲的時候，他在著名的喀羅尼亞戰役中，運用自己的聰明才智，指揮馬其頓軍隊的左翼，取得輝煌的戰果。

亞歷山大繼位以後，立即仿效希臘人的制度實行政治、軍事改革：削弱貴族的勢力，加強君主的權力；改革貨幣，鼓勵發展工商業；實行軍事改革，創立包括步兵、騎兵和海軍在內的馬其頓常備軍；將步兵組成密集、縱深的作戰隊形，號稱馬其頓方陣，方陣中間是重裝步兵，兩側為輕裝步兵，每個方陣還配有由貴族子弟組成的重裝騎兵，作為方陣的前鋒和護翼。透過這些改革，馬其頓不僅經濟實力大增，軍事實力也越來越強。

平息內亂和鎮壓希臘人民的叛亂之後，亞歷山大立即調兵遣將，準備東征。西元前三三五年秋，亞歷山大以馬其頓軍為主、雇傭兵和各邦盟軍為輔，組成一支遠征軍。西元前三三四年春，亞歷山大授權安提帕特將軍為攝政王，總理朝政，親率遠征軍從都城派拉出發，渡過達達尼爾海峽開始東征。

經過

當時的波斯帝國已經淪落為政治腐敗、經濟衰弱、問題複雜的軍事奴隸制國家，再加上大流士三世的昏庸無能，簡直是不堪一擊。因此，亞歷山大把自己的「第一站」定於波斯。西元前三三四年五月，亞歷山大遠征軍在馬爾馬拉海南岸格拉尼庫斯河遭到波斯軍阻擊。

波斯軍約三萬人沿河東岸展開，以騎兵為第一線，步兵為第二線，憑岸固守，阻敵渡河。遠征軍置步兵方陣於中央，兩翼為騎兵。亞歷山大命令先頭部隊佯動，誘使敵軍向左移動，待其隊形出現間隙，趁機率領右翼主力渡河，猛撲敵陣中央。激戰中，波斯騎兵死亡千餘人，步兵遭馬其頓軍四面打擊，迅速潰敗，二萬餘人被俘。

西元前三三三年，亞歷山大的軍隊在伊蘇斯大敗波斯軍隊，國王大流士三世落荒而逃。波斯軍損失步兵、騎兵約十萬人，大流士三世的母親、妻子和兩個女兒也被俘。此役之後，遠征軍獲得戰爭的主動權，打開通往敘利亞、腓尼基的門戶。

亞歷山大率軍繼續南下腓尼基，拔除波斯海軍據點，進而確保遠征軍與希臘之間的交通。

西元前三三二年初，遠征軍抵達濱海要塞提爾，遭到頑劣抵抗。經過七個月的陸、海夾攻，遠征軍佔領這個城市。此後，亞歷山大又用兩個月的時間，攻佔加薩。至此，遠征軍徹底摧毀波斯海軍基地，切斷波斯人的陸、海聯繫，奪取地中海的制海權。西元前三三二年十一月，亞歷山大順利進入埃及，被埃及祭司宣佈為「阿蒙神之子」（國王）。聯軍在尼羅河口興建亞歷山卓城，作為繼續東征的後方基地。

西元前三三一年春，亞歷山大率領步兵四萬、騎兵七千，從埃及出發，經巴勒斯坦、腓尼基轉入兩河流域北部，向波斯腹地巴比倫尼亞與伊朗高原進軍。

十月初，在底格里斯河東岸的高加米拉以西與波斯軍主力對陣。此時，大流士三世已經集結來自二十四個部族的百萬大軍，有刀輪戰車二千輛，戰象十五隻。亞歷山大命令騎兵主力縱隊，利用缺口迅速鍥入敵陣，直逼大流士三世大營，大流士三世逃遁，波斯軍慘敗。

遠征軍趁勝南下，輕取巴比倫，佔波斯都城蘇薩，隨後進入伊朗高原，洗劫波斯古都波斯波利斯，擄掠金銀和其他戰利品無數。根據羅馬歷史學家普魯塔克的記載，馱運財寶的騾子大約有二萬頭，駱駝約五千隻。

亞歷山大短期停留以後，繼續北上，追擊大流士三世。西元前三三〇年夏，亞歷山大沿裡海南岸東進，進入帕提亞的時候，大流士三世已經被其屬下巴克特利亞總督貝蘇斯所殺，古波斯帝國及阿契美尼德王朝滅亡。馬其頓軍隊征服波斯的全部領土，建立一個橫跨歐、亞、非三洲的亞歷山大帝國。

波斯帝國滅亡以後，亞歷山大繼續領兵東進。西元前三二九年春天，穿越興都庫什山，侵入巴克特利亞，後來又佔領索格底亞那。西元前三二七年夏，亞歷山大被富庶的印度河流域所吸引，率兵三萬人離開巴克特利亞，沿考芬河經開伯爾山口侵入印度河上游地區。

西元前三二六年四月，遠征軍由布克法拉城抵達希達斯佩斯河，與波魯斯王國軍隊隔岸對峙。亞歷山大率軍渡河作戰，消滅波魯斯步兵近二萬、騎兵三千，迫使波魯斯國王投降。

遠征軍繼續東進，抵達希發西斯河畔。西元前三二五年，遠征軍侵入印度，佔領印度河流域，亞歷山大企圖征服恆河流域。但是經過多年遠途苦戰，士兵疲憊不堪，官兵厭戰情緒增長。印度人民也頑強抵抗，加上瘧疾的傳染、毒蛇的傷害，士兵拒絕繼續前進，要求回家，亞歷山大不得不放棄東進計畫。

西元前三二五年七月，亞歷山大從印度撤兵。

亞歷山大分兵兩路，沿印度河順流而下，在印度河口附近，再兵分三路：海路經阿拉伯海入波斯灣至幼發拉底河口，陸路一支經印度洋沿岸西行，由亞歷山大親率，另一支北上阿拉科西亞，然後向西與亞歷山大會合。

西元前三二四年春，亞歷山大返回巴比倫，象徵東征正式結束。

結果與影響

亞歷山大東征是一場掠奪性戰爭，遠征軍連續作戰十年，行程萬餘里，進行上百次強渡江河、圍城攻堅，以及山地、平原地和沙漠地作戰，建立了西起巴爾幹半島、尼羅河，東至印度河的龐大亞歷山大帝國。

西元前三二三年，亞歷山大發燒死去，靠武力建立起來的龐大帝國也隨之瓦解。在東征過程中，亞歷山大沿途建了許多新城，其中有好幾座是以自己的名字命名。最著名的是埃及北部沿海的亞歷山卓城，現在已經發展為埃及最大的海港。

亞歷山大東征的時間並不長，但是其獨特的進攻和遠距離機動作戰方式，卻在世界戰爭史上留下重要的一頁。

亞歷山大孤軍深入，多次以速戰速決的戰術，戰勝優勢之敵。亞歷山大正確選擇戰略方針，合理運用馬其頓方陣戰術，善於組織步兵與騎兵、陸軍與海軍共同作戰，並且在進軍路線選定、戰鬥隊形編成、作戰指揮和後勤支援等方面，都有自己獨到的見解。

亞歷山大東征，洗劫和燒毀亞洲一些古老的城市，將成千上萬的勞動人民掠為奴隸，以野蠻、殘忍的手段，毀滅許多東方文明。但是，這次東征促進希臘與亞、非諸國的經濟和文化交流，在歷史上具有深遠影響。

例如，在蘇薩一次盛大奢華的「結婚典禮」上，亞歷山大帶頭和波斯國王大流士三世的女兒斯塔提拉結婚，進而帶動許多馬其頓的將領娶波斯顯貴的女兒，同日參加婚禮的有一萬對之多。在結婚典禮上，亞歷山大鄭重宣佈，馬其頓人與亞洲女子結婚，可以享受免稅權利。亞歷山大還下令，讓三萬名波斯男童學習希臘語文和馬其頓的兵法，希臘文化得以在亞洲不斷傳播。

亞歷山大東征的另一後果，就是使希臘人的科學技術與文化更豐富的發展，使希臘文化與科學幾乎在各個領域都處於領先地位。

例如，此後不久出現的歐基里德幾何學，阿基米德的力學、數學和物理學，艾拉托斯特尼的天文學和數學，提奧弗拉斯的農學、植物學，伊壁鳩魯唯物主義哲學，還有醫學、力學、建築學、地理學和解剖學，都遙遙領先於世界其他地方。這些成就雖然不能完全歸功於亞歷山大東征，但是在一定程度上，也受其影響。

楚漢成皋之戰

一場決定楚漢興亡命運的爭奪戰

西元前二〇五年～前二〇三年，西楚霸王項羽與漢王（即後來的漢高祖）劉邦，在戰略要地成皋（今河南滎陽汜水鎮），展開一場決定楚漢興亡命運的爭奪戰，在歷史上被稱為成皋之戰。在這場歷時兩年零三個月的戰爭中，劉邦及其謀臣武將們注意政治、軍事、經濟多方面的配合，將正面相持、翼側迂迴和敵後騷擾等策略，加以巧妙運用，最後戰勝強敵項羽，成為中國古代戰爭史上，以弱勝強的一個成功案例。

起因

秦末農民大起義推翻秦王朝的統治，使得政治形勢發生重大而急劇的變化。從這個時候開始，起義軍首領西楚霸王項羽和漢王劉邦，為了爭奪統治權，展開長期而激烈的戰爭，歷史因此進入楚漢相爭的時期。

在楚漢戰爭初期，劉邦處於劣勢地位，但是他富有政治遠見，注意爭取民心，招攬軍政要才，因而在政治上具有主動地位。在軍事活動方面，劉邦善於運用謀略，巧妙利用矛盾做到「示形隱真」，趁項羽東進鎮壓田榮反楚之際，暗渡陳倉，佔領戰略要地關中地區。後來，他又聯絡諸侯軍五十六萬襲佔彭城，攻破項羽的老窩，成為項羽最強的對手。

但是在襲佔彭城之後，劉邦滿足於表面上的勝利，整天飲酒作樂、疏於戒備。項羽得到彭城失陷的消息以後，立刻親自率領精兵三萬，從齊地趕回，趁劉邦毫無戒備的時機，發起進攻，奪回彭城。劉邦軍被打得落花流水、潰不成軍，劉邦僅帶著數十名騎兵狼狽逃脫，自己的父親和妻子呂雉成為項羽的階下囚。

彭城之戰使劉邦主力遭到毀滅性的打擊，楚軍趁勝實施戰略追擊。一些原來追隨劉邦的諸侯，這個時候見風使舵，紛紛背漢投楚，形勢對劉邦十分不利。不過劉邦畢竟是一位偉大的政治家和強者，為了扭轉不利的戰局、改變楚強漢弱的態勢，他果斷採納謀士張良等人的建議，在政治上把和項羽有爭執的英布爭取過來，並且重用項羽原先的部下彭越、韓信，團結內部力量共同對外；在軍事上，他以關中為根本，制定以正面堅持為主、敵後襲擾和南北兩翼牽制為輔的對楚作戰方針。

西元前二〇五年五月，劉邦退到滎陽一線收集殘部。這個時候，劉邦的部下蕭何在關中徵集到大批兵員補充前線，韓信也帶著部隊趕來與劉邦會合。漢軍得到休整、補充以後，實力復振，將楚軍成功的遏阻於滎陽以東地區，暫時穩定戰局。滎陽及其西成的成皋，南屏嵩山、北臨黃河，汜水縱流其間，為洛陽的門戶，進入函谷關（今河南靈寶東北）的咽喉，戰略地位十分重要。從五月起，楚、漢兩軍為了爭奪該地，展開一場曠日費時的爭奪戰，就是成皋之戰。

經過

交戰之初，劉邦按照張良制定的謀略，實施正面堅持、敵後襲擾和翼側牽制的作戰部署，以政治配合軍事、以進攻輔助防禦，遊說英布倒戈，從南面牽制項羽後方，簡而有力的遲滯項羽的進攻勢力。與此同時，劉邦讓蕭何治理關中、巴蜀，鞏固自己後方戰略基地，還精心挑選人員進行間諜活動，以達到分化、瓦解楚軍的目的。劉邦的這些措施，雖然產生牽制楚軍、鞏固後方的積極作用，但是正面戰場的形勢依然不樂觀。

項羽看到劉邦的勢力有增無減，十分不安，就於次年春天調動楚軍主力，加緊進攻滎陽、成皋，並且多次派兵切斷漢軍的糧道，使劉邦的部隊在補給上發生很大的困難。五月間，項羽大軍進逼滎陽，形勢日趨危急。這時，劉邦採納張良的緩兵之計，派出使臣向項羽求和，表示願以滎陽為界，以西屬漢、以東歸楚，從此兩家罷兵，互不侵犯，但是遭到項羽斷然拒絕。劉邦無奈，只得採納將軍紀信的計策，由紀信假扮劉邦，驅車簇擁出滎陽東門，詐言城中糧盡，漢王出降，矇騙項羽，自己趁機從滎陽西門逃奔成皋。項羽果然中計，親自帶兵追紀信。發現自己受騙以後，項羽勃然大怒，燒死紀信，率兵追擊劉邦，很快攻下成皋，劉邦倉皇逃回關中。

劉邦從關中徵集到一批兵員以後，打算再奪成皋。謀士轅生認為這不是善策，建議劉邦派兵出武關，調動楚軍南下，減輕滎陽守軍的壓力；同時，讓韓信加緊經營北方戰場，迫使楚軍分散兵力。劉邦欣然採納這個計策，率軍經武關出宛（今河南南陽）、葉（今河南葉縣）之間，與英布配合，展開攻勢。與此同時，韓信也率軍由趙地南下，直抵黃河北岸，與劉邦及滎陽漢軍互相策應。漢軍的行動，果然使得項羽派兵南下。這時，劉邦又轉攻為守，避免和楚軍進行決戰，而讓彭越加強對楚軍後方的襲擊。彭越沒有辜負劉邦的重託，進展迅速，攻佔要地下邳（江蘇睢寧西北），直接給楚都彭城造成威脅。項羽首尾不能兼顧，被迫回師東擊彭越，劉邦趁機收復成皋。

西元前二〇四年六月，項羽擊退彭越以後，立即回師西進，對劉邦發起第二次攻勢，並且很快攻佔滎陽，再奪成皋。之後，項羽繼續率軍西進，進至今河南鞏縣一帶。劉邦倉促北渡黃河，逃到小修武（今河南獲嘉東）。在那裡，劉邦徵調到韓信的大部份部隊，以支撐危局、增強正面的防禦。劉邦深知項羽的厲害，就命令漢軍一部份拒守於鞏（今河南鞏義西南），另一部份屯駐小修武，深溝高壘，不與楚軍交鋒。同時，劉邦派韓信組建新軍東向擊齊，繼續開闢北方戰場，又命劉賈率領二萬人馬從白馬津（今河南滑縣北，舊黃河渡口）渡河，深入楚地，協助彭越擾亂項羽的後方，截斷楚軍的運糧之道。彭越在劉賈這支生力軍的大力配合下，很快的攻佔睢陽（今河南商丘南）、外黃（今河南杞縣東北）等十七座城池。

彭越、韓信的軍事行動，給項羽側背造成嚴重威脅，使項羽不得不從成皋調兵攻打他們。臨行前，項羽告誡成皋守將曹咎：「小心堅守成皋，即使漢軍挑戰也千萬不要出擊，只要能阻止漢軍東進就可以，我十五天內一定擊敗彭越，然後再與將軍會師。」項羽很快的收復十七座城池，但是沒有消滅彭越的軍隊。彭越繼續威脅楚軍的後方，使項羽不得安寧。

西元前二〇三年十月，劉邦聽取謀士酈食其的建議，趁項羽率軍東去之機，反攻成皋。守將曹咎剛開始遵照項羽的告誡，堅守不出，但是經不起漢軍連日的辱罵和挑戰，一怒之下率軍出擊。劉邦見激將法奏效，就運用半渡擊之的戰法，大破曹咎所部楚軍於汜水之上，曹咎兵敗自殺，漢軍趁機再奪成皋，並且趁勝推進到廣武（今河南滎陽東北）一線。在這裡，劉邦收敖倉積粟以充軍用，並且在滎陽以東，包圍楚將鐘離昧部。

項羽聽到成皋失守以後大驚失色，急忙由睢陽帶領主力返回，想再和漢軍爭奪成皋。項羽率軍與漢軍對峙於廣武，欲與劉邦決一雌雄。可是漢軍依據險要地形，堅守不戰，雙方就這樣對峙數個月，項羽無計可施。恰在此時，韓信攻佔臨淄，齊地戰事吃緊。項羽不得已，只好派龍且帶兵二十萬前往救齊，這個決定更減弱正面戰場的進攻力量。到了十一月，韓信在濰水全殲龍且的部隊，平定齊國，使項羽的處境更趨困難。

幾個月以後，楚軍糧食缺乏，既不能進，又不能退，白白的消耗力量，完全陷入被動。這時，漢軍韓信部已經破魏、破趙、降燕，平定三齊，佔領楚軍的東方和北方的大部地區，完成對楚軍的戰略包圍。彭越的軍隊則不斷擾亂楚軍後方，攻佔昌邑（今山東金鄉西）等二十多座城池，並且多次截斷楚軍的補給線。英布所部在淮南的進展雖然沒有韓信、彭越部明顯，但是也對項羽造成一定的損害。項羽腹背受敵，喪失主動，陷於一籌莫展的境地，雙方強弱形勢已經發生根本的變化。

項羽見大勢盡去，被迫與劉邦議和。雙方規定以鴻溝為界中分天下，然後，項羽引兵東歸，成皋之戰以漢勝楚敗而告終。

結果與影響

成皋之戰是楚漢戰爭中，具有決定性意義的一仗。戰爭的結果，使楚、漢之間的實力對比，發生壓倒性的改變，項羽的失敗已經成為不可逆轉的趨勢。劉邦把握時機，採納張良建議，於西元前二〇二年十月，趁項羽引兵東撤之際，實施戰略追擊。十二月，劉邦軍在垓下（今安徽靈壁南）合圍，並且大敗楚軍。項羽突圍以後，自刎於烏江（今安徽和縣北）。西元前二〇一年二月，劉邦稱帝，建立漢朝，重新統一中國。從此，中國歷史揭開新的一頁。

從成皋之戰中，我們可以看到劉邦和項羽的用兵得失，劉邦「不能將兵而善將將」，短於鬥力而長於鬥智。劉邦之所以可以獲勝，主要有五個原因：

第一，大政方針符合民意；

第二，注意外交，爭取同盟，削弱對手的力量，壯大自己的力量；

第三，注意延攬英才，並且積極採納良言；

第四，重視後方，注意穩固根基，因此做到困而不乏、敗而復起；

第五，用兵奇正相生、攻守兼備。

項羽之所以失敗，也有其原因，主要是：

第一，屠掠咸陽，擅殺義帝，又因為分封不公，招致諸侯不滿；

第二，不在關中建都，放棄取勝的有利地形；

第三，沒有利用陳餘、魏豹等反漢的良機，廣結同盟；

第四，專務正面強攻之術，忽視奇兵制敵之道；

第五，不善識才用人，致使韓信、陳平等人歸於劉邦，范增告退。

因此，項羽雖然一度憑藉個人勇武和實力，置劉邦於險境，但是終因謀略不當，落得強弱易勢、兵敗身亡的下場。

斯巴達克斯革命

震撼西方世界的奴隸怒吼

西元前七三年～西元前七一年，古羅馬共和國爆發一次最大的奴隸大革命。這次革命雖然以失敗告終，但是它卻沉重的打擊古羅馬的奴隸制度，在歷史上留下輝煌、燦爛的一頁。

起因

自從人類社會產生以來，階級壓迫與反階級壓迫一直就沒有停止。在階級戰爭中，曾經湧現過許多偉大的領袖人物，他們英勇、悲壯的一生可歌可泣。

其中，古羅馬奴隸領袖斯巴達克斯領導的革命，曾經震動整個西方世界。革命軍不畏強暴、前仆後繼的精神，深深的影響一代又一代的奴隸，為後來的奴隸解放，指引光明的方向。

在古羅馬，奴隸被稱為「會說話的工具」，奴隸們在大莊園中，從事繁重不堪的勞動。奴隸主們為了取樂，建造巨大的角鬥場，強迫奴隸成對角鬥。這些角鬥士們手握利劍、匕首，相互拚殺，勝利者才有繼續生存的權利。失敗者或是被勝利者殺死，或是躺在地上等待觀眾們的「裁決」。一場角鬥下來，場上留下的是一具具奴隸屍體。

羅馬奴隸主的殘暴統治，迫使奴隸一再發動大規模武裝革命。

西元前七三年，世界古代史上最大的一次奴隸革命——斯巴達克斯革命爆發了。

經過

斯巴達克斯是巴爾幹半島東北部的色雷斯人，在反抗羅馬征服的戰爭中，負傷被俘，淪為卡普亞角鬥士訓練學校的角鬥奴。斯巴達克斯在那裡受到非人的虐待，在忍無可忍的情況下，他對夥伴們說：「大丈夫寧為自由戰死在沙場，也不能為貴族們取樂而死於角鬥場。」

西元前七三年春、夏之際，七十餘名角鬥士們在斯巴達克斯的鼓動下，拿了廚房裡的刀子和鐵叉衝出牢籠，決定逃往附近的維蘇威山聚眾革命。在路上，他們奪取一些武器裝備自己，沿途還集結不少奴隸。上山之後，斯巴達克斯率領反抗軍在那裡安營紮寨，建立一個鞏固的陣地。

遠近各地的逃亡奴隸和破產農民紛紛回應，反抗軍很快發展為數千人。羅馬當局聽到這個消息以後，馬上派克勞狄烏斯率軍三千人前往鎮壓，包圍維蘇威山。起義軍在夜色的保護下，順著野葡萄藤編成的梯子滑下懸崖，繞到羅馬軍營寨側後，發起突然進攻，擊潰羅馬軍。反抗軍自此名聲大震，隊伍很快擴大到上萬人。

斯巴達克斯被推為領袖，克里克蘇和恩諾麥伊為其副手。斯巴達克斯按照羅馬軍隊的形式，將自己的部隊進行改編，除了有數個軍團組成的步兵以外，還建立騎兵、偵察兵、通信兵和小型輜重隊。除了奪取敵人武器以外，反抗軍兵營裡還製造武器。斯巴達克斯還對士兵進行訓練，制定嚴格的兵營和行軍生活規章。

同年秋天，羅馬派執政官瓦利尼烏斯率領兩個軍團約一萬二千人圍剿反抗軍。斯巴達克斯採取避強擊弱、各個擊破戰法，首先擊潰瓦利尼烏斯副將傅利烏斯率領的二萬人，進而在薩林納擊敗另一副將科辛紐斯率領的援軍。

瓦利尼烏斯調整部署，挖壕築壘，把反抗軍壓縮在一個崎嶇的山區。斯巴達克斯施巧計迷惑敵人，趁著黑暗的掩護，率軍沿著狹窄山路撤出包圍圈，佔領有利地形設伏，打敗追擊的官軍。

西元前七二年初，反抗軍人數已經增加到六萬，斯巴達克斯將部隊開向阿普利亞和路卡尼亞，人數達到十二萬。被反抗軍的巨大規模震驚的羅馬元老院，於年中派遣以執政官楞圖魯斯和蓋里烏斯為首的兩支軍隊討伐斯巴達克斯。

這時，反抗軍內部產生分歧，包括斯巴達克斯在內的大部份奴隸根據敵我雙方力量對比，認為在義大利本土建立政權比較困難，主張離開義大利，越過阿爾卑斯山，進入羅馬勢力尚未到達的高盧地區。

在那裡，他們可以擺脫羅馬的統治，返還家鄉或是自由的生活。但是，還有不少當地的牧人和貧農參加革命運動，他們不願意離開義大利，希望繼續與羅馬軍作戰，以奪取失去的土地。由於意見分歧，克里克蘇率領一支三萬人的隊伍，脫離主力，在阿普利亞北部的加爾加諾山麓被羅馬軍隊擊潰，克里克蘇陣亡。

斯巴達克斯聞訊以後，連忙趕過去救援，可是已經來不及。斯巴達克斯殺死三百名羅馬俘虜，祭奠陣亡戰友的「亡靈」，繼續向北推進，計畫翻越阿爾卑斯山離開義大利。西元前七二年，反抗軍沿亞得利亞海岸穿過整個義大利，在齊扎爾平斯高盧省的摩提那，遇上凱西烏斯總督的軍隊，反抗軍很快的將這支軍隊擊敗。在勝利的鼓舞下，並且考慮到越過阿爾卑斯山確實有不少困難，斯巴達克斯改變原來的計畫，決定返回義大利，揮師南下，從一邊繞過羅馬。

這支馳騁於義大利的革命隊伍，使羅馬統治集團驚慌失措。羅馬元老院非常驚慌，擔心反抗軍攻打羅馬，宣佈國家處於緊急狀態。

最後，元老院授予大奴隸主克拉蘇相當於獨裁官的權力，令其率六個軍團鎮壓反抗軍。

西元前七二年秋天，反抗軍避開羅馬城，在義大利布魯提亞半島集結，預計搭乘基利基海盜船渡過墨西拿海峽。但是海盜不守信用，沒有提供船隻，反抗軍自造木筏渡過海峽的計畫也未能實現。

這時，克拉蘇率領近十個軍團追來，在反抗軍背後的半島地峽處，構築一道橫貫半島的大壕溝（長約五十五公里，深、寬各四・五公尺），用以圍困反抗軍。

在一個風雪交加的夜晚，斯巴達克斯利用敵人疏於戒備之機，指揮反抗軍在一段不長的壕溝中填滿樹枝、泥土和木材，然後以騎兵為先導，突破封鎖線，直奔布倫迪休姆，企圖由此渡海去希臘。在突擊中，斯巴達克斯的軍隊損失約三分之二。

為了盡快殲滅反抗軍，羅馬當局從馬其頓調回魯庫魯斯的軍隊，從西班牙調回龐培大軍，幫助克拉蘇從東、北、南三面包圍反抗軍。反抗軍接近布倫迪休姆的時候，魯庫魯斯的軍隊已經在該處登陸，龐培率軍從北面壓來，克拉蘇也從後面追來。在此危急時刻，反抗軍內部再次發生分裂，一支一萬二千人的隊伍脫離主力行動，被克拉蘇消滅。

為了不讓羅馬軍隊會合，斯巴達克斯決定對克拉蘇的軍隊發起總決戰。

西元前七一年春，雙方在阿普利亞境內激戰。反抗軍雖然在數量上比羅馬軍隊少，但是戰士們仍然頑強戰鬥、英勇不屈。斯巴達克斯身先士卒，騎在馬上左衝右突，殺傷兩名羅馬軍官。他決心殺死克拉蘇，但是由於大腿受了重傷，只好跪在地上繼續戰鬥。

在羅馬軍隊的瘋狂圍攻下，疲憊的反抗軍最後戰敗，六萬名反抗者戰死，斯巴達克斯也壯烈犧牲。六千名被俘官兵全部被釘死在卡普亞到羅馬大道兩邊的十字架上，約五千名反抗軍逃往北義大利，在那裡不幸被龐培消滅。但是一些分散而沒有統一領導的革命隊伍，在義大利許多地區仍然堅持戰鬥，達十年之久。

結果與影響

轟轟烈烈的斯巴達克斯革命以失敗告終，原因是多方面的，例如：沒有一個可以聯合廣大受剝削群眾的總綱領；參加革命的羅馬各階層的社會成份和民族成份複雜，對之缺少必要的教育工作；作戰指揮上由於缺少經驗，也有許多錯誤。但是，斯巴達克斯革命的意義，遠遠超出革命的本身，它沉重的打擊奴隸主統治階級，加劇羅馬奴隸制的經濟危機，促使羅馬政權由共和制向帝制過渡。並且，這次革命對奴隸解放與自由運動是一次巨大推動，在群眾爭取社會解放的鬥爭史上，留下不可磨滅的遺跡。

斯巴達克斯革命極大的動搖羅馬奴隸制基礎，奴隸主被迫對剝削奴隸和經營田產的方式做出某些改變，並且開始改變控制奴隸的方法和對奴隸的態度。他們盡量收買不同種族的奴隸，避免把同族的奴隸集中使用，提防他們聯合在一起。奴隸主開始把土地分成小塊，交給奴隸耕種，奴隸可以分享一部份收成。奴隸就在這樣的方式下，開始演化為「隸農」，釋放奴隸的數目也逐漸增多。

有人在評價斯巴達克斯革命的時候指出：「在許多年間，完全建立在奴隸制上彷彿萬能的羅馬帝國，經常受到在斯巴達克斯領導下武裝起來、集合起來，並且組成一支大軍的奴隸的大規模革命的震撼和打擊。」

在革命中，斯巴達克斯表現出的英勇的戰鬥精神和卓越的軍事才能，也在歷史上留下光輝的一頁。他的作戰行動的主要特點是：步騎合作，隱蔽機動；出敵不意，外線進攻；避強擊弱，各個擊破；設置埋伏，實施突襲。有人說：「斯巴達克斯是大約二千年前最大一次奴隸起義中的一位最傑出的英雄。」

羅馬內戰

羅馬由共和國向帝制的過渡

羅馬內戰是西元前一世紀六〇年代到三〇年代之間，羅馬奴隸制國家內部為了爭奪政權和建立軍事獨裁而進行的一場戰爭。羅馬晚期共和國時期著名的「前三頭」和「後三頭」是這場戰爭的發動者，其結果是屋大維當上羅馬帝國的第一個皇帝，開創朱里亞．克勞狄王朝。

上古時期 BC
漢
0
100
200
三國
晉
300
400
南北朝
500
隋朝
600
唐朝
700
800
五代十國
900
宋
1000
1100
1200
元朝
1300
明朝
1400
1500
1600
清朝
1700
1800
1900
中華民國
2000

起因

西元前二世紀中葉，羅馬進入晚期共和國時期。這個時期羅馬出現全面危機，奴隸的反抗風起雲湧，平民運動一波高過一波，社會問題和階級問題越來越尖銳、複雜。羅馬統治階級上層已經開始意識到：在社會問題不斷加深的情況下，奴隸主原先的維護統治的共和制形式已經過時，必須尋求一種更強有力的形式來實現統治，這就是軍事獨裁。

但是羅馬共和國已經被元老貴族壟斷，改制之爭阻力極大，延續甚久，流血甚多。西元前一三三～西元前一二一年，格拉古兄弟的民主改革遭到元老貴族的猛烈攻擊，並且遭到反對貴族的瘋狂屠殺，但是它揭開羅馬內戰時代的序幕。此後，反元老勢力仍然繼續改革派的傳統，發出平民運動的號召。反元老鬥爭所擔負的歷史使命，是打擊元老貴族、改變共和體制、建立軍事獨裁和皇帝統治的羅馬帝國。正是在這種情況下，羅馬內戰爆發。

西元前八八年，以馬略為首的平民派與以蘇拉為首的貴族派為爭奪對米特拉達提斯六世的出征權而展開激戰。蘇拉派先發制人，強佔羅馬城，宣佈馬略為「公敵」，沒收其財產。蘇拉率軍前往東方作戰以後，馬略派趁機攻佔羅馬，捕殺蘇拉的追隨者。蘇拉在打敗米特拉達提斯六世以後，回師義大利，於西元前八二年派兵攻佔羅馬，打敗馬略派，成為羅馬史上第一位獨攬大權的終身獨裁官，馬略派與蘇拉派之間的戰爭至此結束。

西元前六〇年，三位實力派人物凱撒、克拉蘇和龐培步入政壇，他們組成「前三頭同盟」。西元前五三年，克拉蘇在與安息作戰中陣亡，於是三頭先去其一，凱撒與龐培對抗之勢日趨明顯。

凱撒是平民派中的奴隸主代表人物，對獨裁寶座覬覦已久。西元前五八年，凱撒征服整個高盧，攫取大量財富，就用其中的一部份「救濟」羅馬平民階級、網羅黨羽，因而在人民中享有極高的聲望。高盧戰爭結束以後，凱撒寫成《高盧戰記》一書，向公民宣傳他的赫赫戰功，進一步擴大自己的影響力。更重要的是，凱撒擁有一支久經征戰、忠誠可靠的龐大軍隊，對他實行獨裁統治很有利。

這樣的形勢，使龐培和元老院的合作關係更緊密。他們把打擊目標集中在凱撒及其黨羽身上。西元前五〇年，元老院與龐培聯合，令凱撒在第二任高盧總督期滿以後，立即交出行省統轄權和軍權，解職回國。凱撒回信要求龐培也放棄兵權，否則絕不服從，並且不惜兵戎相見。西元前四九年元旦，元老院決定凱撒應該立即卸任，隨後又宣佈凱撒為「公敵」，並且授權龐培招募軍隊保衛共和國。羅馬內戰一觸即發，全國處於緊急狀態。

經過

西元前四九年一月十日，凱撒搶先率軍南渡魯比肯河，以迅雷不及掩耳之勢直撲羅馬。凱撒進軍勢如破竹，將龐培軍打得落花流水。倉促中，龐培帶著大批元老逃往希臘。佔領羅馬以後，凱撒決定殲滅龐培留在西班牙的主力，以保障後方安全和掌握戰爭的戰略主動權。於是，凱撒率領六個軍團開進西班牙，龐培軍隊群龍無首，未做認真抵抗就宣告投降。在短短兩個月的時間裡，凱撒就佔領整個西班牙。

為了為最後的決戰做準備，凱撒推行各行省居民和羅馬人權利平等的政策，進而使自己的社會基礎更廣泛。凱撒的軍隊一下子增加到二十八個軍團，龐培在希臘的軍團只有九個，但是擁有東方廣大地盤的龐培，在兵員數量和軍需儲備上仍然居於優勢。

西元前四九年十一月，凱撒率領七個軍團，出其不意的在希臘登陸。由於敵方海軍掌握制海權，凱撒的另一部份遠征軍未能登陸。直到西元前四八年春，這部份軍隊才和凱撒會合。遺憾的是，龐培沒有抓住這個有利時機，將凱撒軍隊各個殲滅。在部隊會合以後，凱撒把龐培的幾個軍團圍困在第拉希的築壘兵營裡，圍困長達三個月，但是沒有實質效果。於是，凱撒只好將部隊撤到帖薩利亞。同年八月，兩軍在法塞拉斯進行一場決戰，凱撒軍隊徹底擊潰龐培部隊。龐培從戰場逃出，不久以後，在埃及被殺。

龐培死後三天，凱撒的追兵也在埃及登陸。在這裡，凱撒干預埃及內亂，打敗托勒密國王的部隊，把克里奧帕特拉王后扶上王位。隨後，他進軍攻打並且擊潰佔據部份羅馬領土的帕提亞人。就在這個時期的歷史上，留下他那句「我來了、我看見了、我勝利了」的名言。西元前四六年，凱撒再次在非洲登陸，並且在塔普蘇斯城附近擊潰貴族派軍隊。接著，他又揮師進攻西班牙，在西元前四五年孟達一戰中，擊潰龐培兩個兒子的部隊，勝利的結束內戰。

第一階段的羅馬內戰，以凱撒擊敗龐培和元老貴族軍隊而告結束，戰爭的結果是凱撒建立個人的軍事獨裁政權。他不僅被選為終身獨裁官，而且還擁有統帥、大教長和祖國之父等尊號，集一切大權尊榮於一身，是名副其實的軍事獨裁者，或說是羅馬歷史上第一個皇帝。但是，這種獨裁統治破壞貴族共和制，遭到部份元老貴族的反對。

西元前四四年三月十五日，凱撒在元老院議事廳遇刺身亡，一代天驕命喪黃泉。

凱撒死後，安東尼成為凱撒派主要領導人，他出兵鎮壓因為凱撒葬禮而引發的平民和奴隸暴動。但是安東尼缺乏對奪權鬥爭的統一籌劃，元老院的地位趁機得到增強。

這時，屋大維，一位年僅十八歲的青年，突然步入羅馬政壇。屋大維在凱撒遺囑中被定為繼承人，得其遺產四分之三。屋大維非同凡響、膽略兼備，他知道凱撒的聲望和財產已經成為自己的有力武器，遂大加利用，收攬人才、擴充實力、拉攏民眾，很快的自立門戶。

西元前四三年春，安東尼出任高盧總督的要求遭到元老院拒絕以後，馬上訴諸武力。他派兵搶印奪權，將原高盧總督圍於穆提那城。元老院和屋大維一起出兵解圍，安東尼退出北高盧，和凱撒派另一重要將領雷必達聯合。屋大維得勝以後，受到元老院排擠，無法掌握實權。

在這種情況下，西元前四三年秋天，屋大維、安東尼和雷必達終於結成「後三頭同盟」。他們進軍羅馬，改組政府，獲得五年內處理國家事務的全權。

三人簽定一份分治天下的協約，協約規定：安東尼統治高盧；屋大維控制非洲、西西里和薩丁尼亞；雷必達統治西班牙；義大利和羅馬由三人共治。這個分治協議由羅馬公民大會予以批准，並且獲得「建設國家的三頭」之銜。至此，羅馬共和制已經名存實亡。

後三頭當權以後，以「為凱撒復仇」為名，屠殺大批元老和騎士，以西塞羅為首的元老貴族幾乎被斬盡殺絕。西元前四〇年，後三頭再次劃分勢力範圍：安東尼統治東部，屋大維統治義大利和高盧，雷必達統治北非。屋大維坐鎮羅馬，有近水樓台之利，逐漸和元老、騎士等上層統治份子取得妥協。除此之外，屋大維還以公民領袖自居，逐漸累積雄厚的實力。

西元前三六年，雷必達的權力被屋大維剝奪。安東尼卻在東方正式與克里奧帕特拉結婚，因為迷戀姿色，宣稱要把他統治下的領土賜予克里奧帕特拉之子。

西元前三二年，屋大維與安東尼公開決裂，公佈安東尼關於將羅馬東方行省部份地區贈與埃及的遺囑，透過公民大會剝奪安東尼的一切權力，並且宣佈他為「公敵」。

西元前三一年九月，屋大維與安東尼在希臘的亞克興海角展開激戰。雙方旗鼓相當，交戰初期勝負難分，但是督戰的克里奧帕特拉卻在戰鬥最激烈的時候，率領埃及艦隊撤退回國，安東尼跟蹤而去，全軍遂告瓦解。西元前三〇年夏天，屋大維進軍埃及，包圍亞歷山大里亞，安東尼伏劍自刎，克里奧帕特拉被俘後自殺。西元前二七年，屋大維獲得元老院贈予的「奧古斯都」尊號，羅馬帝國從此誕生。

結果與影響

羅馬內戰結束羅馬長期以來四分五裂的局面，使國家重新統一，屋大維成為羅馬的唯一統治者。羅馬內戰揭開羅馬歷史新的一頁，羅馬從此進入奴隸制帝國時代。

在羅馬內戰過程中，軍事戰術得到進一步發展。作為傑出統帥的凱撒，在這個方面產生很大的作用。他善於根據政治、經濟和軍事的不同情況來指導戰爭，在解決戰略問題的時候，可以審時度勢、高瞻遠矚。凱撒和他的繼承者屋大維在戰略上有一個共同特點：具有敏銳的政治頭腦，可以從政治的高度把握軍事問題，實現政治目標和軍事手段的完美結合。

羅馬兵法的特點是：善於選擇主要攻擊方向，巧妙的分割敵軍兵力並且各個擊破；軍隊在迅速、大膽、機動迎擊敵軍的時候，總是集中兵力，狠狠打擊敵軍某一側翼；在戰鬥隊形中，通常都留有強大的預備隊，用來加強部隊在主要方向上的突擊力量，這是軍事上的一大創舉。

官渡之戰

一場奠定曹操在北方的霸主地位之戰

西元二〇〇年（漢獻帝建安五年），曹操和袁紹為了爭奪中國北部的大片領土，在官渡（今河南中牟東北）地區進行一次大決戰，史稱官渡之戰。結果，處於明顯劣勢的曹操出奇制勝，使得北方霸主袁紹從此一蹶不振，奠定曹操在北方的霸主地位。

起因

東漢末年，轟轟烈烈的黃巾農民大起義雖然被鎮壓下去，但是它卻沉重的打擊地主階級的統治，使腐朽的東漢政權分崩離析、名存實亡。在鎮壓黃巾賊的過程中，各地州郡大吏獨攬軍政大權，地主豪強紛紛組織私人武裝佔據地盤，形成大大小小的割據勢力。此後，爆發一連串爭權奪利、互相兼併的長期戰爭，造成中原地區「白骨露於野，千里無雞鳴」的淒慘景象。當時的割據勢力主要有河北的袁紹、兗豫的曹操、河內的張揚、徐州的呂布、荊州的劉表、揚州的袁術、江東的孫策、南陽的張繡、幽州的公孫瓚等人。

西元一九六年（建安元年），曹操把漢獻帝挾持到許昌，形成「挾天子以令諸侯」的局面，取得政治上的優勢。西元一九七年（建安二年）春，袁術在壽春（今安徽壽縣）稱帝，曹操即以「奉天子以令不臣」為名，討伐袁術並且將其消滅。接著，曹操又消滅呂布，利用張揚內訌取得河內郡。從此，曹操勢力西達關中，東到兗、豫、徐三州，控制黃河以南，淮、漢以北大部地區，進而與袁紹形成沿黃河下游南北對峙的局面。

西元一九八年（建安三年），袁紹擊敗公孫瓚，佔有青、幽、冀、并四州之地。到此時為止，以前的割據勢力中，只剩下袁紹、曹操兩大集團。袁紹的兵力在當時遠遠勝過曹操，自然不甘屈居於曹操之下，決心和曹操一決雌雄。西元一九九年（建安四年），袁紹憑藉著巨大的經濟、軍事優勢，調集十萬大軍、一萬匹戰馬，準備進攻許都（今河南許昌，東漢臨時的都城，也是曹操的大本營），企圖一舉消滅曹操。

袁紹舉兵南下的消息傳到許昌，曹操部將大多非常驚恐。他們認為，袁軍強大不可敵。針對這種情況，曹操把將領和謀士們召集起來，向他們分析當時的情況。曹操根據自己對袁紹的瞭解，認為袁紹志大才疏，表面凌厲而膽略不足，對人猜忌刻薄而喪失威嚴，士兵眾多但是沒有出色的指揮將領，將領驕傲而且政見不合，雖然土地廣大、糧食豐富也不知利用，因此不值得畏懼。謀士郭嘉、荀彧完全贊成這種觀點，將士們聽到這番話以後，勇氣和信心大增。於是，曹操決定以所可以集中的數萬兵力，抗擊袁紹的進攻。

為了爭取戰略上的主動性，曹操做出周密的戰略部署：曹操率兵進據冀州黎陽（今河南浚縣東，黃河北岸）；令于禁率步騎二千屯守黃河南岸的重要渡口延津（今河南延津北），協助扼守白馬（今河南滑縣東，黃河南岸）的東郡太守劉延，阻滯袁軍渡河和長驅南下；同時，以主力在官渡（今河南中牟東北）一帶築壘固守，以阻擋袁紹從正面進攻；派臧霸率精兵自琅玡（今山東臨沂北）入青州，佔領齊（今山東臨淄）、北海（今山東昌樂）、東安（今山東沂水縣）等地，牽制袁紹，鞏固右翼，防止袁軍從東面襲擊許昌；鎮撫關中，拉攏涼州，以穩定翼側。曹操所採取的戰略方針，不是分兵把守黃河南岸，而是集中兵力扼守要隘、重點設防、以逸待勞、後發制人。

從當時情勢而言，這種部署是非常正確的。首先，袁紹兵多而曹操兵少，千里黃河多處可渡，如果分兵把守則防不勝防，不僅難以阻止袁軍南下，反而使自己本來已經處於劣勢的兵力更分散，給對方造成可趁之機；其次，官渡地處鴻溝上游，瀕臨汴水，鴻溝運河西連虎牢、鞏、洛要隘，東下淮泗，為許昌北、東之屏障，是袁紹奪取許昌的要津和必爭之地，再加上官渡靠近許昌，後勤補給也比袁軍方便，所以在官渡重兵防守是非常明智的。

西元一九九年（建安四年）農曆十二月，正當曹操部署對袁紹作戰的時候，原來投靠曹操的劉備起兵反曹操，很快的佔領下邳，屯據沛縣（今江蘇沛縣）。劉軍增至數萬人，並且與袁紹遙相呼應，虎視著曹操。曹操為了保持許昌與青、兗二州的聯繫，避免兩面作戰，於次年二月親自率領精兵東擊劉備，迅速佔領沛縣，轉而進攻下邳，擒獲劉備的大將關羽。劉備全軍潰敗，隻身逃往河北，投奔袁紹。

曹、劉作戰正酣之時，許都空虛。曹操的部下提醒他要提防袁紹趁虛偷襲，曹操認為袁紹優柔寡斷、遇事遲疑，必定不會當機立斷。事實證明，曹操的猜測是正確的，消息傳到河北的時候，謀士田豐認為這是攻下曹操大本營的好時機，應該趕快發兵，進攻許都。沒想到袁紹因為最疼愛的小兒子得病，沒有接受田豐的建議。田豐氣得用手杖戳著地面，說：「可可惜！這麼好的機會，居然以小孩子生病為理由而失去。」正因為袁紹的「不足以成大事」性格，致使曹操從容擊敗劉備，回軍官渡。

把周圍敵對勢力掃除和擊敗，確定自己無後顧之憂的時候，西元二〇〇年（建安五年），曹操親自統率主力部隊屯駐在官渡，決定與袁紹一決高低，官渡之戰因此爆發。

經過

建安五年（西元二〇〇年）正月，劉備戰敗來投靠袁紹，直到此時，袁紹才召集眾將討論如何進攻曹操。田豐認為，形勢已經發生重大變化，再進攻曹操很不利，他勸阻袁紹：「曹操現在已經班師回京，許都一時難以攻下。再說，曹操很會用兵，曹軍人數雖然少，卻不可以輕敵。您現在佔據山河險固的廣大地方，又擁有四周的眾多人口，應該利用這個有利形勢，對外結交英雄豪傑、對內治理農事、充實軍備。

然後，選派精兵，趁虛襲擊曹操的側翼，展開流動作戰，使曹軍左右奔跑、疲於奔命，使那裡的百姓不得安寧、怨恨曹操。這樣，不用兩年的時間，我們就可以不戰而勝。」田豐的這些分析，都是從實際情況出發，是很有道理的。然而，野心十足、謀略淺短的袁紹根本聽不進去，反而對田豐產生反感。

建安五年二月，袁紹把十萬大軍集結在黃河北岸的黎陽，企圖渡河與曹軍主力決戰。袁紹首先派顏良進攻白馬（今河南滑縣東北），企圖奪取黃河南岸要點，以保障主力渡河。當時守衛白馬的是東郡太守劉延，城內糧少兵缺，根本無力與顏良對抗。四月，曹操為了爭取主動性、求得初戰的勝利，親自率兵北上，解救白馬之圍。此時，謀士荀彧認為，袁紹兵多，建議採用聲東擊西的辦法，分散其兵力。具體辦法是，先引兵至延津（今河南延津北），偽裝要渡過黃河襲擊袁紹的後方，使袁紹分兵向西；然後遣輕騎迅速襲擊進攻白馬的袁軍，攻其不備，可以打敗顏良。袁紹不知是計，果然派出一部份軍隊到延津應戰。曹操立即派張遼、關羽為前鋒，趁機率領輕騎，急趨白馬。直到曹軍來到離白馬十餘里的地方，顏良才發覺，趕快上馬迎戰。關羽快速奔進袁軍大營，手起刀落斬了顏良。袁軍立刻大亂，被殺、被俘的士兵不計其數。解除白馬之圍以後，曹操下令白馬城中的居民全部遷出，隨著軍隊沿黃河向西撤退。袁紹聽說曹操在白馬大敗顏良以後，立刻親率大軍渡河追擊，恨不得一口把曹軍全部併吞。謀士沮授認為，大軍不能盲目南進，如果失利就有全軍覆沒的危險。袁紹怎麼可能採納這種建議，命令主力部隊立刻渡河追擊。沮授料到袁紹必將失敗，在大軍渡河的時候，推說身體有病，請求辭職，但是袁紹不准。

袁紹率軍渡河至延津南，派大將文醜與劉備繼續率兵追擊曹軍。曹操當時只有騎兵六百駐於南阪（在白馬南）下，袁軍達六千騎，尚有步

上古時期 BC
漢
0
100
200
三國
晉
300
400
南北朝
500
隋朝
600
唐朝
700
800
五代十國
900
宋
1000
1100
1200
元朝
1300
明朝
1400
1500
1600
清朝
1700
1800
1900
中華民國
2000

兵在後跟進。曹操的將領們都認為，敵軍眾多，恐怕難以抵抗，主張退守營壘。曹操卻讓所有的騎兵解鞍放馬，並且故意將輜重丟棄在袁紹必經之路上。袁軍部隊趕到的時候，看到曹軍把軍用物資拋在路上，就爭先恐後的搶奪，亂成一團。曹操立刻指揮全部騎兵上馬衝殺，終於擊敗袁軍，殺了文醜。之後，曹操把部隊從容的撤回利於防守的官渡，以誘敵深入，準備決戰。

袁軍雖然在白馬、延津之戰中連遭失利，但是仍然保持優勢。此時，袁紹軍隊將近十萬人，曹操只有三、四萬。袁紹並沒有吸取教訓，還是仗著自己在軍隊數量、裝備和物資儲量上的優勢，堅持要和曹操決一死戰。七月，袁軍又把大軍集中在陽武（今河南中牟北），準備南下進攻許昌。沮授再次向他分析當前的形勢：袁軍兵多將廣、儲備豐富，但是沒有曹軍勇敢善戰，所以善於打持久戰；曹軍雖然英勇善戰，但是人少物缺，經不起長久打仗，如果可以慢慢的消磨曹操的實力，就可以不戰而勝。袁紹還是聽不進這些勸告，一味的要和曹操決一雌雄。八月，袁軍主力接近官渡，依沙堆立營，東西寬約數十里，曹操也立營與袁軍對峙。九月，曹軍一度出擊，沒有獲勝，退回營壘堅守。袁紹構築樓櫓，堆土如山，用箭俯射曹營。曹軍製作一種拋石用的霹靂車，發石擊毀袁軍所築的樓櫓。袁軍又掘地道進攻，曹軍也在營內掘長塹抵抗，使袁軍的心血白白浪費。就這樣，雙方在黃河邊上，相持將近三個月。

曹軍的處境困難，前方兵少糧缺、士卒疲乏，後方也不穩固，戰爭如果曠日持久的堅持下去，對曹軍十分不利。面對這種情況，曹操一度動搖過決心，打算退回許都。謀士荀彧認為，這正是打敗袁紹的好機會，勸曹操要盡最大的努力，爭取最後的勝利。於是，曹操一方面決定堅持危局，加強防守，命令負責後勤補給的任峻，採取十路縱隊為一部，縮短運輸隊的前後距離，並且用複陣（兩列陣）加強護衛，防止袁軍襲擊；另一方面，積極尋求和捕捉戰機，擊敗袁軍。不久，曹操派徐晃、史渙，截擊、燒毀袁軍數千輛糧車，增加袁軍的困難。十月，袁紹又派車運糧，並且令淳于瓊率兵萬人護送，屯積在袁軍大營以北約二十公里的故市（今河南延津縣內）、烏巢（今河南延津東南）。袁紹的謀士許攸認為，曹操兵少，主力部隊集中在官渡，後方必定空虛，如果派一支輕騎兵去偷襲許都，必定可以置曹操於死地。袁紹顧慮多端，仍然不採納這個「令曹操吃驚不小」的建議。許攸料定袁紹必敗，動了棄袁投曹的念頭。恰在這時，許攸的族人犯法，被拘留起來。許攸一氣之下，投靠曹操。

許攸來到曹軍大營，把袁紹在烏巢囤積軍糧的情況，完全告訴曹操，並且建議曹操派輕騎兵前去偷襲。如果可以把袁軍的糧草和輜重完全燒掉，不用三天就可以打敗袁紹。曹操聽到這個計策以後，喜出望外，立即付諸實行。他留下曹洪、荀彧固守營壘，親自率領步騎五千，冒用袁軍旗號，每人帶一束柴草，趁著夜色，走小路偷襲烏巢。天亮之前，曹軍來到烏巢，把糧屯團團圍住，點燃乾柴放火。霎時間，火光沖天，袁軍的糧草化為烏有。

袁紹聽說曹操襲擊烏巢，又做出錯誤的決定，只派一部兵力救援烏巢，用主力猛攻官渡曹軍營壘。沒想到曹營堅固，攻打不下。曹軍急攻烏巢淳于瓊營的時候，袁紹增援的部隊已經迫近，曹操勵士死戰，大破袁軍，殺了淳于瓊，並且燒毀其全部糧草。烏巢糧草被燒的消息傳到袁軍前線，袁軍軍心動搖，內部分裂。曹軍趁勢出擊，大敗袁軍，袁紹倉皇帶八百騎退回河北。曹軍先後殲滅和坑殺袁軍七萬餘人，就這樣，官渡之戰以曹勝袁敗而告結束。

上古時期 BC
漢
0
100
200
三國
晉
300
400
南北朝
500
隋朝
600
唐朝
700
800
五代十國
900
宋
1000
1100
1200
元朝
1300
明朝
1400
1500
1600
清朝
1700
1800
1900
中華民國
2000

結果與影響

官渡之戰是中國歷史上一次以少勝多、以弱勝強的著名戰爭，是袁、曹雙方力量轉變、中國北部由分裂走向統一的一次關鍵性戰役，對於三國歷史的發展，有極其重要的影響。此戰曹軍的勝利不是偶然的，最根本的原因是：袁、曹之間的兼併戰爭，雖然屬於封建割據勢力之間的爭鬥，但是實現地區性的統一，客觀上符合人民的願望。曹操在政治上抑制豪強，得到中小地主階級的擁護；「挾天子以令諸侯」，使自己處於有利的政治地位；注意網羅人才，得到地主階級、知識份子的擁護；經濟上實行屯田，不僅有效的解決後勤供應，而且在一定程度上安定社會生活，贏得民心。除此之外，實行正確的、靈活的作戰戰略，也是曹操取得勝利的重要因素。細觀曹操的用兵之道，可以看出他取勝的原因：

第一，先掃清比較弱的、分散的割據勢力，再集中精力對付正面的、強大的敵人；

第二，根據敵強己弱的實際情況，採取後退一步、以逸待勞、後發制人的作戰方針，在防禦作戰中，可以從被動中，力爭主動；

第三，曹操具有善納良策、詭詐多奇、攻守兼施、注重火攻、集中兵力等用兵謀略和指揮才能，這些對戰爭有決定性的作用；

第四，指揮靈活，堅定沉著，善於捕捉戰機，果斷施行；

第五，曹軍兩次焚燒袁軍糧草，極大的動搖敵人的軍心，對勝利產生顯著作用。

袁紹失敗的原因很明顯，例如：政治上縱容豪強、兼併土地、任意搜刮；為人剛愎自用、一意孤行、恃強驕躁、優柔寡斷，不能採納部屬的正確建議，一再喪失良機。

赤壁之戰

一場奠定三國鼎立局面的著名決戰

西元二〇八年（漢獻帝建安十三年），孫權、劉備聯軍在今湖北江陵與漢口之間的長江沿岸，與曹操進行一場大戰，歷史上稱為「赤壁之戰」。這場戰爭以曹操戰敗，孫、劉聯軍獲勝而告終，對於三強鼎立局面的確立，具有決定性的意義。

起因

在官渡之戰中，曹操擊敗袁紹，統一北方，佔據幽、冀、青、并、兗、豫、徐和司隸（今河南洛陽一帶）共八州的地盤，形成獨佔中原的格局。他又揮師平定遼東地區的烏桓勢力，基本穩定後方地區，一時之間成為當時歷史舞台上不可一世的風雲人物。然而，對於素懷雄心大志的曹操來說，統一北方地區並不會讓他就此止步，他的宏偉目標是掃平所有的割據勢力，實現「天下統一」。

在北方基本平定以後，曹操實行一些改良措施，例如：興辦屯田、整修水利、打擊豪強實力、減輕百姓租稅、選用有才能的地方官吏、整頓和改變軍隊。透過這些措施，飽受戰亂的北方得到一定程度的恢復，逐漸出現欣欣向榮的局面。隨著實力的增大，曹操的雄心也逐漸壯大，他決定揮師南下，一舉消滅南方盤踞勢力，實現統一中國的目的。於是，曹操積極為南下作戰做準備：修建玄武池訓練水兵，並且派人到涼州（今甘肅）授馬騰為衛尉予以拉攏，以避免南下作戰的時候，側後受到威脅。

當時南方的主要割據勢力有兩個，一是立國三世的東吳孫權政權。東吳據有揚州六郡，這些地方土地肥沃、物產豐富，在當時戰亂較少，北方人的南遷又給當地帶來先進的生產技術。因此，東吳的經濟有長足的進步。在軍事上，孫權擁有精兵數萬，有周瑜、程普、黃蓋等著名將領，內部團結，加上據有長江天險，因而成為曹操併吞天下的主要障礙。另一個主要割據勢力是荊州的劉表，他基本上採取維持現狀的政策，再加上年老多病、處事懦弱，其子劉琦和劉琮又因為爭奪繼承權而鬧得不可開交，政權並不穩固。

劉備當時還沒有自己固定的地盤，他原來依附袁紹，官渡之戰以後投奔劉表。劉表讓他屯兵新野、樊城一帶，據守曹軍南下的門戶。但是劉備素有「梟雄」之稱，志在「匡復漢室」，所以就趁著這個機會擴充軍隊、網羅人才。此時，他的謀士為三國時著名的政治家諸葛亮，猛將有關羽、張飛、趙雲等令敵將聞風喪膽的人物，是曹操併吞天下的另一個重要障礙。

西元二〇八年七月，曹操率軍南下，並且將第一個戰略目標定為荊州。荊州歷來為兵家必爭之地，如果佔據它，既可以控制今湖北、湖南地區，又可以順江東下，從側面打擊東吳，向西進軍則可以奪取富饒的益州（今四川）。就在曹操大軍趕往荊州的路上，劉表因病一命嗚呼，年幼的次子劉琮接替荊州牧的職位。曹軍到達新野的時候，早就已經嚇破膽的劉琮背著哥哥劉琦和劉備，派人向曹操投降，拱手交出荊州大權。就這樣，曹操兵不血刃，順利的完成南下戰略的第一步。

劉備知道這個消息的時候，已經來不及組織力量抵抗曹軍，急忙率部隊向江陵（今湖北江陵）退卻，沿途又收容不少不願意投降的劉表軍隊和老百姓，所以走得很慢。諸葛亮見情勢危急，命令關羽率領水軍經漢水到江陵會合。江陵為軍事重鎮，是兵力和物資的重要補給基地。曹操自然不甘心讓它落入劉備之手，於是親率輕騎五千，日夜兼行一百五十餘里，追趕行動遲緩的劉備軍隊。在當陽（今湖北當陽）的長阪坡，曹操擊敗劉備，幾乎沒有費多大力氣就佔領江陵。劉備拋棄所有的士兵、百姓和輜重糧草，僅和諸葛亮、張飛、趙雲等數十騎突圍，與關羽、劉琦等部會合以後，一起到了夏口。後來見形勢不妙，劉備又率軍龜縮於長江南岸的樊口（今湖北鄂城西北）一線。

軍事上接二連三的勝利，使得曹操躊躇滿志、輕敵自大，企圖順流東下，佔領整個長江以東的地區，一舉消滅孫權勢力。謀士賈詡向他建議，應該利用荊州的豐富資源休整軍隊、安撫百姓，等內部穩定下來以後，以強大優勢迫降孫權。當時，曹操輕敵的想法很嚴重，認為憑藉自己的軍事力量，可以使孫權投降，所以不採納賈詡的建議，決定併吞東吳。

早在曹操進兵荊州以前，東吳曾經打算奪佔荊州與曹操對峙。劉表死後，孫權又派魯肅以弔喪為名去偵察情況。魯肅抵達江陵的時候，劉琮已經投降曹操。魯肅當機立斷，在當陽長阪坡會見劉備，說明聯合抗曹的意向。處於困境的劉備，欣然接受這個建議，並且派諸葛亮隨魯肅到東吳會見孫權，商定聯合抗曹的大計。

諸葛亮見到孫權以後，向他分析當前的形勢：曹操雖然人多勢眾，但是經過連續作戰、長途跋涉，士兵已經非常疲憊，它的力量就像一支飛到盡頭的箭鏃，連一層薄薄的綢緞也穿不透。何況，曹軍多是北方人，不習水戰，荊州又是新佔之地，人心不服，士兵不肯為他賣命。劉備雖然剛打過敗仗，但是還擁有水陸二萬多人的實力，可以與曹操周旋一番。在這種情況下，只要孫、劉雙方可以同心協力、攜手合作，就一定可以擊破曹軍，造就三分天下的局面。

孫權對諸葛亮的精闢分析深表贊同，立刻召集部下商討聯劉抗曹的大計。在會上，長史張昭等人被曹軍的聲勢所懾服，反對抵抗、主張投降。他們認為曹操「挾天子以令諸侯」，兵多勢眾，「又挾新定荊州之勝」，勢不可擋，東吳力量弱小，根本不足以與曹軍抗衡，不如趁早投降。張昭是東吳的重臣，深得孫策、孫權的器重，他的態度使得孫權感到為難。

這時，魯肅密勸孫權召回東吳軍事主帥周瑜商討對策。周瑜奉召從鄱陽趕回，他同樣主張堅決抗禦曹操，認為：曹操雖然已經統一北方，但是其後方並不穩定。馬超、韓遂在涼州的割據，對曹操後側是潛在的威脅；曹操捨棄北方軍隊善於騎戰的長處，和吳軍進行水上較量，這是捨長就短；加上時值初冬，馬乏飼料，北方部隊遠來江南，水土不服，必生疾病；這些都是用兵之大忌，曹操貿然東下，失敗不可避免；曹操的中原部隊不過十五、六萬，並且疲憊不堪，荊州的降兵最多不過七、八萬人，而且心存恐懼、鬥志低落。這樣的軍隊，人數雖然多但是並不可懼，只要動用精兵五萬，就足以打敗它。

周瑜的分析，更堅定孫權聯劉抗曹的決心，於是撥精兵三萬，任命周瑜、程普為左右都督，魯肅為贊軍校尉，率軍與劉備會師，共同抗擊曹操。就這樣，在強敵壓境、存亡未卜的危急關頭，孫權和劉備兩股勢力為了避免徹底覆滅的共同命運，終於結成聯合抗曹的軍事同盟，也為以後的三國鼎立打下基礎。

經過

西元二〇八年十月，周瑜率兵沿長江西上到樊口與劉備會師，然後孫、劉聯軍繼續挺進，在赤壁（今湖北嘉魚東北）與曹軍打了一場戰爭。在這一戰中，曹軍大大受挫，退回江北，屯軍烏林（今湖北嘉魚西），與孫、劉聯軍隔江對峙。孫、劉聯軍雖然佔有天時、地利、人和的優勢，但是力量畢竟太過弱小，想要打敗強大的曹軍很不容易。就在孫、劉為破曹而愁眉不展的時候，曹操卻「主動」為他們創造一個機會。

當時，曹軍中疾病流行，又因為多是北方人，不習水性，長江的風浪把他們顛簸得口吐黃水、苦不堪言。於是，曹操命令工匠把戰船用鐵環「首尾相接」，船身就可以穩定，不僅人可以在上面行走，馬也可以自由往來。這就是「連環船」，曹操自認為這是一個好辦法，卻不知已

上古時期 BC
漢
0
100
200
三國
晉
300
400
南北朝
500
隋朝
600
唐朝
700
800
五代十國
900
宋
1000
1100
1200
元朝
1300
明朝
1400
1500
1600
清朝
1700
1800
1900
中華民國
2000

經為日後的失敗，埋下禍根。

周瑜的部將黃蓋是一名老將，很有軍事經驗，他看出「連環船」有很大的弱點，就向周瑜獻計：「連環船目標大，行動不便，可以用火攻來擊破。」要用火攻，一定要藉助風力，可是當時已經進入冬季，經常吹西北風，如果用火攻，很容易連累自己的船隻。周瑜和諸葛亮對當地的氣象變化，進行仔細的分析，估算在冬至前後有東南風，於是立即準備火攻，只等東南風吹起。成語「萬事俱備，只欠東風」，就是因此而來。

為了騙取曹操的信任，使執行火攻的戰船可以順利的接近曹操的水寨，黃蓋寫了一封投降信，秘密派人送到曹操的帳中。曹操起初有些懷疑，後來想到自己在軍事、政治上的優勢，再加上「孫、劉內部不合」，「識時務」的黃蓋前來投降是有可能的。於是，驕傲、輕敵的曹操對黃蓋深信不疑，還與其約定投降的時間。

西元二〇八年農曆十一月的某個晚上，果然吹起東南風，而且風力非常大。黃蓋帶領一支火攻船隊，向曹操的水寨急速而去。船上裝滿澆了油脂的蘆葦和乾柴，外面圍著布幔加以偽裝。另外，還預備一些輕快的小船，繫在大船之尾，以便放火以後可以用這些小船撤退。看到曹操水寨的時候，黃蓋命令士兵齊聲大喊：「黃蓋來降了！」曹營中的官兵看到江東來船，以為是黃蓋如約前來投降，絲毫不加戒備，都走出來伸著脖子張望。

船隊距離曹軍水寨只有二里的時候，黃蓋命令士兵放火。號令一下，所有戰船一起放火，就像一條條火龍向曹軍水寨衝過去。此時，東南風正猛，風借火勢、火助風威，曹軍水寨很快的全部起火。連環船一時難以拆開，火越燒越旺，一直燒到江岸上，江面、江岸一片火海。曹軍將士被這個突如其來的大火燒得驚慌失措、鬼哭狼嚎、潰不成軍，士兵被燒死的、淹死的不計其數。

周瑜在南岸看見火起，知道黃蓋已經得手，立刻指揮戰船，向曹軍全力猛攻。這一仗，孫、劉聯軍不僅燒毀曹操所有的戰船，還殲滅曹操的大部人馬。在煙霧瀰漫中，曹操率領殘兵敗將向華容道（今湖北省監利縣西北）逃去。沒想到，半路又遇上狂風暴雨，道路泥濘，無法通過，曹操命令老弱士兵找來樹枝雜草鋪在路上，騎兵才得以過去。那些老弱士兵被人馬撞倒，受到踐踏，又死傷不少。周瑜、劉備的軍隊水陸並進，把曹操的軍隊一直追到南郡（今湖北省江陵縣境內）。曹操留下曹仁、徐晃駐守江陵，樂進駐守襄陽，自己率領殘兵敗將逃回北方。經過這一仗，曹操元氣大傷，兵力損失一大半。

赤壁大戰是奠定三國鼎立局面的重要戰爭，戰後，劉備趁勝取得武陵、長沙、桂陽、零陵等四郡，次年又任荊州牧，奠定壯大發展、進據益州的基礎。孫權為了繼續與劉備聯合抗曹，任其在荊州發展。曹操經過這個挫折，勢力局限在中國的北部，再也無力大舉南下。西元二二〇年，曹操的兒子曹丕廢掉漢獻帝，自己當皇帝，國號魏，建都洛陽。第二年，劉備也在成都稱帝，國號漢。後八年，孫權在建業（今南京市）稱帝，國號吳。至此，三國鼎立局面終於形成。

結果與影響

在這場戰爭中，處於劣勢地位的孫、劉聯軍，面對總兵力達二十三、四萬之多的曹軍，可以正確分析形勢，找出其弱點和不利因素，採取密切協同、以長擊短、以火佐攻、趁勝追擊的作戰方針，打得曹軍丟盔棄甲、狼狽竄北，使曹操併吞寰宇的雄心，就此付諸東流，進而成為歷史上運用火攻、以弱勝強的著名戰例。

曹操是三國時著名的軍事家、政治家，很會用兵。打仗的時候，一向勝多敗少，在赤壁大戰中，卻輸得如此之慘，究其原因，是因為：

第一，在赤壁大戰之前，曹操連續打了很多勝仗，在這種形勢下，他對自己軍隊的實力、自己用兵的長處估算過高，對自己軍隊的弱點、自己用兵的短處，以及孫、劉聯軍的勇氣和力量估算過低。這種驕傲、輕敵的態度，是曹操失敗的根本原因；

第二，在作戰部署上，曹操不能因時、因地制宜，而是以己之短攻對方之長，把自己的弱點曝露在對方的面前，等於伸著脖子讓人砍，這也是導致他失敗的一個重要原因。

在赤壁之戰中，孫權與劉備表現出卓越的戰略籌劃與靈活的作戰指導能力：

第一，在敵強我弱、「分則俱亡、合則勢強」的形勢下精誠合作，結成政治、軍事同盟，形成一股可以與曹軍抗衡的力量；

第二，在知彼知己的基礎上，針對曹操驕傲輕敵、捨長用短的特點，利用地理、天時的有利條件，欺敵詐降，並且果斷採取「以火佐攻」的作戰方針，出其不意的打擊敵人；

第三，在實施火攻襲擊成功的情況下，不失時機的率領主力艦隊橫渡長江，趁敵混亂不堪之際，奮勇打擊曹軍，並且堅決實施戰略追擊，擴大戰果，奪取荊州。

淝水之戰

一場使自大的前秦主兵敗身亡的戰爭

西元三八三年，偏安江左的東晉王朝與北方氐族貴族建立的前秦政權，在淝水進行一次戰略性大決戰，在歷史上稱為淝水之戰。結果，弱小的東晉利用前秦統治者苻堅在戰略決策上的失誤和戰術部屬上的不當而大獲全勝，成為中國歷史上以弱勝強的著名戰例之一。

上古時期 BC
漢
0
100
200
三國
晉
300
400
南北朝
500
隋朝
600
唐朝
700
800
五代十國
900
宋
1000
1100
1200
元朝
1300
明朝
1400
1500
1600
清朝
1700
1800
1900
中華民國
2000

起因

西元三一六年，腐朽的西晉王朝在內亂外患的多重打擊下滅亡。西元三一七年，西晉琅玡王司馬睿在建康稱帝，建立東晉王朝，佔有現在漢水、淮河以南大部份地區。東晉偏安南方的時候，西北邊疆的許多少數民族趁機進入黃河流域，匈奴、鮮卑、羯、氐、羌等少數民族首領也紛紛先後稱王、稱帝，北方地區陷入割據混戰的狀態。

到了四世紀中期，佔據陝西關中一帶的氐族統治者以長安為都城，建立前秦政權。西元三五七年，苻堅做了前秦的皇帝。苻堅重用漢族知識份子王猛治理朝政，經過二十多年的艱苦努力，先後滅掉鮮卑人建立的強大的前燕和雁門關外的代國、漢人張氏在甘肅地區建立的前涼政權，統一黃河流域，成為當時北方最大的一個國家。這樣，前秦和東晉以淮河為界，形成南北對峙的局面。

黃河流域的統一，使苻堅本人的雄心更大，為了統治天下，並且報往昔東晉征西大將軍桓溫率軍進攻前秦之仇，前秦開始向南進行擴張。西元三七三年，前秦攻佔東晉的梁（今陝西漢中）、益（今四川成都）兩州。這樣，長江、漢水上游就納入前秦的版圖。接著，前秦雄師又先後佔領襄陽（今屬湖北）、彭城（今江蘇徐州）等兩座重鎮，並且一度包圍三阿（今江蘇高郵附近）、進襲堂邑（今江蘇六合）。前秦、東晉的矛盾日趨尖銳，一場戰爭在所難免。後來，前秦由於發生內亂，延緩對東晉的進攻。

讓軍事勝利沖昏了頭腦的苻堅，孜孜於大起軍旅統一南北。西元三八二年，苻堅再次決定攻打東晉，委任諫議大夫裴元略為巴西、梓潼二郡太守，積極經營舟師，企圖從水路順流東下會攻建康，並且任命其弟為征南大將軍。在興師之前，苻堅將群臣召集到太極殿，計議發兵滅東晉這個事宜。在這次殿前決策會議上，苻堅趾高氣揚，聲稱四方基本平定，只剩下東南一隅的東晉猶在抗拒王命，他要親自統率九十七萬大軍出征，一舉蕩平江南地區。

群臣大多反對這個決議，他們認為目前攻打東晉有四大困難：第一，北方的許多人心裡還向著東晉，因此出兵不佔人和；第二，東晉雖然弱小，但是君臣和睦、上下團結，這個時候不是進攻它的時機；第三，東晉擁有長江天險，又得到人民的擁護，進攻不容易取勝；第四，前秦連年征戰，士兵都很疲憊，出兵取勝的可能性不大。他們都希望苻堅可以暫時按兵不動，發展生產，整訓部隊，等待東晉出現間隙以後，再趁機攻伐。

群臣中也有極少數人出於各種目的，附和苻堅的意見，秘書監朱彤奉迎著說：「陛下親征，東晉如果不投降，只有徹底滅亡，現在正是滅東晉千載難逢的良機。」將軍慕容垂（鮮卑族）等人心懷復國的異志，也在會議上鼓勵苻堅出兵，推波助瀾。聽到這些人的附和，苻堅驕狂的說：「以我百萬大軍，把馬鞭扔在長江中，也可以阻斷長江水流，東晉還有什麼天險可以憑恃呢？」

苻堅見群臣反對他的進攻東晉決策，就結束朝議，退而與其弟陽平公苻融決斷大計。苻融智勇雙全，深得苻堅的信任，但是這個時候他也不同意出兵，建議苻堅放棄進攻東晉的計畫。同時，苻融也清楚的看到前秦表面強盛的背後，是民族衝突、階級衝突的激烈尖銳。他向苻堅指出：如今鮮卑、羌、羯等族的人，對氐有滅國之深仇，他們遍佈於京郊地區，大軍南下之後，一旦變亂發生於心腹地區，那個時候就後悔莫及。為了說服苻堅，苻融還把苻堅最信任的已故丞相王猛反對進攻東晉的臨終囑咐抬了出來，可是苻堅都聽不進去，固執的認為以強擊弱猶

「秋風掃落葉」，垂危的東晉政權可以迅速消滅。

為了勸阻苻堅南下進攻東晉，前秦的眾多大臣做了最後的努力。他們利用苻堅信佛的事實，透過釋道安進行勸說。釋道安規勸苻堅不要進攻東晉，如果一定要進攻東晉，也不必親自出征，應該坐鎮洛陽，居中調度，進攻和誘降雙管齊下，以爭取勝利。苻堅的愛妃張夫人和太子宏、幼子詵也都一再相勸，但是苻堅對這些依然置若罔聞，決意南下。

西元三八三年，苻堅下令平民每十人出兵一人，富豪人家二十歲以下的從軍子弟凡是強健勇敢的人，都任命為禁衛軍軍官。八月，苻堅親率步兵六十萬、騎兵二十七萬、御林軍三萬共計九十萬大軍，在東西長達幾千公里的戰線上水陸並進，南下進攻東晉，淝水之戰爆發。

經過

東晉王朝在強敵壓境、面臨生死存亡的緊急關頭，決意奮起抵抗。他們一方面舒緩內部問題，另一方面積極部署兵力，制定正確的戰略方針，以抗擊前秦軍隊的進犯。當時東晉宰相謝安主持朝政，對前秦軍南進早有準備，在荊州和淮南兩個方向置兵設防，而以後者為重點。東晉孝武帝司馬曜在謝安等人的強有力輔弼下，任命桓沖為江州（今湖北東部和江西西部）刺史，控制長江中游，阻扼前秦軍由襄陽南下；任命謝石為征討大都督，謝玄為前鋒都督，統率經過七年訓練、有強大戰鬥力的「北府兵」八萬沿淮河西上，遏制前秦軍主力的進攻；又派遣胡彬率領水軍五千，增援戰略要地壽陽，擺開與前秦大軍決戰的態勢。

同年十月十八日，苻融率領前秦軍前鋒攻佔壽陽，生擒東晉平虜將軍徐元喜等人，與此同時，慕容垂部攻佔鄖城（今湖北安陸縣境）。東晉軍胡彬所部在增援的半路上得悉壽陽失陷的消息，就退守硤石（今安徽鳳台縣西南）。苻融一面率軍進攻硤石，一面命衛將軍梁成率眾五萬屯於洛澗，並於洛澗入淮口處設木柵橫截淮水，阻遏東來之援軍，以孤立胡彬部。

謝石、謝玄等人率領東晉軍主力至洛澗以東二十五里處，因畏前秦軍強而不敢進。胡彬困守硤石，糧草乏絕，難以支撐，就寫信請求謝石馳援，盡述「敵眾糧盡，恐難久守」之狀。不料，此信被前秦軍截獲，苻融及時向苻堅報告「晉兵少而易擒」、糧草缺乏的情況，建議前秦軍迅速開進，以防東晉軍逃遁。苻堅得報，就把大部隊留在坎城，親率騎兵八千馳抵壽陽，並且命令在襄陽俘獲的東晉將軍朱序前往晉營勸降。朱序到了東晉軍營以後，不但沒有勸降，反而向謝石等人密告前秦軍的情況，並且建議謝石等人不要延誤戰機，坐待前秦百萬大軍全部抵達以後束手就擒，而是要趁著前秦軍各路人馬尚未集中的機會，主動出擊。他指出，只要打敗前秦軍的前鋒，挫傷它的士氣，前秦軍的進攻就不難瓦解。謝石起初對前秦軍的囂張氣焰心存懼意，打算以固守不戰來消磨前秦軍的銳氣，聽了朱序的介紹和作戰建議以後，就及時改變作戰方針，決定轉守為攻，爭取主動。

十一月，東晉軍前鋒都督謝玄派鷹揚將軍劉牢之率領精兵五千，迅速奔赴洛澗，前秦將領梁成聽到這個消息以後，在洛澗邊上列陣迎擊。劉牢之分兵一部迂迴到前秦軍陣後斷其歸路，自己率兵強渡洛水，猛攻梁成的軍隊。前秦軍腹背受敵，無法抵擋，主將梁成陣亡，步騎五萬人土崩瓦解，爭渡淮水逃命，戰死、淹死者有一萬五千多人。劉牢之活捉前秦揚州刺史王顯等人，還繳獲大批輜重、糧草。洛澗遭遇戰的勝利，挫敗前秦軍的兵鋒，極大的鼓舞東晉軍的士氣。謝石趁機命令大軍水陸並進，直逼前秦軍。苻堅站在壽陽城上，看到東晉軍部隊嚴整，加上把淝水東面八公山上的草和樹木也錯認為晉兵，心中頓生懼意，對苻融說：「這明明是強敵，你怎麼說他們弱不堪擊呢？」

當時，前秦將軍張蠔在淝水以東與謝石交戰，取得勝利。謝石、謝玄、謝琰率眾數萬列陣以待，張蠔趕快退到淝水以西，兩軍隔淝水對峙。前秦軍洛澗之戰失利以後，沿著淝水西岸佈陣，企圖從容與東晉軍交戰。謝玄知道自己的兵力比較弱，利於速決而不利於持久，決定利用前秦軍將厭戰、苻堅恃眾急於決戰的心理，派人前往前秦軍營，激苻融說：「將軍率領軍隊深入晉地，卻沿著淝水佈陣，這是想打持久戰，不是速戰速決的方法。如果您可以讓前秦兵稍微後撤，空出一塊地方，使東晉軍可以渡過淝水，兩軍一決勝負，不是很好嗎？」

前秦將領認為我強敵弱，應該扼守淝水，阻止東晉軍上岸，才可以取得勝利。東晉軍的這個做法，明明是玩弄詭詐，勸苻堅不可上當。苻堅再次不聽勸告，他對諸將說：「我們只把兵稍微的向後退一退，等他們一半渡過、一半未渡的時候，用精銳部隊衝殺過去，一定可以取得勝利。」苻融也同意這個辦法。前秦軍本來就士氣低落、內部不穩、陣勢混亂、指揮不靈，這一撤更是陣腳大亂。朱序等被迫投降的晉人趁機在陣後大喊：「秦軍敗了！秦軍敗了！」前秦將士聽了，以為自己真的敗了，紛紛狂跑，爭相逃命。

東晉精兵八千在謝玄等人的指揮下，趁勢搶渡淝水，展開猛烈的攻擊。苻融見大勢不妙，騎馬飛馳巡視陣地，想穩定退卻的士兵，結果馬倒在地，被追上的東晉軍一刀砍死。前秦軍全線崩潰，完全喪失戰鬥力，東晉軍趁勝追擊，一直到達青岡（在今壽陽附近）。前秦軍人馬相踏而死者滿山遍野、堵塞大河。活著的人聽到風聲鶴唳，以為是晉兵追來，因而草行露宿，晝夜不敢停息，加上饑寒交迫，死者十之七八。苻堅也中箭負傷，倉皇逃至淮北。苻堅一路上收集散兵游勇，到了洛陽的時候，僅剩十餘萬人。朱序、徐元喜及原降於前秦的前涼主張天錫一起投奔晉營，東晉軍收復壽陽，俘獲前秦淮南太守郭褒。

東晉勝利的消息傳到建康的時候，宰相謝安正在家裡和朋友下棋。他看過戰報以後，裝作若無其事的樣子繼續下棋。等到朋友離開以後，他無法抑制自己的狂喜之情，手舞足蹈的向內宅奔去。跨門檻的時候，竟然把木屐的齒碰斷，他自己卻全然不知。

結果與影響

淝水之戰是東晉十六國時期南北之間一次大規模的戰爭，前秦從大舉進攻到淝水決戰，前後只有四個月的時間，就全線崩潰。此戰之後，東晉王朝的統治得到穩定，有效的遏制北方少數民族的南下侵擾，為江南地區社會經濟的恢復和發展，提供必要的契機。但是，這場戰爭對於前秦政權和苻堅來說，卻是一場災難，它使得北方地區暫時統一局面的解體，慕容垂、姚萇等氐族貴族重新崛起，趁機瓦解前秦的統治，苻堅也很快遭到身死國亡的悲慘下場。

東晉軍隊之所以可以取得勝利，主要原因有以下幾個方面：

第一，東晉面臨前秦進犯，臨危不亂、從容應敵；

第二，君臣和睦，團結國內力量，共同對抗外來敵人；

第三，東晉利用老謀深算、機智沉著、指揮若定的謝安、謝石、謝玄等人為主將，為最終的勝利增加一些籌碼；

第四，東晉根據朱序提供的情況，對前秦軍隊有清楚的瞭解，並且可以根據敵情，及時改變方略，在前秦軍後續兵力未抵淝水前，抓住時機與之決戰；

第五，在淝水之戰前，宰相謝安就做好戰爭的準備，再加上東晉進行的是正義的戰爭，將士們鬥志昂揚，可以以一當十；

BC
— 0
— 100
— 200
— 300
羅馬統一
羅馬帝國分裂
— 400
— 500
倫巴底王國
— 600
回教建立
— 700
— 800
凡爾登條約
— 900
神聖羅馬帝國
— 1000
十字軍東征
— 1100
— 1200
蒙古西征
— 1300
英法百年戰爭
— 1400
哥倫布啟航
— 1500
中日朝鮮之役
— 1600
— 1700
發明蒸汽機
美國獨立戰爭
— 1800
美國南北戰爭
— 1900
一次世界大戰
二次世界大戰
— 2000

第六，在洛澗之戰中，東晉取得勝利，大大的鼓舞東晉的士氣，嚴重的挫傷前秦的囂張氣焰，使得前秦將士甚至主將苻堅產生畏怯之心；

第七，以智激敵，誘其自亂，然後乘隙掩殺，堅決實施戰略追擊，擴大戰果。

前秦之所以慘敗淝水，原因也有很多，主要有：

第一，前秦主苻堅驕傲自大、主觀武斷、不聽勸阻，在內部不穩、民疲兵倦的情況下，一意孤行的輕率開戰；

第二，前秦國內政治不穩，戰與不戰意見不一，有些投降的將士為了趁機作亂，鼓動苻堅行不可行之事；

第三，前秦將戰線拉得太長，兵力過於分散，捨長就短，缺乏共同合作；

第四，在洛澗之戰中，前秦失敗，使得本來就不高昂的士氣更加受挫，失去取勝的信心；

第五，對東晉的情況完全不瞭解，隨意後撤，自亂陣腳，給敵人提供可乘之機；

第六，對朱序等人的間諜活動沒有察覺，讓對手掌握己方情況，使己方陷入被動地位。

以上種種原因，使得兵多將廣的前秦在淝水之戰中慘敗，明顯處於劣勢的東晉取得極大的勝利，淝水之戰也成為中國戰爭史上以少勝多的著名戰例之一。

十字軍東征

打著宗教旗幟的掠奪性東征

西元一〇九六年～西元一二九一年，西歐封建主、大商人和羅馬天主教會，對東部地中海沿岸各國發動侵略性東征。因為出征的衣服上縫有用紅布製成的十字標記，因此稱為十字軍，他們發動的戰爭也被稱為十字軍東征。

起因

十一世紀末，因為西歐社會生產力的發展進步，手工業從農業中分離出來，城市崛起，人口增加。封建領地的收入，已經不能滿足封建主日益增長的享樂需求，他們渴望向外攫取土地和財富，擴充政治、經濟勢力。

歐洲教會最高統治者——羅馬天主教會，企圖建立「世界教會」，並且進而控制東正教，確立教皇的無限權威；許多不是長子的貴族騎士不能繼承遺產，成為「光蛋騎士」，熱衷於在掠奪性的戰爭中發財；一些不滿現狀、苦於饑荒的農民，也希望透過東征，擺脫日益加重的封建剝削與壓迫，尋求新的出路。

在這些動因的驅使下，他們把眼光投向人類文明的發祥地之一——地中海及其沿岸。這些地區有先進的科學、經濟與文化，因而也是人類爭奪最激烈、戰爭發生頻率最高的地方之一。

當時，西亞各國和拜占庭的複雜局勢，也有利於西方入侵者。西元一〇九五年，羅馬教皇烏爾班二世在法國南部克萊蒙召開宗教大會，煽動宗教狂熱。就這樣，西歐封建主、大商人和羅馬天主教會，對東部地中海沿岸各國進行持續近二百年的侵略性東征，光是大規模的軍事行動就有八次。

因為東征參加者的衣服上縫有用紅布製成的十字，所以被稱為「十字軍」，這次東征也被稱為十字軍東征。

經過

第一次十字軍東征：西元一〇九六年～西元一〇九九年。

一〇九六年春，法國隱修士彼得和德國窮漢小騎士華爾特集結一些貧苦農民，打開東征的先河。這支隊伍缺乏組織、未經訓練、缺少裝備和補給，在小亞細亞被塞爾柱土耳其人擊潰，幾乎全軍覆沒。同年秋天，以法國貴族為主的騎士十字軍分兵四路東征，其主要領導者是諾曼騎士奧特朗托的博希芒德。一〇九七年春，四路十字軍約三萬人會合於君士坦丁堡，隨後渡海進入小亞細亞，攻佔塞爾柱土耳其人的都城尼西亞，翌年攻佔埃德薩、安條克，分別建立埃德薩伯國和安條克公國。一〇九九年七月十五日，攻佔耶路撒冷，建立耶路撒冷王國，使之成為十字軍控制東方的主要基地。十字軍所建立的公國與伯國，仿西歐封建國家政治制度的模式，名義上隸屬於耶路撒冷王國，實際上各自獨立。十字軍國家橫徵暴斂，激起當地人民多次反抗。為了鞏固和治理佔領地區，教皇批准成立聖殿騎士團、醫院騎士團、條頓騎士團，以加強軍事控制。

第二次十字軍東征：西元一一四七年～西元一一四九年。

一一四四年，埃德薩伯國被塞爾柱土耳其人攻陷，直接威脅十字軍在東方的其他佔領區。一一四七年，在法國國王路易七世和「神聖羅馬帝國」皇帝、德意志國王康拉德三世的率領下，進行第二次十字軍東征。出動較早的德意志十字軍，在小亞細亞被土耳其人擊潰，法國十字軍攻佔大馬士革的企圖也落空，因此，這次東征沒有達到任何目的。

第三次十字軍東征：西元一一八九年～西元一一九二年。

BC
— 0
— 100
— 200
— 300
羅馬統一
羅馬帝國分裂
— 400
— 500
倫巴底王國
— 600
回教建立
— 700
— 800
凡爾登條約
— 900
神聖羅馬帝國
— 1000
十字軍東征
— 1100
— 1200
蒙古西征
— 1300
英法百年戰爭
— 1400
哥倫布啟航
— 1500
中日朝鮮之役
— 1600
— 1700
發明蒸汽機
美國獨立戰爭
— 1800
美國南北戰爭
— 1900
一次世界大戰
二次世界大戰
— 2000

一一八七年，埃及蘇丹薩拉丁在海廷之戰中大敗十字軍，進而攻佔耶路撒冷。一一八九年，「神聖羅馬帝國」皇帝紅鬍子腓特烈一世、法國國王奧古斯都腓力二世和英國國王理查一世率十字軍東征。腓特烈率其部隊沿上次東征的陸路穿越拜占庭，法國人和英國人由海路向巴勒斯坦挺進，途中佔領西西里島。

德意志十字軍（最初約十萬人）一路上傷亡慘重，衝過整個小亞細亞，但是紅鬍子在橫渡薩列夫河的時候溺死，其軍隊也隨之瓦解。腓力二世佔領了阿克拉港以後，於一一九一年率領部份十字軍返回法國。理查一世在敘利亞取得一定的成果，攻佔賽普勒斯，並且建立賽普勒斯王國。一一九二年，理查與埃及蘇丹薩拉丁簽定和約，據此和約，從提爾到雅法的沿海狹長地帶歸耶路撒冷王國所有，耶路撒冷仍然留在穆斯林手中。因此，這次東征也沒有達到什麼目的。

第四次十字軍東征：西元一二〇二年～西元一二〇四年。

最初，教皇英諾森三世策劃並且確定東征埃及，但是威尼斯商人為了自己的商業權益，採取威脅利誘的手段，促使十字軍改變東征方向，進攻信奉同一宗教的商業勁敵——拜占庭。

一二〇四年四月十三日，十字軍攻佔君士坦丁堡，燒殺洗劫數日，毀壞歷史文物不計其數。同年，佔領拜占庭在巴爾幹半島的大部份領土，建立「拉丁帝國」。從此，拜占庭帝國四分五裂，其商業地位被威尼斯取代。

第五次十字軍東征：西元一二一七年～西元一二二一年。

在這次東征中，奧地利公爵利奧波六世和匈牙利國王安德列二世率領十字軍聯合部隊遠征埃及。十字軍在埃及登陸以後，攻佔杜姆亞特要塞，但是被迫與埃及蘇丹訂立停戰協定，並且撤離埃及。

第六次十字軍東征：西元一二二八年～西元一二二九年。

在「神聖羅馬帝國」皇帝腓特烈二世率領下進行，這次東征使耶路撒冷在西元一二二九年暫時回到基督教徒手中，但是在西元一二四四年又被穆斯林奪回。

第七次十字軍東征：西元一二四八年～西元一二五四年。

法國國王「聖者」路易九世對埃及和突尼斯進行的東征，以失敗告終。

第八次十字軍東征：西元一二七〇年。

也是法國國王「聖者」路易九世對埃及和突尼斯進行的東征，但是最後也以失敗告終。

結果與影響

十字軍東征從整體上來說是失敗的，主要原因是參加者的社會成份繁雜不一，武器裝備也極不統一。

身穿甲冑的騎士，裝備的是中等長度的劍和用於刺殺的重標槍，一些騎馬或徒步的騎士除了劍以外，還裝備有錘矛或斧頭，大部份農民和市民裝備的則是刀、斧和長矛。

十字軍採用的是騎士軍戰術，戰鬥由騎士、騎兵發起，一交戰即單個對單個的決鬥，缺少合作，並且十字軍軍紀鬆弛、指揮不一、勞師遠征，不適應東方的自然環境。十字軍多為重裝騎兵（人員、馬匹均著甲冑），雖然有比較強的突擊能力，但是裝備笨重、行動不便，因此經常遭到挫敗。

土耳其和阿拉伯軍隊主要是裝備有弓弩、馬刀的輕騎兵，作戰能力

BC
— 0
— 100
— 200
— 300
羅馬統一
羅馬帝國分裂
— 400
— 500
倫巴底王國
— 600
回教建立
— 700
— 800
凡爾登條約
— 900
神聖羅馬帝國
— 1000
十字軍東征
— 1100
— 1200
蒙古西征
— 1300
英法百年戰爭
— 1400
哥倫布啟航
— 1500
中日朝鮮之役
— 1600
— 1700
發明蒸汽機
美國獨立戰爭
— 1800
美國南北戰爭
— 1900
一次世界大戰
二次世界大戰
— 2000

優於十字軍的重裝騎兵。他們雖然擋不住重裝騎兵的正面衝擊，但是熟悉地形，機動靈活，善於運用避實擊虛、誘敵深入，或是攻敵側後等戰術，故可以取得勝利。關於這一點，有人寫道：「在十字軍東征期間，當西方的重裝騎士將戰場移到東方國土上的時候，就開始打敗仗，在大多數場合都遭到覆滅。」

十字軍東征持續將近二百年，羅馬教廷建立世界教會的企圖不僅完全落空，而且由於其侵略暴行和罪惡面目的曝露，使教會的威信大為下降，後世史家評論：「在某種意義上說，比失敗更壞一些。」十字軍東征在客觀上打開東方貿易的大門，使歐洲的商業、銀行和貨幣經濟發生革命，並且促進城市的發展，造成有利於產生資本主義萌芽的條件。

東征還使東、西方文化與交流增多，在一定程度上刺激西方的文藝復興，阿拉伯數字、代數、航海羅盤、火藥和棉紙，都是在十字軍東侵時期傳到西歐。

十字軍東征還促進西方軍事學術與軍事技術的發展，海軍戰術亦有新發展，帆船取代橈槳戰船，重裝騎兵作用的衰落，使輕裝騎兵和步兵的地位與作用受到重視。

英法百年戰爭

歐洲兩大霸主之間的較量

西元一三三七年～西元一四五三年，英、法兩國斷斷續續的進行長達百餘年的戰爭，被後世稱為「英法百年戰爭」。這場戰爭的奇特之處，就是它以一種性質轉變成另一種性質。英、法兩國先為王位繼承問題展開爭權奪利，爾後演變為英國對法國的入侵，法國被迫進行反入侵，戰爭性質從封建王朝混戰變化到侵略與反侵略，其結果可謂完全違背英、法王朝統治者的初衷。

起因

自十一世紀「諾曼征服」以後，英國諸王透過與法國諸王的一連串聯姻，都成為法國諸王大片領地上的主要封臣。後來，英王愛德華三世終於提出享有全部法蘭西王國的繼承權的要求。一三二八年二月，法國卡佩王朝皇帝去世。卡佩王朝沒有後代，支裔華洛瓦家族的腓力六世繼位。英王愛德華三世趁著這個機會，以卡佩王朝前國王腓力四世外孫的資格，爭奪卡佩王朝的繼承權。一三三七年，愛德華三世自行稱王法蘭西。腓力六世當然不甘將王位拱手讓人，他宣佈收回英國在法國境內的全部領土，並且派兵佔領耶訥。

引起英法百年戰爭的原因還有一個，那就是爭奪法國境內富庶的佛蘭德爾地區。這個地區的經濟與英國有密切的關係，其羊毛進口完全來自英國。一三二八年，法國佔領該地，英王愛德華三世遂下令禁止向該地出口羊毛。佛蘭德爾地區為了保持原料來源，轉而支持英國的反法政策，承認愛德華三世為法國國王和佛蘭德爾的最高領主。這種情況使英、法兩國之間的問題進一步加深，在一定程度上促進英法戰爭的爆發。

一三三七年五月二十四日，法王腓力六世收回英屬領地基恩，英王愛德華三世正式對法國發起進攻，英法百年戰爭因此爆發。

經過

這次戰爭，大致可以分為四個階段。

戰爭的第一階段（西元一三三七年～西元一三六〇年）

一三三七年十月，英王愛德華三世自稱法國國王，並於十一月率軍進攻法國，接連獲勝。一三三八年，英軍在佛蘭德爾建立據點；一三四〇年六月，在斯勒伊斯海戰中大敗法軍，控制英吉利海峽；一三四六年七月，愛德華三世率軍渡過英吉利海峽，在諾曼第登陸；佔領卡昂以後，愛德華三世率軍直趨巴黎，進而北渡塞納河和索姆河。

一三四六年八月二十六日，英、法在阿布維爾以北展開克雷西之戰。交戰時，英軍佔據有利地形，以長弓為主要殺傷武器。法軍則墨守陳舊戰術，主要靠騎士橫衝直撞，結果大敗，損失慘重。一三四七年八月，英軍佔領戰略重鎮加萊。後來由於黑死病肆虐歐洲，雙方被迫休戰，進入談判階段。

一三五五年，雙方談判破裂，愛德華三世再次進入法國，其子「黑太子」從布列塔尼攻入諾曼第。一三五六年，「黑太子」率軍從貝爾熱拉克向法國中部挺進，法王約翰二世率軍截擊。九月十九日，雙方在普瓦捷進行一場戰爭。英軍以少勝多，生擒法王約翰二世及其眾臣。

對英戰爭的失敗，加深法國國內的階級衝突，西元一三五六年～西元一三五八年之間，法國相繼爆發馬賽領導的巴黎起義和札克雷起義。一三六〇年十月二十四日，英、法兩國再次停戰，並且進行談判。在這次談判中，雙方簽定《布勒丁尼條約》。根據這個條約，法國承認英國對加萊和西南地區大片領土的佔領，並且同意贖回國王，愛德華三世則放棄對法國王位和諾曼第佔有權的要求。

戰爭的第二階段（西元一三六九年～西元一三八〇年）

一三六四年，法王約翰二世被囚死於倫敦，其子繼位，稱為查理五世。為了奪回英佔領土和為父報仇，他抓緊時機進行改革：改編軍隊，整頓稅制；用雇傭步兵取代部份騎士民團；建立野戰炮兵和新的艦隊；杜・蓋克蘭被任命為軍隊總司令，擁有很大的權力。

一三六八年，加斯科涅人掀起反抗英國統治的暴動，法軍積極配合，對英軍發動進攻並展開游擊戰，收復大片失地。一三八〇年，法王查理五世去世，繼承人查理六世是精神病患者，不能治理國家。此時，法國因為連年戰亂，民不聊生，城鄉人民奮起反抗，英國國內問題也日益尖銳。兩國均陷入困境，無力再戰。一三九六年，英王理查二世與法王查理六世在巴黎締結為期二十年的停戰協定，英國保留對加萊和波爾多與巴約訥之間的部份領地的佔有權。

戰爭的第三階段（西元一四一五年～西元一四二四年）

英王亨利五世利用法國內部問題加劇，重新提出對法國王位的要求，再次對法國發動戰爭。一四一五年八月，英軍在塞納河口登陸，十月二十五日與法軍進行亞金科特之戰。由於戰場狹小，法軍無法發揮兵力優勢，大量士兵被英軍弓箭殺傷。一四二〇年四月，英軍征服諾曼第，進逼巴黎。一四二〇年五月二十一日，法國在特魯瓦與英國簽定喪權辱國的和約。和約規定，法國淪為英法聯合王國的一部份，英王亨利五世為法國攝政王，並且有權在查理六世死後，繼承法國王位。但是，一四二二年，查理六世和亨利五世先後猝然死去，法國王位爭奪戰更加激烈。此時，法國遭到侵略者的洗劫和瓜分，處境十分困難，捐稅和賠款沉重的壓在英佔區居民身上。因此，對這時的法國來說，爭奪王位的戰爭，已經轉變為民族解放戰爭。

戰爭的第四階段（西元一四二四年～西元一四五三年）

亨利五世和查理六世猝死之後，英王室宣佈未滿周歲的亨利六世兼領法國國王，法國太子查理則控制法國中部和南部。一四二八年十月，英軍進攻通往南方的要地奧爾良城，法國人民奮起抵抗，以農民和城市貧民為主的游擊隊，在英佔區不斷打擊敵人。其中，最著名的是貞德領導的反抗軍。

貞德出生在法國北部香檳與洛林交界處的杜列米村，艱苦的生活使她逐漸成為一個性格堅強、不怕困難、敢於追求的少女。她三次求見查理太子，陳述自己的救國大計。一四二九年四月二十七日，查理太子授予她「戰爭總指揮」的頭銜。貞德全身甲冑，腰懸寶劍，捧著一面繡有「耶穌瑪麗亞」字樣的大旗，率領三、四千人向已經被英軍包圍半年之久的奧爾良進攻。

經過一場激烈的戰爭，貞德終於打敗英軍。四月二十九日晚上八時，貞德在錦旗的引導下進入奧爾良，全城軍民燃著火炬來歡迎她。後來，貞德率領士氣高昂的法軍，迅速攻克聖羅普要塞、奧古斯丁要塞、托里斯要塞，敵人聞風喪膽，聽到貞德的名字就嚇得發抖。奧爾良人們高唱讚美詩，歌頌貞德的戰功，稱她為「奧爾良姑娘」。

奧爾良戰役的勝利，扭轉法國在整個戰爭中的危難局面。從此，戰爭朝著有利於法國的方向發展。七月，查理太子在蘭斯加冕，稱查理七世。接著，貞德又率軍收復許多北方領土。貞德已經變成「天使」，人們都在歌頌她，稱她是「聖人」。國王賜給她大量財帛和「貴族」稱號，她拒絕接受，決心繼續完成解放法國的事業。但是，宮廷貴族和查理七世的將軍們，卻不滿意這位「平凡的農民丫頭」影響的擴大，就蓄意謀害貞德。一四三〇年五月，在康白尼城附近的戰鬥中，當貞德及其部隊被英軍所逼、撤退回城的時候，這些封建主把她關在城外，最後竟然以四萬法郎將她賣給英國人。一四三一年五月三十日上午，不滿二十歲的貞德備受酷刑之後，在盧昂城下被活活燒死。貞德之死，激起法國人民極大義憤和高度愛國熱情，鼓舞法國人民繼續抗戰，英軍節節

上古時期 BC
漢
0
100
200
三國
晉
300
400
南北朝
500
隋朝
600
唐朝
700
800
五代十國
900
宋
1000
1100
1200
元朝
1300
明朝
1400
1500
1600
清朝
1700
1800
1900
中華民國
2000

敗退。一四三五年九月，勃艮第公爵臣服於查理七世，法國反英力量加強。此後八年，法軍光復北方大部份領土。

一四四四年，英、法在圖爾簽定為期五年的停戰協定。

停戰期間，查理七世組建自西羅馬帝國滅亡以後歐洲第一支常備軍。它紀律嚴明，以發射實心鐵彈的戰炮為進攻武器。在一四五〇年四月福爾米尼之戰和一四五三年七月卡斯蒂永之戰中，法軍發揮戰炮射程遠的優勢，重創英軍。一四五三年十月十九日，法軍收復波爾多，百年戰爭結束。

結果與影響

百年戰爭持續一百一十六年，給法國人民帶來深重的災難，使法國經濟衰落，但是卻促進法國民族意識的覺醒，為此後民族國家的建立創造條件。民族女英雄貞德勇敢的捍衛民族利益，為了民族解放，不惜犧牲自己的生命，振奮法國人民的民族精神。

百年戰爭的勝利，不僅使法國擺脫侵略者的統治，還使法國人民團結起來，民族感情迅速增強，國王受到臣民的忠心支持。因此，封建君主政體演變成封建君主專制政體，王權進一步加強。戰後的英國，經歷一段內部的政治紛爭以後，也建立中央集權的君主專制國家。

在這次戰爭中，英國的雇傭軍優於法國的封建騎士民團，促使法國第一次建立常備雇傭軍；騎兵已經失去以往的作用，可以成功的與騎兵一起作戰的弓箭手的作用得到提升；戰爭後期，法國常備軍代表著軍隊訓練和裝備的進步，火器被越來越廣泛的運用到各種作戰中，其發展和運用預示著作戰方法的重大變化。這些對英、法軍隊甚至西歐國家軍隊的建設，都產生重要的影響。

鄂圖曼土耳其的擴張

一個地跨歐、亞、非三洲的帝國崛起

十四世紀，鄂圖曼土耳其人為了掠奪土地和財富對外進行的侵略戰爭，稱為鄂圖曼土耳其的擴張。擴張的結果是在亞洲、歐洲和北非遼闊的土地上，建立龐大的鄂圖曼土耳其帝國，確立鄂圖曼土耳其帝國的霸權。

起因

土耳其人的祖先是中國北方的遊牧民族——突厥部落，五世紀時，突厥部落居於天山和阿爾泰山之間，還處於原始社會末期。到了六世紀中期，突厥已經成為橫亙亞洲北部的大國。

六、七世紀，隋朝和唐朝先後對突厥發動戰爭，突厥國破滅，向唐朝稱臣。

一〇五五年，中亞的一支塞爾柱土耳其人以古代波斯為中心，建立塞爾柱帝國。塞爾柱帝國曾經繁榮一時，曾經征服小亞細亞，後來逐漸衰落。

一二九九年，突厥部落的另一支鄂圖曼土耳其人建立一個獨立的國家，即鄂圖曼土耳其國。長期以遊牧為生的鄂圖曼土耳其人，此時開始向農業定居生活過渡，並且在新征服的土地上分封采邑。

一三二六年～一三五九年，鄂圖曼土耳其國處於烏爾汗的統治時期，此時才開始形成真正統一的鄂圖曼土耳其帝國。鄂圖曼土耳其帝國從建立之日開始，就沒有停止過對外部的侵略擴張，到了十六世紀，鄂圖曼土耳其已經成為一個龐大的帝國，達到帝國的極盛時期。

一三五九年，鄂圖曼土耳其帝國皇帝烏爾汗去世，他的兒子繼承皇位，稱為穆拉德一世。穆拉德一世一上台，立即著手對外部的侵略擴張，開始鄂圖曼土耳其長達二百年的對外征服戰爭。

經過

鄂圖曼土耳其的擴張，可以分為三個階段。

第一個階段（西元一三六〇年～西元一四〇二年）

穆拉德一世經過馬查河、科索沃等戰役，征服多瑙河以南地區。其子巴耶塞特一世向東方佔領幼發拉底河上游，在尼科波爾戰役中，又大敗歐洲聯軍。在這個階段，經過兩位皇帝的東征西討，鄂圖曼土耳其國土面積擴大數倍。十四世紀中後期，拜占庭帝國日薄西山，統治權不超過君士坦丁堡及其附近一隅土地；巴爾幹半島的重要國家塞爾維亞面臨分裂，保加利亞被塞爾維亞戰敗後元氣未復；在地中海東部和海峽地區，有巨大政治經濟利益衝突的威尼斯和熱那亞經常處於明爭暗鬥之中。

巴爾幹半島的這種形勢，對鄂圖曼土耳其的擴張非常有利。穆拉德一世即位以後，立即組織對巴爾幹的征戰。一三六三年，穆拉德一世攻佔埃迪爾內，接著佔領保加利亞的普洛夫迪夫。匈牙利、塞爾維亞、保加利亞、瓦拉幾亞組織聯軍反擊，但是在一三六四年的馬查河戰役中，被處於劣勢的鄂圖曼土耳其軍隊擊潰。此後，東南歐各國無法抵抗鄂圖曼土耳其人的攻勢，節節敗退。

一三八九年六月，六萬鄂圖曼土耳其軍隊在穆拉德一世的直接指揮下，和由塞爾維亞、波士尼亞、匈牙利、瓦拉幾亞、阿爾巴尼亞、波蘭、捷克人組成的十萬聯軍在科索沃原野進行決戰。戰爭開始的時候，塞國的拉扎爾公爵率軍緊逼土耳其軍。酣戰之際，塞國封建主米洛奇・奧比利奇潛入敵營，殺死穆拉德一世，但是其子巴耶塞特接替指揮，繼續鏖戰，最終戰敗聯軍。科索沃戰爭結束多瑙河以南地區對鄂圖曼土耳其的抵抗，塞爾維亞淪為鄂圖曼土耳其的附庸國。

穆拉德在位三十多年，使土耳其帝國的疆土擴大五倍。他是一位卓越的軍事家，組建一支紀律嚴密、生氣勃勃的軍隊，在向西擴張中，幾乎所向披靡。他也是一位政治家，曾經用聯姻的手段，擴大帝國在亞洲的領土，為日後鄂圖曼土耳其的進一步擴張奠定基礎。穆拉德的兒子巴耶塞特一世即位以後，把擴張的矛頭轉向東方，數年之內已經使疆土到達幼發拉底河上游。

一三九三年開始，鄂圖曼土耳其人開始對君士坦丁堡持續圍攻，迫使拜占庭帝國同意他們在城內修建穆斯林區、清真寺；任命伊斯蘭法官；對鄂圖曼土耳其的年貢增加到一萬金幣；鄂圖曼土耳其在君士坦丁堡近郊有駐軍權。正當巴耶塞特一世在東方縱橫馳騁的時候，西方國家的封建主和教會以驅逐「異教徒」為藉口，開始對東方的侵佔和掠奪，即十字軍東征。

一三九六年，一支龐大的十字軍隊伍分兩路進攻鄂圖曼土耳其，參加者除了來自英、法、義、德、捷等國的騎士以外，還有匈牙利國王西吉斯蒙德領導的匈軍、瓦拉幾亞和波士尼亞軍隊。一三九六年九月，這支隊伍在尼科波爾城會合，準備攻佔該城。二十四日，鄂圖曼土耳其軍隊在十字軍南方佈置陣地，將步兵配置在高地上，並且以木柵掩護，輕騎兵在步兵之前，重騎兵位於高地後。

決戰開始，法國騎士不待整個軍隊做好戰鬥準備，就輕率的向鄂圖曼土耳其的弓箭手展開猛攻，鄂圖曼土耳其的弓箭手故意後撤，將法國騎兵引入步兵陣地，使其遭受重大損失。此後，鄂圖曼土耳其的重騎兵由兩翼夾擊法國騎士，將其擊潰，又各個擊破其餘部隊，大敗十字軍。

戰爭中被俘的近萬名基督徒，除了被重金贖回的二十四人倖免遇難以外，其餘的人均遭殺害。尼科波爾戰爭鞏固鄂圖曼土耳其在多瑙河以南的統治，使帝國在向別的地方擴展的時候，沒有後顧之憂。

一四〇二年，正在大力擴張的帖木兒與鄂圖曼土耳其人在小亞細亞相遇，雙方在原野展開一場激戰，鄂圖曼土耳其軍隊大敗，國王巴耶塞特和一個兒子被俘。從此，鄂圖曼土耳其在亞洲的勢力受到沉重打擊，在帝國內部，爭奪王位的戰爭也持續不斷。

第二個階段（西元一四五一年～西元一五一二年）

鄂圖曼土耳其由於帖木兒的侵略，曾經一度衰落，經過內戰和對西方基督徒的戰爭，又強大起來。再度強大以後，鄂圖曼土耳其滅亡拜占庭帝國，佔領巴爾幹半島，完成對小亞細亞的統一。

一四五一年，穆罕默德二世即位以後，土耳其重新強大。穆罕默德二世做了兩年的準備以後，一四五三年開始圍攻君士坦丁堡。君士坦丁堡三面臨海，一面有堅固城牆，易守難攻，城牆、「希臘火」和金角灣口大鐵鏈是其護城三大法寶。由於金角灣方面未能合圍，鄂圖曼土耳其軍隊五十四天的圍攻，以失敗告終。四月二十一日夜，鄂圖曼土耳其人買通守城部隊中的熱那亞人，沿其控制的加拉塔區邊界，鋪設一條十五公里長的木板滑道，把七十艘小船從陸路拖入金角灣，終於完成對君士坦丁堡的海陸合圍。經過激烈的戰鬥，五月二十九日，鄂圖曼土耳其軍隊終於攻下君士坦丁堡，拜占庭末代皇帝被殺。

對君士坦丁堡的佔領，意味著新的世界帝國——鄂圖曼土耳其帝國的崛起。它在東方穆斯林國家中的威望急劇上升，對內控制能力和對外侵略擴張能力也隨之倍增，在歐、亞國際局勢的發展上，具有越來越大的發言權。

在此後的二、三十年，鄂圖曼土耳其帝國的領土迅速擴大，逐步吞佔塞爾維亞、摩利亞、瓦拉幾亞、波士尼亞、阿爾巴尼亞，在亞洲也兼

BC
— 0
— 100
— 200
— 300
羅馬統一
羅馬帝國分裂
— 400
— 500
倫巴底王國
— 600
回教建立
— 700
— 800
凡爾登條約
— 900
神聖羅馬帝國
— 1000
十字軍東征
— 1100
— 1200
蒙古西征
— 1300
英法百年戰爭
— 1400
哥倫布啟航
— 1500
中日朝鮮之役
— 1600
— 1700
發明蒸汽機
美國獨立戰爭
— 1800
美國南北戰爭
— 1900
一次世界大戰
二次世界大戰
— 2000

併許多地方，基本完成小亞細亞的統一，並且使克里米亞汗國臣服。

第三個階段（西元一五一二年～西元一五七一年）

塞利姆一世擊敗伊朗薩菲王朝，滅亡埃及馬穆魯克王朝；蘇萊曼一世征服匈牙利，佔領突尼斯，建立橫跨歐、亞、非三大洲的龐大帝國。在這個時期，鄂圖曼土耳其帝國處於極盛時期，但是盛極而衰，由於對外征戰受挫，開始走下坡。

一五一二年，塞利姆一世即位，開始帝國極盛時期的對外擴張。此時，伊朗薩菲王朝和埃及馬穆魯克王朝企圖插手小亞細亞事務，塞利姆一世就把他們定為自己的主要對手。薩菲王朝信奉什葉派，在小亞細亞擁有數以萬計的信徒。鄂圖曼土耳其帝國佔領小亞細亞以後，薩菲王朝就失去對這個地區的信徒們的控制。為了重新獲得自己的統治，薩菲王朝煽動信徒們反對鄂圖曼土耳其（遜尼派）的統治。這個事件引起塞利姆一世的不滿，他逮捕七萬什葉派信徒，並且將其中的五萬人處死，這個事件使雙方的仇恨達到極點。

一五一四年八月二十三日，鄂圖曼土耳其軍隊在查爾迪蘭與八萬波斯騎兵決戰。鄂圖曼土耳其軍隊大敗波斯軍，佔領大不里士，次年又奪取庫爾德斯坦地區。查爾迪蘭戰役的勝利使鄂圖曼土耳其帝國鞏固東部邊界，控制由大不里士至阿勒頗和布爾薩的道路。

一五一六年六月，塞利姆一世進攻阿勒頗。八月二十四日，雙方在阿勒頗附近的達比克草原決戰。鄂圖曼土耳其軍隊大敗埃軍，並且使年邁的馬穆魯克蘇丹喪命。鄂圖曼土耳其軍隊趁勝追擊，相繼佔領阿勒頗、大馬士革、耶路撒冷、加薩等地。

一五一七年一月底進入開羅，馬穆魯克王朝滅亡。征服埃及，大大加強鄂圖曼土耳其帝國的政治、經濟地位，作為哈里發和伊斯蘭兩大聖地的保護者，鄂圖曼土耳其蘇丹在穆斯林中具有至高無上的威望。作為埃及和紅海兩岸的主人，鄂圖曼土耳其控制印度到地中海和紅海的商路。蘇萊曼一世時期，鄂圖曼土耳其帝國的對外擴張達到極點。

一五二一年，蘇萊曼一世奪取匈牙利控制下的貝爾格萊德。一五二六年，在摩哈赤使匈軍全軍覆沒，佔領布達佩斯、扶植傀儡政府。一五四〇年，蘇萊曼一世再征匈牙利，派總督直接管理，並且將其一分為三。在亞洲，鄂圖曼土耳其帝國經過多次戰爭，控制巴斯拉—巴格達—阿勒頗這個印度至地中海的第二條商道。蘇萊曼一世還大力爭奪海上霸權，他一面加緊擴建海軍，一面加強與海盜的聯繫。一五二二年，蘇萊曼一世從騎士團手中拿下羅德島，保證伊斯坦堡和埃及的海上聯繫。

一五三四年，被任命為總督的海盜哈伊勒丁率領鄂圖曼土耳其艦隊佔領突尼斯。一五三八年，鄂圖曼土耳其艦隊戰勝由西班牙、教皇、威尼斯、葡萄牙組成的聯合艦隊。戰爭的勝利不僅使威尼斯割地賠款，還大大鞏固鄂圖曼土耳其在東地中海的地位。一五七一年，鄂圖曼土耳其在勒頒多海戰中被聯合艦隊打敗，鄂圖曼土耳其的擴張從此結束。

結果與影響

鄂圖曼土耳其的擴張，使鄂圖曼土耳其從一個鮮為人知的小亞細亞北部小國迅速崛起，成為一個地跨歐、亞、非三大洲的強大帝國。鄂圖曼土耳其的擴張之所以可以取得如此輝煌的成就，其原因是多方面的，主要原因是它擁有一支在分封土地制度上建立的強大軍隊。

這支軍隊由西帕希騎兵和耶尼切里兵團組成，紀律嚴明，待遇優厚，戰鬥力很強。並且，鄂圖曼土耳其帝國的幾位國王都是傑出的統帥，他們雄才大略，善於分析戰略形勢，並且抓住時機，輔之以外交手段和謀略計策，保證鄂圖曼土耳其帝國的大軍所向披靡，節節勝利。鄂圖曼土耳其人的征服和統治的後果之一，就是加速許多地區的伊斯蘭化，在一定程度上促進東西方文化的交流，對以後的世界格局產生深遠影響。

玫瑰戰爭

英國封建貴族的血腥葬禮

西元一四五五年～西元一四八五年，英國金雀花王朝後裔的兩個王室家族，為了爭奪王位繼承權，發動一場長達三十年的戰爭。因為這兩個家族分別以紅、白玫瑰為象徵，所以這場戰爭被稱為玫瑰戰爭。

起因

西元一三三七年至西元一四五三年之間，英國和法國進行長達百年的戰爭。期間，英國的各封建貴族都建立自己的武裝。英國在英法百年戰爭中的失敗，使封建貴族失去靠掠奪法國獲得財富的機會，為了彌補損失，他們就依靠這種私人武裝在國內肆意搶劫、為所欲為，最後發展到干預朝政，企圖侵吞國庫財富和獨佔經濟特權。經過一番分化、組合，貴族分為兩個集團，分別參加到金雀花王朝後裔的兩個王室家族內部的鬥爭。其中，蘭開斯特家族一方以紅薔薇為象徵，約克家族一方以白薔薇為象徵。這兩個封建集團之間，為了爭奪王位繼承權，進行長達三十多年的自相殘殺。由於這次戰爭以薔薇為象徵，所以稱為「薔薇戰爭」，薔薇又名玫瑰，所以也叫「玫瑰戰爭」或「紅白玫瑰戰爭」。

西元一三二七年～一三七七年，是英國歷史上金雀花王朝愛德華三世在位時期，愛德華三世有五個兒子，一三七六年長子愛德華死後，王位直接傳給孫子理查二世。一三九九年，愛德華三世第三子的嫡子蘭開斯特公爵亨利廢黜理查二世，自立為王，稱為亨利四世，開始蘭開斯特王朝（西元一三九九年～西元一四六一年）。這個王朝依靠的是西北部經濟落後的舊貴族，他們擁有大批的私人武裝。蘭開斯特家族的第二代國王是亨利五世，他為了轉移人們對蘭開斯特王朝腐敗統治的不滿情緒，一上台就重新燃起英法戰爭的戰火。

一四二二年，亨利五世突然染重病死去，他不滿一歲的兒子繼位，稱為亨利六世，英國大封建貴族又趁機展開爭權奪利的鬥爭。在百年戰爭中，英國遭到慘敗，不僅引起農民也引起富裕市民和新興中小貴族的不滿，因而爆發農民革命。傑克・凱德領導的農民起義，席捲整個英國南部，曾經一度佔領首都倫敦，處死一批罪大惡極的貪官污吏。

這次起義雖然被鎮壓下去，但是卻嚇壞新興中小貴族和富裕市民。這次事件以後，他們知道只有向封建貴族妥協，採取改朝換代的方式，才可以滿足自己的利益。因此，他們在王室中積極尋找代理人，並且把眼光落到英國大封建主約克公爵家族的身上。

一四五五年，亨利六世患病，約克家族的理查公爵被宣佈為攝政王，蘭開斯特家族對此不滿，向約克家族開戰，挑起第一次戰役——聖阿爾朋斯戰役，玫瑰戰爭爆發。

經過

一四五五年五月，亨利六世下令在萊斯特召開諮議會，約克公爵以自己赴會安全無保證為理由，率領他的內侄、驍勇善戰的瓦立克伯爵及數千名軍隊隨同前往。亨利六世在王后瑪格麗特和執掌朝廷大權的薩姆塞特公爵的支持下，也率領一小支武裝部隊赴會。五月二十二日，雙方在聖阿爾朋斯鎮附近相遇。約克公爵向亨利六世提出罷免和懲治薩姆塞特公爵的要求，遭到拒絕以後，於上午十時，下令向搶先佔據小鎮的亨利六世軍隊發起進攻。亨利六世的軍隊憑藉鎮上的障礙物堵住街口，並且搶修工事，使得約克公爵的幾次攻勢都未能奏效。這個時候，瓦立克伯爵率領一批勇士從小鎮的後面衝進去，他們在衝鋒的時候還伴隨著喇叭聲和警鐘聲，大壯聲威。亨利六世的軍隊招架不住，吃了敗仗，死亡約一百人，薩姆塞特公爵也戰死。亨利六世中箭負傷，藏在一個皮匠家中，戰鬥結束以後，被搜出抓獲。約克公爵知道自己奪取王位的時機還不成熟，就虛情假意的向亨利六世表示效忠，企圖藉機執掌朝廷大權。此後的五年中，約克公爵一派逐漸佔上風。

BC
— 0
— 100
— 200
— 300
羅馬統一
羅馬帝國分裂
— 400
— 500
倫巴底王國
— 600
回教建立
— 700
— 800
凡爾登條約
— 900
神聖羅馬帝國
— 1000
十字軍東征
— 1100
— 1200
蒙古西征
— 1300
英法百年戰爭
— 1400
哥倫布啟航
— 1500
中日朝鮮之役
— 1600
1700
發明蒸汽機
美國獨立戰爭
— 1800
美國南北戰爭
— 1900
一次世界大戰
二次世界大戰
— 2000

一四六〇年七月十日，雙方在北安普頓發生第二次戰鬥，瓦立克伯爵又一次打敗蘭開斯特軍隊，隨軍的亨利六世再次被抓住。這兩次勝利沖昏約克公爵的頭腦，他未與親信貴族磋商就提出王位要求，遭到多數貴族的反對。約克公爵只好讓步，迫使亨利六世宣佈他為攝政王和王位繼承人，這意味著亨利六世的幼子失去王位繼承權。

王后瑪格麗特聞訊大怒，她從蘇格蘭借到一支人馬，集合追隨蘭開斯特家族的軍隊，在約克公爵的領地騷亂。約克公爵匆忙聚集一支幾百人的隊伍前去征剿，由於輕敵冒進，被包圍在威克菲爾德城。約克公爵連忙派人向各地求援，蘭開斯特軍隊趁機裝扮成援軍，分兩批混入城內。一四六〇年十二月三十日，在內外夾攻下的約克軍四散逃跑，約克公爵及其次子愛德蒙被殺。約克公爵的頭顱被扣上紙糊的王冠，懸掛在約克城上示眾。

一四六一年二月二十六日，約克公爵十九歲的長子愛德華先於瑪格麗特王后進入倫敦。三月四日，他在瓦立克伯爵和倫敦上層市民的支持下自立為王，稱為愛德華四世。他知道瑪格麗特絕不肯罷休，於是在一些大城市召集到一支部隊，向北攻打瑪格麗特。一四六一年三月二十九日，雙方在約克城附近的陶頓展開決戰。蘭開斯特軍隊有二萬二千餘人，遠遠超過約克軍。當時，蘭開斯特軍隊處於逆風之中，撲面的風雪打得他們睜不開眼睛，射出的箭也無法發揮威力。約克軍隊則在強勁的風力下，增加弓箭的射程，並且蜂擁衝上山坡，使蘭開斯特軍隊損失慘重。雙方激戰到傍晚，仍然難分勝負。這個時候，約克軍隊的後續部隊趕到，這支生力軍向蘭開斯特軍隊未設屏障的一側發動進攻。蘭開斯特軍隊無法抵擋，被迫撤退，約克軍隊一直追殺到深夜。陶頓交戰是玫瑰戰爭中最大的一次戰役，這次戰役的勝利使愛德華四世的王位暫時得以鞏固。一四六五年，瓦立克伯爵再次俘獲亨利六世，並且把他囚禁在倫敦塔中，瑪格麗特只好攜幼子逃往法國。這幾次大戰役都使用當時特有的戰法，即雙方騎士乘馬或徒步進行單個分散的搏鬥。經過交戰，雙方共損失五萬五千多人，半數貴族和幾乎全部的封建諸侯都死了。在以後的戰爭過程中，約克派內部衝突加深，最高統治權幾度易手，爭奪十分激烈和殘酷，集中表現在愛德華四世和瓦立克伯爵的鬥爭上。

一四六九年夏，雙方衝突進一步加深，七月二十六日，愛德華四世的軍隊在科芬特里附近被殲，他不得不親自到瓦立克軍營求和。後來，愛德華四世趁瓦立克不在倫敦之機，召集一支部隊離開倫敦，鎮壓北方叛亂。半年後，瓦立克在愛德華四世的大軍面前不得不逃亡，投靠法王路易十一世。不久，瓦立克在路易十一世的支持下捲土重來，打回英國。這次輪到愛德華四世逃亡，他逃到尼德蘭，依附於他的妹夫勃艮第公爵。愛德華四世不甘心失敗，處心積慮的要恢復王位。

一四七一年三月十二日，愛德華四世利用英國人對瓦立克普遍反感的情緒，親率軍隊與瓦立克在倫敦以北的巴恩特決戰。愛德華四世共有九千人的軍隊，瓦立克卻有二萬人的軍隊，由於力量懸殊，愛德華四世決定先發制人。清晨四時，他率軍在濃霧中發起攻擊，瓦立克被殺，其部下戰死者達一千人。一四七一年五月四日，愛德華四世又俘獲偷偷登陸的瑪格麗特王后，將她和她的獨生幼子及許多蘭開斯特貴族殺死，之後又秘密處死囚禁的亨利六世。至此，蘭開斯特家族被誅殺殆盡，只有遠親里奇蒙伯爵亨利・都鐸流亡法國，他聲稱自己是蘭開斯特家族事業的繼承人。

西元一四七一年～西元一四八三年，英國國內恢復和平，愛德華四世殘暴的懲治不順從的貴族。

一四八三年四月愛德華四世死後，王位傳給他的幼子愛德華五世，由他的叔父理查輔佐攝政。不久，理查把愛德華五世和他的弟弟一起囚禁在倫敦塔中，然後秘密處死。七月六日，理查登基稱王，稱為理查三世。他同樣使用殘酷和恐怖的手段處絕不馴服的貴族，沒收其領地，以鞏固自己的統治。他的所作所為，促使蘭開斯特和約克家族聯合起來，團結在蘭開斯特家族的亨利·都鐸來反對他。

一四八五年八月二十二日，理查三世強徵一萬名士兵，和亨利·都鐸的五千名軍隊在英格蘭中部的博斯沃爾特激戰。戰鬥的緊要關頭，理查三世軍中的史丹利爵士率部三千人公開倒戈，約克軍遂告瓦解。理查三世戰死，進而結束約克家族的統治。

結果與影響

亨利·都鐸結束玫瑰戰爭，登上英國王位，稱為亨利七世。為了緩和政治的緊張局勢，他和愛德華四世的長女伊莉莎白（約克家族的繼承人）結婚，將原來兩大家族合為一個家族。玫瑰成為這個家族的統一族徽，這也許是英國把玫瑰奉為國花的緣由。玫瑰戰爭雖然是封建主集團之間的混戰，但是它對英國政治的發展，具有重要意義。經過這次戰爭，大批封建舊貴族在互相殘殺中，或陣亡或被處決。新興貴族和資產階級的力量，在戰爭中迅速增長，並且成為新建立的君主專制政體的支柱，使得封建關係得到削弱，資本主義關係得到加強。從這個意義上來說，玫瑰戰爭是英國專制政體確立之前，封建無政府狀態的最後一次戰爭。隨著政治的統一，各地區的經濟連結得到進一步加強，封建農業開始向資本主義農業轉變，進而使英國農村出現許多資本主義農場，培育出一批與資本主義密切連結的新貴族。這些貴族把累積的資本直接或間接的投入工業，使得英國工業、手工業迅速發展。同時，在倫敦方言的基礎上，逐漸形成共同的民族語言——英語。

荷蘭獨立戰爭

世上第一次勝利的資產階級革命戰爭

西元一五六六年—西元一六〇九年之間，尼德藍爆發一場反對西班牙殖民統治、爭取民族獨立的民族解放戰爭，稱為荷蘭獨立戰爭。這場戰爭，既是一場民族獨立戰爭，也是一場以資產階級為代表的進步力量，反對封建制度的民主革命。戰爭的結果是建立第一個資產階級共和國，為世界資本主義的發展奠定基礎。

起因

在中世紀，尼德蘭是指位於歐洲西北部萊茵河、默茲河、斯海爾德河下游以及北海沿岸的地區，包括今天的荷蘭、比利時、盧森堡三國和法國北部的一小部份。尼德蘭最初由羅馬統治，中世紀初期成為法蘭克王國和查理曼帝國的一部份。到了十一～十四世紀，尼德蘭分裂成許多封建領地，他們大多隸屬於神聖羅馬帝國和法國。

在十四世紀到十六世紀中期的兩個半世紀中，尼德蘭透過婚姻關係和王位繼承，成為西班牙的一部份。

尼德蘭的資本主義經濟發展比較早、成長比較快，國內的尼龍、絲綢、亞麻布、地毯、肥皂、玻璃器皿、皮革和金屬行業發展迅速，在國際上處於領先地位，布魯日、安特衛普成為重要的貿易、商業和國際信貸中心。

其中，安特衛普有一千多個外國銀行和商號的分支機構，還成立商品交易所和證券交易所。在佛蘭德爾和布拉班特的農村中，農民短期租地，富裕的市民和部份佃農購買貴族的土地來經營農場。

尼德蘭北方最發達的省份是荷蘭和澤蘭，十六世紀，這些地區的毛紡織業、漁業、造船、製繩、製帆等行業，已經多半採用資本主義的經營方式。並且，阿姆斯特丹逐漸壟斷波羅的海的貿易。農村的封建關係薄弱，一些貴族開始改用資本主義的方式來經營土地。

正當尼德蘭的資本主義迅速發展的時候，卻受到來自西班牙的封建專制制度的壓迫和束縛。西班牙國庫收入的一半來自尼德蘭，腓力二世透過拒付國債、提高西班牙羊毛出口稅、限制尼德蘭商人進入西班牙港口、禁止他們和西屬地進行貿易等辦法，扼制尼德蘭資本主義經濟。西班牙專制的另一形式是教會迫害，查理一世曾經在尼德蘭設立宗教裁判所，頒佈「血腥詔令」，殘酷迫害新教徒。腓力二世加強教會權力，命令尼德蘭一切重大事務聽從教會首領葛蘭維爾的意見，並且拒絕從尼德蘭各地撤走西班牙軍隊。

面對西班牙的專制統治和宗教迫害，以宗教戰爭為先驅的反封建鬥爭逐步高漲。喀爾文教在尼德蘭的教徒迅速增多，喀爾文教徒和西班牙當局、教會的武裝衝突不時發生。在群眾革命運動不斷高漲的壓力下，腓力二世召回葛蘭維爾，答應撤走西班牙軍隊。但是在一五六五年，腓力二世又秘密制定殘酷鎮壓尼德蘭革命勢力的計畫。

一五六六年，以奧倫治親王威廉為代表的尼德蘭貴族向西班牙國王請願，表示忠於國王，要求廢除宗教裁判所，緩和鎮壓異教徒的政策，召開三級會議解決迫切問題。對於這些請願，西班牙國王未給出任何答覆。

同年夏天，激進的喀爾文教會要求貴族們「繼續前進」。至此，貴族中的激進派加入到喀爾文教會和革命群眾的行列，一場大革命的風暴即將來臨。

一五六六年八月，以製帽工人馬特為首的激進群眾，掀起自發的「破壞聖像運動」，揭開荷蘭獨立戰爭的序幕。

經過

繼「破壞聖像運動」之後，安特衛普、瓦朗西安也爆發起義，大批手工工廠工人、農民和革命的資產階級份子，組織起名為「森林乞丐」和「海上乞丐」的游擊隊，不斷襲擊西班牙軍隊。一五六八年，奧倫治親王從國外組織一支雇傭軍，進行有限的戰鬥。一五七二年四月，尼德蘭北方各省發動起義。

在這個期間，爆發很多戰爭，比較著名的有一五七二年十二月～一五七三年七月的哈勒姆保衛戰、一五七三年的阿爾克馬爾保衛戰、一五七三年十月～一五七四年十月的萊頓保衛戰，以及一五七八年的阿姆斯特丹驅逐西班牙人的戰役。在哈勒姆保衛戰中，全城居民奮起自衛、同仇敵愾，給西班牙軍隊造成重大傷亡，但是終因彈盡糧絕而失敗。

在阿爾克馬爾保衛戰中，西班牙軍隊付出沉重代價也沒有將起義鎮壓下去，最終棄城撤軍。在萊頓保衛戰中，市民堅持數月之久，甚至在糧絕之時，仍然拒不投降。後來，「海上乞丐」游擊隊及時趕來，水淹西軍，西班牙軍隊倉皇逃竄。

透過這些戰爭，北方各省將西班牙軍隊驅逐出境。一五七六年九月四日，布魯塞爾舉行起義，西班牙在南方的統治也被推翻。

一五七六年十月，全尼德蘭的三級會議在根特召開。十一月八日，南北雙方締結《根特和解協定》，要求聯合驅逐西班牙人，召開新的三級會議解決宗教問題，成立政府。在這次會議之後，南方的革命政權落入反動貴族、天主教僧侶和資產階級保守派人士手中。三級會議對西班牙採取妥協態度，使得尼德蘭各地爆發新的起義，反西戰爭之火又熊熊燃燒。

一五七七年，南方革命的勝利果實落入奧倫治親王的手裡，他堅持用妥協的辦法統一全國，反對以武裝的人民群眾為基礎建立革命軍隊。這樣做的結果是，封建勢力和資產階級保守勢力壓制、排斥和打擊革命勢力，資產階級激進派人士、手工業者、熟練工人大批遷入北方。

一五八〇年一月，荷蘭、澤蘭等十多個省的代表，在烏德勒支締結「烏德勒支同盟」，宣佈要聯合行動，「像一個省那樣」，並且制定共同的軍事和外交政策。一月五日，奧倫治親王威廉也在盟約上簽字。一五八一年，格羅寧根等幾個省和地區也加入同盟。

一五八一年七月二十六日，烏德勒支同盟的三級會議正式通過《誓絕法案》，宣佈正式脫離西班牙，獲得獨立。新組成的國家稱「聯省共和國」，由於荷蘭省的經濟和政治地位最重要，故又稱「荷蘭共和國」。

從一五八一年開始，西班牙軍隊對南方發動反撲。一五八七年，荷蘭共和國和英、法結成同盟，共同抗擊西班牙，使荷蘭獨立戰爭進入一個新階段。在這個階段也發生很多戰爭，最著名的有一六〇〇年的紐波特會戰、一六〇一年～一六〇四年的西軍攻克奧斯坦德之戰、一六〇六年在上艾瑟爾和聚特芬反擊西班牙統帥斯皮諾拉進軍之戰，以及一六〇七年荷蘭海軍獲勝的直布羅陀海戰。

結果與影響

荷蘭獨立戰爭是歷史上第一次勝利的資產階級革命，戰爭的結果是建立世界上第一個資產階級共和國。戰爭的主要任務是推翻西班牙的專制統治，爭取民族獨立，摧毀封建勢力，為資本主義發展掃清道路。

戰爭的領導力量是新興的資產階級，主力軍是城市平民和農民，思想旗幟是喀爾文教。由於資本主義還處於手工工廠時期，資產階級尚不成熟，特別是南方的資產階級和西班牙還有難以割捨的情愫，因此，這場戰爭就顯得異常的複雜、曲折和持久，過程也經歷幾次反覆。尼德蘭資產階級革命具有重要的歷史意義，它是十七世紀英國資產階級革命的「原型」。

在長達半個世紀之久的獨立戰爭中，尼德蘭並沒有制定一個像樣的軍事戰略和軍事政策，它之所以可以取得最終的勝利，完全歸功於以下幾個原因。

第一，尼德蘭進行的戰爭是正義對非正義、進步力量對落後力量的殊死搏鬥，群眾發揮無比的創造力和英勇的革命精神，做出巨大的犧牲。

第二，尼德蘭革命處於一個複雜但是可以爭取到對自己有利的力量的國際環境之中，特別是西班牙和歐洲大陸各國問題重重、衝突不斷，無形之中給尼德蘭革命一個可以迴旋、可以持久戰鬥的有利條件。只要革命之火不熄、獨立意志不衰，「堅持到底就是勝利」。

第三，在荷蘭獨立戰爭中進行的大部份戰役，都是要塞和城市的攻守之戰。尼德蘭人民利用自己熟悉地形、氣候的有利條件，因地制宜，全民老少全力抗戰，創造出不少城市攻防戰術和措施。雖然不是每戰必勝甚至是敗多勝少，但是仍然為最後的勝利奠定基礎。

尼德蘭資產階級革命作為世界歷史上第一次資產階級革命，有其不可克服的局限性。它不僅沒有徹底摧毀封建土地所有制，而且使政權落入大商業資產階級和貴族的手中。因此，荷蘭經濟的發展主要靠商業資本和貿易的推動，雖然可以蓬勃發展，但是缺少後勁，好景不會太長。

獨立戰爭勝利以後，荷蘭在十七世紀中期迅速崛起，它的資本主義的發展有三大支柱，即東印度公司、阿姆斯特丹銀行和一支強大的商船隊。憑藉這三大支柱，荷蘭成為東方貿易的霸主、歐洲金融的中心和世界性的「海上馬車夫」。但是這種以商業資本為動力的迅速發展為時不長，十七世紀下半期，荷蘭的經濟開始衰落。

鄭成功收復台灣戰爭

結束荷蘭人在台灣三十八年的殖民統治

西元一六六一年～西元一六六二年。在中國歷史上發生一件震撼世界的大事：佔領台灣達三十八年之久的荷蘭殖民者被趕跑了，領導這次戰爭的就是中國歷史上著名的民族英雄鄭成功，他指揮光復台灣的戰爭，是中國海戰史上一次成功的登陸作戰戰例，為中國軍事史譜寫光輝璀璨的一章。

起因

十七世紀初，荷蘭政府在亞洲的殖民基地巴達維亞（今印尼雅加達）建立東印度公司，專門從事對東方各國的經濟掠奪和武力侵略。從一六〇一年開始，荷蘭以貿易、通商為名，對中國沿海各地進行襲擾。一六二四年，荷蘭殖民者侵入台灣西南的鹿耳門港，修建熱蘭遮城，第二年又侵佔新港社、蚊港，修建赤崁樓。一六四二年，荷軍清除在台灣的其他志民軍隊，獨佔整個台灣。

荷蘭在台灣實行殘酷的殖民統治，把佔領區的土地全部據為已有，稱為「王田」，收納高額租稅，同時展開傳教活動，對台灣人民進行奴化教育。對於荷蘭殖民者的這些行為，台灣人民非常不滿，不斷爆發反抗荷蘭的鬥爭。一六五二年，台灣人郭懷一領導起義群眾抗荷，漢族和高山族一萬六千多人手持鋤頭、鐵鏟、木棍、獵槍攻城奪邑，打得紅夷（台灣人對荷蘭侵略者的稱呼）東奔西竄、狼狽不堪。這場起義歷時十五天，遭到荷蘭政府的殘酷鎮壓，郭懷一及部眾一千八百餘人被荷軍殺戮。荷蘭人的殘暴行徑，激起台灣人民更大的憤怒和更強的反抗，漢族和高山族人民的反抗之戰遍及全島各地，始終沒有停止過。

鄭成功（西元一六二四年～西元一六六二年）原名鄭森，字大木，是明末將領鄭芝龍之子，少年聰敏機智，英勇有為。一六四五年清軍入關，明朝唐王朱聿鍵在福州稱帝，改元隆武，封鄭芝龍為建安伯。鄭芝龍帶著鄭成功前去覲見，唐王問他應該怎如何救國，鄭成功回答：「岳飛說過，只要文臣不愛錢，武將不怕死，天下就可以安定。依臣看來，這兩句話在今天還是特別重要的。」唐王聽完以後，大加讚賞，賜他姓朱，並且命他做禁軍提督。從此，民間都稱鄭成功為「國姓爺」。第二年，清軍大舉攻入福建，唐王被俘，鄭芝龍投降清軍。鄭成功痛心於國破家亡和人民苦難，就舉起報國的大旗，和他的戰友們乘船到達南澳募兵反攻，將廈門作為抗清根據地。後來，鄭成功攻克漳州，福建人民紛紛聚義響應。

荷蘭侵佔台灣以後，由於掠奪和騷擾活動，嚴重影響到鄭成功的海上貿易和糧餉之源，對他的反清復明活動構成嚴重威脅。鄭成功對荷蘭人的強盜行徑極為憤慨，早就暗下決心要收復台灣。一六五九年，鄭成功率師北伐南京失敗以後，退守金門、廈門一帶，但是廈門地狹，難以完成抗清復明的事業。於是，鄭成功決定舉兵東征收復台灣，將其作為新的抗清基地。

正當鄭成功計畫驅逐荷蘭人的時候，鄭芝龍舊部何廷斌從台灣到廈門，勸鄭成功收復台灣。何廷斌是福建南安人，當時在台灣給荷蘭人當翻譯，對台灣的情況十分熟悉。他向鄭成功獻策：「台灣沃野千里，四通外洋，收復這個寶島可以擴大您的抗清根據地，支助您的軍餉供應。當地的百姓飽受紅夷的欺凌，早就想消滅他們，以您的威望帶兵去攻打，如同狼驅群羊，一定可以把紅夷趕走。」他還把荷蘭人的情況透露給鄭成功，並且把台灣水道以及要塞設防情況繪成地圖。

一六六一年正月，鄭成功感到形勢緊迫，只有收復台灣，連接金門、廈門，然後進則可戰而復中原，退則可守而無內顧之憂，於是做出進軍收復台灣的決策。再加上何廷斌提供的情況，更堅定鄭成功收復台灣的決心。

於是，鄭成功召集文武部屬，討論進軍台灣的問題，在眾將的一致贊同下，立即著手渡海作戰的準備工作。為了順利收復台灣，鄭成功進行充份、周密的準備：不斷偵察台灣情況，秘密收集情報，勘測航路，瞭解荷軍兵力配備、設防等情況；籌備糧餉，擴充軍隊，使陸師達到

上古時期 BC
漢
0
100
200
三國
晉
300
400
南北朝
500
隋朝
600
唐朝
700
800
五代十國
900
宋
1000
1100
1200
元朝
1300
明朝
1400
1500
1600
清朝
1700
1800
1900
中華民國
2000

七十二鎮，每鎮一千人，水師二十鎮，總兵力十餘萬人。

一六六一年農曆三月初一，鄭成功完成戰前準備工作以後，遂從廈門移師金門，命令部將洪旭、黃廷等輔佐長子鄭經留守金門、廈門，以防清軍趁虛襲取，自己率領大軍進軍台灣。出發前，鄭成功在金門舉行隆重的「祭江」誓師儀式，老百姓也扶老攜幼前來參觀，並且送別親人。一六六一年四月二十一日，鄭成功率大軍二萬五千人、戰船一百多艘，從金門料羅灣出發，向台灣進軍，數百船艦首尾魚貫，浩浩蕩蕩的向東南挺進。

經過

台灣地形東高西低，人口匯聚西部，以「澎湖乃台灣之門戶，鹿耳門為台灣之咽喉。」鄭成功根據敵情地形，選擇鹿耳門作為登陸地點。鄭成功之所以做出這樣的選擇，是因為鹿耳門位於赤崁樓、熱蘭遮城附近，一入鹿耳門就可以控制赤崁樓及其港口，斷敵出海之路。鹿耳門形勢非常險峻，只有兩條航路可以進港，一條航道口寬水深，但是荷蘭人防守嚴備，一時難以攻下，另一條狹窄崎嶇，但是疏於防範。在有熟悉航路、並且掌握該處的潮汛情況的何廷斌等人做嚮導的前提下，鄭成功決定從後一條航道進軍，在赤崁樓北部的禾寮港登陸。

荷蘭人為了阻止鄭成功收復台灣，也進行一連串的戰爭準備。戰前，荷蘭軍在台灣的總兵力約二千八百人，戰艦有「赫克托」號、「斯·格拉弗蘭」號、「馬利亞」號等三艘以及小艇多艘；在台南海岸修建一些堅固的城堡和炮台，其中的熱蘭遮城和赤崁樓是荷蘭侵略軍主要防守的兩個城堡；儲備物資，實行封禁，禁止任何中國人進入赤崁樓要塞，禁止漁民下海捕魚，不准商船與大陸貿易，以防走漏消息……透過各種管道收集情報，採取各種方式偵察鄭軍的動向；將兵力主要配置在兩個方向上，一是熱蘭遮城及其附近的小島和海面、江面，二是在赤崁樓。荷蘭人妄圖憑藉堅船利炮和堅固城堡，趁鄭軍立足未穩之際，將其打退。

四月初一中午，鹿耳門海潮大漲，鄭成功趁機率隊進發，大小戰艦順利通過鹿耳門進入內海，分佈在台江之中。荷蘭軍隊對鄭軍這種出乎意料的行動驚慌失措，驚叫「兵自天降」，只好倉促出動夾板船到海面阻擊。當晚，鄭軍水師衝過荷軍防線，只用了不到兩個小時的時間，就在赤崁樓西北約十里地的禾寮港登上海岸，切斷赤崁樓與熱蘭遮城之間的聯繫，接著在鹿耳門方向登陸成功。

鄭軍順利登陸以後，荷蘭人的要塞赤崁樓、熱蘭遮城，以及僅有的幾艘戰艦，就曝露在鄭軍面前，處於分隔被圍狀態。當時，荷蘭人揆一據守在熱蘭遮城，城中守軍約有一千一百人。據守赤崁樓的是荷蘭司令官范德萊恩，城中官兵只有五百人。

在陸上，鄭軍將領陳澤率領四千人以大部份兵力正面迎擊，以八百人迂迴到敵軍側後，前後夾擊。荷蘭軍腹背受敵，當場被打死百餘人，只有少數人逃回熱蘭遮城。揆一派阿爾多普上尉率領二百名士兵渡海增援，結果遭到鄭軍優勢兵力的攻擊，大敗而歸。

在海面上，荷蘭軍以其主力戰艦「赫克托」號率領其他幾艘艦隻前來阻擊鄭軍，鄭成功集中六十艘戰艦將其團團包圍，雙方展開激烈炮戰。鄭軍戰艦的裝備雖然不及荷軍，但是戰士們異常勇敢，他們從四面八方向「赫克托」號進行猛烈轟擊。沒有多久時間，「赫克托」號首先被擊沉，另有一艘甲板船被炸毀，其餘漏網逃走。

海陸兩戰失敗以後，荷蘭侵略軍仍然企圖固守赤崁樓、熱蘭遮城這兩座孤立的城堡。鄭成功一面派兵切斷荷軍水陸交通，一面趁勝進攻赤

上古時期 BC
漢
0
100
200
三國
晉
300
400
南北朝
500
隋朝
600
唐朝
700
800
五代十國
900
宋
1000
1100
1200
元朝
1300
明朝
1400
1500
1600
清朝
1700
1800
1900
中華民國
2000

崁樓。台灣人民也紛紛自動武裝起來，協助鄭軍打擊荷蘭侵略者。范德萊恩寫信向駐守熱蘭遮城的揆一求救，信上只有兩句話：「中國兵是從天上來的，我們很危險，很危險！」

四月初四，赤崁樓的水源被台灣人民切斷。鄭成功命令每名士兵各備一束乾草，準備火攻赤崁樓，並且派人警告范德萊恩：「如果不投降，將放火燒城。」范德萊恩在「孤城援絕，全城缺水」的情況下無法再守，被迫率領三百多名官兵出城投降，赤崁樓被收復。四月初七，鄭成功除了留下一部份兵力掃清其他地方的殘敵以外，親自督師圍攻熱蘭遮城。

鄭成功分兵從水陸兩個方向進攻熱蘭遮城，首先佔領熱蘭遮城的外市區，困守在熱蘭遮城內的荷蘭侵略者一片混亂，退據堡壘，企圖繼續頑抗。熱蘭遮城城高牆厚，守備完善，城四隅向外突出，置炮二十門，南北各置巨炮十門。荷軍火炮密集，射程遠，封鎖周圍每條道路，所以無論從哪一方面接近，都會受到堡上炮火的轟擊。

為了減少損失，鄭成功派人送信給揆一，要他自動放下武器，獻城投降。揆一見情勢不妙，陰謀玩弄緩兵待援的詭計，他向鄭成功表示願意年年納貢，並且獻上犒師銀十萬兩，要求鄭成功退兵。鄭成功斷然拒絕這種妄想長期強佔台灣的無恥伎倆，他鄭重告訴荷蘭侵略者：「你們必須明白，繼續佔領別人的土地是不對的，如果你們可以用友好的談判方式讓出城堡，生命和財產安全將受到保障，否則，所有的人都將難以倖免。」

鄭成功下令向熱蘭遮城發動猛攻，炮擊達四小時之久，許多荷軍被擊傷，熱蘭遮城的正牆也受到嚴重破壞。但是由於熱蘭遮城是用糖水調灰壘磚築成，厚度達六英尺，加上荷軍火炮密集，一時難以攻破。為了減少戰士傷亡，鄭成功決定採取長圍久困、且耕且戰的方針，斷絕熱蘭遮城對外的交通，等待城中荷軍在彈盡糧絕的情況下主動投降。

為了解決軍糧補給問題，鄭成功一面派遣楊英和何廷斌深入各鄉、社查抄荷軍所藏米粟，一面派人回金門運糧。同時，鄭成功還命令圍城部隊實行就地屯墾，嚴禁侵犯民田，全體官兵「有警則荷戈以戰，無警則負耒以耕」。這些措施受到台灣人民的擁護，熱蘭遮城附近的高山族人民紛紛前來援助鄭成功，配合鄭軍打擊敵人。台灣人民還給鄭成功通風報信，並且引導鄭軍堵塞熱蘭遮城的水源。

荷蘭殖民者在滅亡之前仍然進行垂死的掙扎，五月二十八日，巴達維亞當局得知荷軍在台灣戰敗的消息以後，立即調集七百名士兵、十艘戰艦，由大將卡尤率領赴台灣增援。鄭成功得知這個情況，馬上進行圍城和打援部署。荷蘭侵略者得到增援之後，力求迅速改變被圍困的不利處境，決定用新到的艦船和士兵把鄭軍逐出熱蘭遮城市區，並且擊毀停泊在赤崁樓附近航道上的鄭軍船隻。

七月二十三日，雙方在海上交戰，鄭成功親率戰艦迎擊，將敵艦包圍。經過一小時激戰，鄭軍把敵人打得焦頭爛額、狼狽不堪。這一次戰爭，共繳獲敵人戰船二艘、炮艇三艘，擊斃、殺傷和俘虜敵軍四百八十名，其餘荷艦逃往遠海，再也不敢靠近台灣。因為海上失敗，荷軍在陸上不敢發起進攻，草草收兵。

在鄭軍的圍困之下，熱蘭遮城的荷蘭軍由於疲憊和饑餓，每天都有患血痢、壞血症、水腫等疾病而死亡的士兵，戰死、餓死和病死的達一千六百多人，最後城中僅剩下六百名可以參加戰鬥的士兵。鄭軍則進行休整，不斷加築工事，架設巨炮，準備繼續攻城，民眾還協助鄭軍斷絕荷軍的水源。城內荷軍待援無望，士氣更加低落，為了活命，陸續「投奔」鄭軍。鄭成功從降兵口中瞭解到荷軍設防情況，進一步修正攻城計畫。

一六六二年一月二十五日，在圍困熱蘭遮城八個多月並且進行充份的準備之後，鄭成功下令發動最後總攻勢。鄭軍不顧荷蘭殖民軍的頑強抵抗，經過兩小時的炮擊，終於奪取熱蘭遮城的外堡，完全截斷熱蘭遮城的對外交通。揆一見大勢已去，再加上水源被斷絕，只好向鄭成功投降。一六六二年二月一日，揆一在投降書上簽字，向鄭成功交出熱蘭遮城以及大炮、糧食和其他軍用物資。幾天以後，他率領殘兵敗將和官吏商人，垂頭喪氣的滾出台灣。

至此，淪陷三十八年之久的台灣由鄭成功掌握。鄭成功驅逐荷蘭侵略者的偉大戰爭，終於取得勝利。

結果與影響

鄭成功驅逐荷蘭人收復台灣的偉大戰爭，是中國海戰史上規模大、距離遠的一次成功的登陸作戰，是以劣勢裝備戰勝優勢裝備之敵的戰例。此戰的勝利，結束荷蘭人對台灣人民的殘暴統治，為中華民族抗擊海外侵略者，創造光輝的業績。鄭成功因而成為偉大的民族英雄，永遠被後人景仰，並且銘記在心！

七年戰爭

歐洲兩大軍事集團之間的較量

西元一七五六年～西元一七六三年，英國與普魯士結成同盟，法國、奧地利、俄國結成同盟，這兩大軍事集團為了爭奪殖民地和霸權，進行一場長達七年的戰爭，稱為「七年戰爭」。漢諾威等少數德意志邦國參加英普同盟，瑞典、西班牙和大多數德意志邦國加入法奧俄同盟。此次戰爭是法國大革命前，歐洲各大國捲入的最後一次歐洲大戰，戰場遍及歐洲大陸、地中海、北美、古巴、印度和菲律賓等地。

起因

七年戰爭前夕，歐洲各大國之間的衝突錯綜複雜，其中對全局產生決定作用的是英、法衝突，英國先後打敗西班牙和荷蘭，和剩下的唯一強大對手法國的衝突迅速上升，兩強決戰勢所難免；其次是普、奧衝突，自從神聖羅馬帝國分裂為一個個獨立的諸侯國以後，普魯士和奧地利逐漸發展為最強大的國家，它們都想成為德意志諸侯國中的霸主，加上兩次「西里西亞戰爭」普魯士佔領奧地利哈布斯堡皇室領地西里西亞，兩國的鬥爭日益尖銳化；再次是俄、普衝突，俄國沙皇打敗瑞典成為歐洲強國以後，繼續推行西進和南下擴張政策，並且把目標指向東普魯士，卻遭到強大而且同樣推行對外擴張政策的普魯士的阻擊，兩國關係急劇惡化。

在這種背景下，各國都積極爭取盟國，孤立對手，展開尖銳而複雜的外交鬥爭。一七五六年一月十六日，英、普首先締結《白廳條約》，規定雙方負責在德意志境內維持和平，並且以武力「對付侵犯德意志領土完整的任何國家」，矛頭直指奧、俄、法三國。一七五六年三月二十五日，俄國和奧地利結成攻守同盟。五月一日，法王路易十五政府毅然與宿敵奧地利簽定第一次《凡爾賽條約》，雙方保證及時提供軍隊，援助另一方反擊任何敵人。至此，兩大軍事集團初步形成，雙方都進一步爭取同盟者。後來，漢諾威、黑森—卡塞爾、布勞恩斯維克等德意志諸侯國以及葡萄牙先後參加英普同盟，瑞典、薩克森、西班牙以及神聖羅馬帝國的大多數德意志諸侯國則先後參加法奧俄同盟。

主要參戰國的戰略企圖各不相同，英國試圖打擊和削弱法國，擴大殖民地，建立海上霸權；法國力圖併吞英王的世襲領地漢諾威，遏制普魯士的崛起，保護海外殖民地；普魯士企圖併吞薩克森，並且將波蘭變為其附屬國；奧地利企圖削弱競爭對手普魯士，奪回西里西亞；俄國企圖奪取東普魯士和波蘭，向西部擴張領土；瑞典要奪取普屬波美拉尼亞。

歐洲是七年戰爭的主戰場，主要是反普同盟各國和普魯士交戰，在北美、印度和海上，主要是英、法之間作戰。戰爭爆發的時候，普魯士軍隊約二十萬人，戰鬥力強，但是四面受敵，戰線太長，兵力不足，其主要盟國英國僅能對其提供財政援助；法奧俄同盟戰爭潛力雄厚，總兵力約六十三萬人，但是彼此戰略目標各異，步調不一，而且行動遲緩。

在這種情況下，普王腓特烈二世判斷戰爭已經不可避免，從普魯士所處戰略地位考慮，與其等待敵人進攻，不如趁敵人尚未完全準備就緒之機先發制人。一七五六年八月底，腓特烈二世親率九萬五千人的軍隊對薩克森發動襲擊，七年戰爭因此爆發。

經過

一七五六年八月二十八日，預先有準備的普軍主力突然侵入薩克森，薩克森軍很快陷入包圍。奧地利派出一支軍隊火速增援，與普軍在埃格爾河和易北河會合處的洛沃西采開戰。奧軍未能突破普軍防禦，薩克森被迫投降，首府德勒斯登隨即被普軍佔領。

一七五七年初，腓特烈二世決定趁薩克森戰勝之餘威，進軍波希米亞。五月六日，普軍向布拉格發起進攻，奧軍被迫退守城內。為了解除布拉格之圍，六月，奧軍一支在道恩伯爵帶領下的軍隊向布拉格開進。兩軍在科林附近展開激戰，普軍失利，被迫放棄布拉格，撤回薩克森。

與此同時，法軍十萬人分兩路在西線展開軍事行動，法奧聯軍一部六萬四千餘人從西面逼近普魯士。同年五月，俄軍七萬人開始進攻東普魯士，先後佔領克萊佩達和蒂爾西特，九月，瑞典軍隊一萬六千人在波美拉尼亞登陸。腓特烈二世從布拉格撤軍以後，審時度勢，頻頻調動軍隊抗擊各路敵軍。十一月五日，腓特烈二世親率普軍二萬一千人，在羅斯巴赫之戰中擊敗法奧聯軍，以損失五百五十人的微小代價，取得殲敵八千人的戰果。十二月五日，腓特烈二世在洛伊滕之戰中採取斜向衝擊法，再敗奧軍，殲敵二萬多人。

此時，俄軍又重新西進，佔領東普魯士首都柯尼斯堡，並且向普魯士腹地推進，腓特烈二世率領主力迎擊。八月二十五日，俄、普兩軍在奧得河畔的措恩多夫村展開血戰，打成平手。俄軍傷亡約二萬三千人，普軍傷亡一萬四千人。十月間，在休整的普軍遭到奧軍突襲，傷亡慘重，實力明顯下降。年底，俄軍撤回本土過冬。

一七五九年七月，俄、奧兩軍聯合行動。由於俄軍已經佔領東普魯士，因而在戰略上做出調整，準備和奧軍會合，攻克柏林。八月十二日，腓特烈二世率領普軍五萬人在法蘭克福附近庫勒斯道夫與俄奧聯軍九萬人會戰，大敗，損失二萬餘人。八月，俄、奧兩軍在法蘭克福會師。為了防止俄奧聯軍進攻柏林，普軍集結兵力，再次前往阻截，雙方展開著名的庫勒斯道夫會戰，結果普軍失敗。這場會戰成為七年戰爭的轉折年，使腓特烈二世對戰爭產生悲觀情緒。由於奧、法與俄國存有分歧和矛盾，因而未能趁勝擴張戰果，使普魯士獲得喘息之機。

一七六〇年六月，普軍在蘭茲胡特被奧軍擊敗，但是八月在利格尼茲附近取勝。此間，俄奧聯軍在戰略上又產生分歧，俄軍主張攻打柏林，奧軍則急欲奪取西里西亞，於是兩軍又各自為戰。十月間，俄軍趁奧軍與普軍周旋之機，曾經一度偷襲柏林得手，但是對戰局影響不大。普軍在解除柏林危機以後，調頭迎戰奧軍。十一月三日，雙方在薩克森境內舉行托爾高會戰，普軍勉強取勝，進而渡過艱難的一七六〇年，使戰局出現轉機。

一七六一年，普軍依然三面受敵：法軍威脅漢諾威，俄軍伺機攻取科爾貝格，奧軍則佔領西里西亞。下半年，俄軍主力南下和奧軍會合，幫助奧軍在西里西亞取得一連串的勝利，使普軍在全戰線的防禦岌岌可危，幾乎陷入絕境。

但是這時發生的一個偶然事件，對戰爭全局產生重大影響。俄國女皇伊莉莎白病死，其外甥彼得三世繼位。彼得三世是俄國親普勢力的總代表，有一半普魯士血統，從小在普魯士長大。他繼位以後，立即退出反普同盟，歸還俄軍佔領的普魯士領土，並且和普魯士結盟，普魯士因此免於徹底覆滅的厄運。因此，有些歷史學家稱此次事件為「布蘭登堡王室的奇蹟」。

在海上和海外戰場，英、法兩國為了爭奪殖民地和海上霸權，展開激戰。戰爭初期，英國在戰略上側重於以海軍與法國海軍在海上交戰，進而導致在梅諾卡島戰役中的失敗。此後，英國提出以爭奪海外殖民地為主的新戰略，進而逐漸扭轉戰略上的被動局面，先後奪取原屬法國的加拿大和加勒比海大部份地區。一七五八年以後，法國因為深陷歐洲戰場，在海上和各殖民地的爭奪中相繼失敗。一七六〇年，英國佔領法屬加拿大、路易斯安那部份地區和西班牙殖民地佛羅里達。英國還以殖民軍隊為主力，在海軍的支援下，和法國殖民軍在印度和菲律賓等地展開角逐，最終完全控制這些地區。

俄國退出戰爭，七年戰爭進入尾聲。由於英國在海外取得決定性勝利，普魯士又重新奪回西里西亞，加上各國已經被戰爭拖得筋疲力盡，七年戰爭的結局基本已經形成。一七六三年二月十日，英、法兩國簽定《巴黎條約》，法國將其在北美、西印度群島、非洲和印度的大片屬地割歸英國，但是獲得英國歸還的貝爾島、瓜德羅普、馬提尼克、聖路西亞、加利以及北大西洋的密克隆和聖皮埃爾島。西班牙付出沉重的代價以後，重新獲得古巴和菲律賓。二月十五日，普魯士與奧地利、薩克森簽定結束七年戰爭的《胡貝爾圖斯堡和約》，規定西里西亞仍然歸普魯士所有。

結果與影響

七年戰爭中，英國由於已經完成資產階級革命，並且處於以機器生產代替手工生產的世界第一次工業革命時期，經濟、軍事實力獲得長足發展，同時由於以老威廉·皮特為核心的統治集團的戰略指導發揮積極作用，因而取得戰爭的勝利。普魯士由於在軍事上做出充份準備，加上腓特烈二世的統帥才能，以有限的人力、物力，在歐洲大陸上和當時幾乎所有的大陸強國互相對抗，取得多次會戰的光輝勝利。法國、奧地利、俄國等國結成聯盟，在總兵力上並不弱，但是其戰略目標各異，無法團結，予敵以可乘之隙，最終沒有取得勝利。七年戰爭以後，英國成為海上霸主，法國進一步受到削弱，俄國加強歐洲強國的地位，普魯士在德意志的特殊地位得到鞏固。

七年戰爭對軍事學術產生重大影響，它曝露出以平分兵力和切斷敵方交通線為主要特徵的警戒線戰略和呆板的線式戰術的弱點，顯示出野戰殲敵的優越性。隨著各國經濟承受能力的提高，軍隊人數增大，火力加強，後勤補給制度也不只靠補給線，這些新的歷史條件呼喚著集中兵力、以殲滅敵軍為主要目標的決戰策略，以及利用地形、地物發揮火力的靈活的戰鬥隊形和戰術。從七年戰爭的某些會戰中，可以看出幾十年以後法國革命戰爭和拿破崙戰爭中臻於完善的戰略端倪。

美國獨立戰爭

世界上第一次大規模的民族運動

西元一七七五年～西元一七八三年，英屬北美十三個殖民地人民爆發反抗英國殖民統治、爭取民族獨立的革命戰爭。北美人民拿起武器，下定決心「為維護人類權利、建立一個自主和獨立的美國」而奮鬥，進行艱苦卓越、歷時八年之久的美國獨立戰爭。

起因

北美大陸本來是印第安人世代生息、繁衍之地，十七世紀初，歐洲開始向北美移民。從一六〇七年第一批移民踏上維吉尼亞，到一七三三年最後一個殖民地喬治亞的建立，英國移民先後在北美東海岸建立十三個殖民地，這就是美國最初的十三個州。歐洲移民來到北美洲，同時也把歐洲的資本主義生產方式移植到北美洲。資本主義生產關係首先在種植場迅速萌發，殖民地農業、工商業，尤其是航海業、造船業、海外貿易蓬勃發展。與此同時，北美十三個殖民地的居民日益融合，獨立戰爭爆發以前，在北美這個新的地域上已經形成一個不同於英國的新的民族（即美利堅民族），在不列顛帝國的疆界內，出現與英國資本主義並存的北美資本主義。十八世紀中葉，隨著北美殖民地資本主義經濟的發展和美利堅民族意識的增強，英國與北美殖民地之間的衝突日益激化。尤其是七年戰爭以後，英國為了彌補戰爭損失，加重對殖民地人民的盤剝與壓迫。英國殖民當局為了使北美殖民地永遠充當其廉價的原料基地和商品傾銷市場，極力遏制殖民地經濟的自由發展。英國殖民當局接連頒佈一連串的法令：禁止向阿帕拉契山以西遷移；禁止殖民地發行紙幣；解散殖民地議會，並且對殖民地施以重稅，加緊軍事控制……英政府的這些行為，激起殖民地各階層人民的強烈反抗，因而使殖民地抗英過程從經濟、政治鬥爭，發展到武裝衝突。

一七七四年九月～十月，除了喬治亞以外的十二個殖民地選派的五十六名代表，在費城召開第一屆大陸會議，決定聯合抗英。會後，各殖民地開始進行起義準備，訓練民兵並且貯藏軍火。革命形勢日益成熟，除了用戰爭解決問題以外，已經別無選擇。

一七七五年四月十八日，麻塞諸塞總督湯瑪斯·蓋奇派遣八百名駐波士頓英軍前往康科特，搜繳當地民兵的秘密軍火庫，並且企圖逮捕當地「通訊委員會」領導成員。北美軍隊得到這個消息以後，立即集結。翌日清晨，英軍來到萊辛頓一帶的時候，遭到早就已經嚴陣以待的民兵襲擊。民兵們從岩石、樹林、灌木叢後面對準英軍發出雨點般的射擊，英軍傷亡二百多人，北美民兵傷亡近百人。萊辛頓的戰鬥打響「聲聞全世界」的第一槍，揭開美國獨立戰爭的序幕。

經過

一七七五年八月二十三日，英王發佈告諭，宣佈殖民地的反抗為非法，聲言「寧可丟掉王冠，絕不放棄戰爭」。十二月二十二日，英國派遣五萬軍隊赴北美殖民地鎮壓革命者。一七七五年六月十五日，北美殖民地舉行第二屆大陸會議，決定組建正規的大陸軍，次日任命原英軍上校、維吉尼亞種植場場主華盛頓為大陸軍總司令。

大陸軍在華盛頓的率領下，採取避敵鋒芒、持久耗敵的方針，與英軍展開長期的艱苦卓絕的鬥爭。從一七七五年四月打響獨立戰爭第一槍，到一七八三年戰事全部結束，為期八年的美國獨立戰爭，大概經歷以下兩個階段：

第一階段（西元一七七五年～西元一七七八年），主戰場在北方，英軍掌握主動權

在這個階段，英軍的總戰略是以海軍控制北美東部沿海，以陸軍分別從加拿大和紐約南北對進，打通尚普蘭湖、哈德遜河谷一線，以孤立反英最堅決的新英格蘭諸殖民地，然後將其他殖民地各個擊破。殖民

上古時期 BC
漢
0
100
200
三國
晉
300
400
南北朝
500
隋朝
600
唐朝
700
800
五代十國
900
宋
1000
1100
1200
元朝
1300
明朝
1400
1500
1600
清朝
1700
1800
1900
中華民國
2000

地方面力量薄弱，基本上採取避免決戰、保存實力、伺機破敵、爭取外援的戰略方針。一七七五年五月，各殖民地民兵主動進攻，先後攻佔提康德羅加堡、克朗波因特等地，並且圍困波士頓。六月十七日，麻塞諸塞總督、英軍統帥湯瑪斯・蓋奇派兵二千二百名，向圍困波士頓的民兵陣地邦克山和布里德山多次發起進攻。民兵英勇抗擊，兩次擊退英軍進攻，雖然因為彈藥耗盡放棄陣地，卻首次取得殲敵千人的戰果。為了激起加拿大的反英情緒，美軍分兵兩路進攻加拿大。一七七五年十一月，蒙哥馬利率左路軍攻佔蒙特婁，隨後與阿諾德率領的右路軍在聖羅倫斯河下游會合。十二月底，美軍約一千人冒著暴風雪突擊魁北克失利。此後，美軍圍攻魁北克，牽制英軍的軍隊，直到一七七六年五月英國增派援兵才撤退。一七七六年七月四日，大陸會議通過《獨立宣言》，正式宣告殖民地獨立。八月底，英軍統帥率領英軍三萬二千人，在海軍艦隊配合下進攻紐約。華盛頓指揮一萬九千人分兵抵抗，但是在英軍的強大攻勢下，節節敗退、損失慘重，只好於十一月率領餘軍約五千人向紐澤西退卻。英軍追擊美軍至德拉瓦河，隨後入營過冬。華盛頓利用英軍疏於戒備之機，於聖誕夜東渡德拉瓦河，奇襲特倫頓英軍，俘敵近千人，並於次年一月三日在普林斯頓再敗英軍。特倫頓和普林斯頓之戰，使接連受挫的美軍士氣為之一振。一七七七年七月，英軍計畫兵分三路分進合擊，會師阿爾巴尼，以盡快實現其切斷新英格蘭的戰略企圖。北路七千二百餘名英軍在伯戈因的率領下，從蒙特婁孤軍南下的時候，立即陷入新英格蘭民兵的汪洋大海之中，處處受到民兵阻擊和圍追堵截。在弗里曼農莊和貝米斯高地接連受挫後，伯戈因被迫退守薩拉托加。大陸軍和民兵以三倍於英軍的優勢兵力將英軍團團圍住，伯戈因彈盡糧絕，孤立無援，於十月十七日被迫投降。

　　薩拉托加一役大大改善美國的戰略態勢和國際地位，是美國革命戰爭的重要轉捩點。它促使法國、西班牙、荷蘭等國改變動搖不定的觀望態度，法國於一七七八年六月對英國宣戰，美國獨立戰爭因此發展為國際戰爭。一七七八年六月十八日，英軍放棄費城，退守紐約，此後北方戰事進入僵持狀態。

第二階段（西元一七七九年～西元一七八三年），主戰場在南方，美軍以弱勝強

在這個階段，英軍新任統帥柯林頓利用南方「效忠派」較多，而且靠近英屬西印度群島等有利條件，將主力南調，企圖首先控制南方諸州，然後與北方據點紐約遙相呼應，遏制北方。美軍企圖在法國陸、海軍的配合下，控制沿海戰略要地，同時大力進行游擊戰，消耗敵人戰力，以爭取最後勝利。一七八〇年春，英國統帥柯林頓指揮英軍一萬四千人，從陸、海兩面包圍查爾斯頓，迫使南方美軍司令林肯率領五千餘人投降，並且繳獲四艘軍艦、三百門火炮及其他裝備。五月二十九日，英軍在南卡羅萊納州韋克斯豪克里克再敗美軍，八月十六日，英軍在南卡羅萊納州康登擊敗蓋茲統率的南方美軍主力。一七八〇年十二月，大陸會議委派格林為南方美軍司令。格林分兵兩路進行游擊戰，一路由摩根率領，另一路由他親自率領。一七八一年一月十七日，摩根在南卡羅萊納州考朋茲大勝英軍。三月十五日，英軍在北卡羅來納州吉爾福德與美軍交戰，傷亡慘重，被迫向沿海地區撤退。四月，英軍在康瓦利斯率領下開始撤退，向北退往維吉尼亞。格林趁勢揮師南下，在民兵游擊隊配合下，拔除英軍據點，收復除了薩瓦納和吉爾斯頓之外的南部國土。一七八一年八月，康瓦利斯率領七千名英軍退守維吉尼亞半島頂端的約克鎮。此時在整個北美戰場，英軍主要撤退於紐約和約克鎮兩點上。一七八一年八月，華盛頓親率聯軍一萬六千餘人，秘密南下維吉尼

亞。同時，德格拉斯率領的法國艦隊也抵達約克鎮外海，擊敗來支援的英國艦隊，完全控制戰區制海權。九月二十八日，一萬七千名聯軍從陸、海兩面完成對約克鎮的包圍。

在聯軍炮火的猛烈轟擊下，一七八一年十月十七日，走投無路的康瓦利斯請求進行投降談判。十月十九日，八千名服裝整齊的紅衫軍走出約克鎮，在衣衫襤褸的美軍面前一一放下武器的時候，軍樂隊奏響著名樂章——《地覆天翻，世界倒轉過來了》。

結果與影響

約克鎮戰役以後，除了海上尚有幾次交戰和陸上的零星戰鬥以外，北美大陸戰事已經基本停止。約克鎮圍攻戰導致英國內閣倒台，一七八二年十一月三十日，英國新政府與美國達成停戰協議。一七八三年九月三日，雙方簽定《美英巴黎和約》，英國正式承認美國獨立。

美國獨立戰爭是世界歷史上第一次大規模的殖民地人民爭取民族解放的資產階級革命戰爭，是以小勝大、以劣勝優、以弱勝強的典型戰例。僅有三百萬人口的北美十三州經過八年之久的艱苦卓絕的鬥爭，在廣泛的國際援助下，最終打敗擁有近三千萬人口的世界第一工業大國——大英帝國。

獨立戰爭的勝利，打碎英國殖民統治的桎梏，實現北美殖民地政治上的獨立，大大增加北美殖民地的生產力，為美國資本主義和現代文明的迅速發展開闢道路。

獨立戰爭中誕生的《獨立宣言》，在人類歷史上第一次以正式文件的形式，莊嚴的宣佈人民主權的原則，宣佈人民革命的正當權利，粉碎和否定君權神授的謊言。美國獨立戰爭所表現的資產階級的進取精神和進步思想，促進法國資產階級革命的爆發，給歐洲乃至全世界都帶來深刻的影響。不僅如此，它還為拉丁美洲爭取殖民地獨立的鬥爭提供成功的範例，有力的推動拉丁美洲民族解放運動的蓬勃興起。

資訊補給站：美國獨立戰爭的第一槍

一七七五年四月十九日清晨，波士頓人民在萊辛頓上空打響獨立戰爭的第一槍，萊辛頓的槍聲拉開美國獨立戰爭的序幕。

一七七五年四月，麻塞諸塞總督兼駐軍總司令湯瑪斯・蓋奇得到一個消息：在距離波士頓不遠的康科特鎮上，有「通訊委員會」的一個秘密軍需倉庫。湯瑪斯・蓋奇立即命令少校史密斯率領八百名英軍前往搜查。部隊連夜出發，四月十九日凌晨，他們來到距離康科特六英里的小村莊——萊辛頓。英軍在黎明前的薄霧中向前行進，經過一夜行軍，他們個個困倦不堪，哈欠連天。忽然，他們發現村外的草地上站著幾十個村民，手握長槍嚴陣以待。史密斯知道這些武裝村民就是萊辛頓的民兵，北美大陸殖民地上的居民都叫他們「一分鐘人」，因為他們的行動特別迅速，只要一聽到警報，在一分鐘內就可以集合，立即投入戰鬥。讓史密斯吃驚的是，這些民兵為什麼這麼快就知道英軍的行動呢？原來，「通訊委員會」的偵察員早就得到情報，並且立刻在波士頓教堂的上面掛起一盞紅燈。「通訊委員會」的信使——雕板匠保爾・瑞維爾看到以後，立即騎馬趕到康科特通知。

「射擊！給我衝！」史密斯看到對方只有幾十個人，原來有些緊張的心情，馬上放鬆下來。他根本沒有把這幾十個衣服破爛的民兵放在眼裡，舉起指揮刀發出命令。

萊辛頓的民兵立刻還擊，猛烈抵抗英軍的進攻，槍聲震響在萊辛頓上空。幾分鐘以後，槍聲逐漸稀疏，民兵們因為人少，很快的撤離戰場，分散隱蔽。史密斯初戰告捷，非常得意，指揮士兵直奔康科特。英軍趕到鎮上的時候，天已經亮了，但是街道上卻看不見一個人，家家關門閉戶，顯得很冷清。史密斯下令搜查，英軍進入各家翻箱倒櫃，折騰大半天，什麼也沒有找到。原來，民兵早就已經把倉庫轉移，「通訊委員會」的領導者也躲起來了。

「撤！」史密斯覺得情況有些不妙，連忙下令撤退。這個時候，鎮外喊殺聲、槍聲陡然大作，附近各村鎮的民兵已經得到消息，從四面八方向康科特趕來，包圍正在撤退的英軍。他們埋伏在籬笆後面、灌木叢中、房屋上、街道拐角處向英軍射擊。英軍一批又一批的倒在地上，英軍舉槍還擊的時候，卻連民兵的影子也找不到。英軍一路向波士頓方向退卻，沿途遭到民兵的不斷襲擊，狼狽不堪。戰鬥一直持續到黃昏，最後還是從波士頓來的一支援軍，才把史密斯等人救了出去。這一仗，英軍死傷二百七十餘人，剩下的英軍彈藥耗盡，回想起來也是心有餘悸，他們第一次嘗到殖民地人民鐵拳的滋味。有一個士兵說：「我四十八小時沒有吃一點東西，帽子被打掉三次，二顆子彈穿透上衣。」

萊辛頓的槍聲，震動大西洋沿岸的十三個殖民地，美國獨立戰爭從此開始。

獨立戰爭勝利以後，美國人民為了紀念萊辛頓的戰鬥，在這個村鎮的中心，鑄造一座手握步槍的民兵銅像。他們永遠不會忘記，正是這個小小村莊的民兵，為美利堅民族的獨立，奠定第一塊基石。所以，萊辛頓成為美國自由、獨立的象徵，被人們讚譽為「美國自由的搖籃。」

拿破崙戰爭

一代風雲人物的榮與辱

一個世界性的重要歷史人物——拿破崙，從一七八四年（十五歲）入軍校，到一七九九年建立法蘭西第一帝國，再到一八一五年被放逐到聖赫勒拿島，其一生幾乎都是在戰爭中渡過。拿破崙因為出色的軍事才能在歐洲崛起，又因為打敗仗而跌入失敗的深淵。拿破崙戰爭，是指西元一七九九年～西元一八一五年之間，法國在拿破崙的領導下，與奧、普、俄、英為核心的反法聯盟所進行的大小戰役。

起因

一七六九年八月十五日，拿破崙・波拿巴出生於地中海科西嘉島阿雅克修城的一個沒落貴族家庭，父親卡爾洛・波拿巴是一個律師，母親莉蒂西亞・拉莫利諾出身於義大利貴族。按照義大利文，「拿破崙」是「荒野雄獅」的意思。拿破崙十歲的時候，以國家公費生的身份進入法國內地香檳省的布利安陸軍小學。各科成績中，以歷史、地理、數學為優；一七八四年，拿破崙升入巴黎軍校；一七八五年十月三十日，年僅十六歲的拿破崙正式被任命為拉費爾炮兵團少尉軍官。

拿破崙對炮兵專業有濃厚的興趣，曾經閱讀許多這方面的書籍，仔細研究亞歷山大、漢尼拔和凱撒等歷史上著名統帥的傳記，還讀了有關歐洲的歷史、地理、宗教和社會風俗等方面的書籍。這些知識的累積和眼界的拓展，使年輕的拿破崙很快的成熟。

十八世紀後期，資本主義在歐洲大陸獲得一定發展。但是除了荷蘭以外，各國仍然處於封建統治下，法國的封建專制統治更是達到頂峰。一七八九年，法國爆發震撼歐洲大陸的資產階級大革命；一七九二年，法國國民公會宣佈廢除國王，成立法蘭西第一共和國。歐洲各君主國對此驚恐不安，公然進行武裝干涉，國內王黨份子紛紛發動叛亂。

一七九三年八月，盤踞在土倫城內的保王黨引狼入室，將土倫拱手交給英國和西班牙干涉軍。十月十五日，土倫前線總指揮部召開軍事會議，研究從正面奪取土倫的作戰計畫。拿破崙認為這個計畫行不通，他提出自己的作戰方案：首先集中主要兵力，攻佔港灣西岸的莫格內夫堡，奪取長卡半島，然後集中大量火炮，猛擊停泊在內港、外港中的英國艦隊，切斷英國艦隊與土倫守敵之間的聯繫。如果可以做到這一點，土倫守敵在一無退路、二無援兵、三無火力支援的情況下，就會不攻自破。

這個大膽而新穎的作戰計畫，使得與會人員驚嘆不已，也顯示拿破崙敏銳的洞察力和豐富的想像力，他因此被任命為攻城炮兵的副指揮官。戰爭情況正像拿破崙預料的一樣，戰鬥開始的當天晚上，英國艦隊全部逃離土倫港，法軍很快的收復土倫。一七九四年一月十四日，在土倫戰爭中嶄露頭角的拿破崙被任命為少將炮兵旅長，為其一生軍事生涯，奠定重要基礎。

一七九八年十二月，英、俄、奧、土、葡、那不勒斯等國組成第二次反法聯盟。俄軍進入義大利，打敗法軍；奧地利不僅奪回在義大利的領地，還企圖入侵法國；英軍對法國各港口實施封鎖，並且一度在荷蘭沿海地區登陸。雖然反法聯盟因為內部分裂導致俄軍退出戰鬥，但是法國仍然面臨大軍壓境、內政動盪的嚴峻局面。

一七九九年十一月，拿破崙在這種形勢下上台執政。從此，法國進入一個新時期，即拿破崙時期。拿破崙曾經率領法軍先後七次反擊以英國、奧地利、普魯士等國組成的反法聯盟，指揮過一連串的戰鬥，大的戰役就達六十多場。因此，該時期的戰爭被稱為拿破崙戰爭。

經過

法國的風雨動盪，為拿破崙的上台提供機會。受命於危難之際的拿破崙，決心帶領法國走出危機，建立一個傲視歐洲大陸的強大帝國。

一八〇〇年四月，駐義大利法軍在奧軍的進攻下，退守熱那亞要塞，處境危急。為了解除奧軍威脅，拿破崙決定遠征義大利。五月，拿破崙率領六萬法軍翻越阿爾卑斯山，出現在奧軍後方。六月，經過馬倫戈之戰，拿破崙擊敗梅拉斯率領的奧軍主力。十二月，另一支法軍又在南德意志的霍恩林登擊敗奧軍。一八〇一年二月，奧地利被迫簽定《呂內維爾和約》。一八〇二年三月，處境孤立的英國也被迫與法國談和，雙方簽定《亞眠和約》。第二次反法聯盟解體，歐洲暫時處於和平時期。

在遠征義大利的戰爭中，拿破崙的很多軍事才能得到展現：拿破崙指揮部隊翻越人跡罕至的「天險」，打破軍隊畏懼山地戰的傳統思想，同時發展山地戰經驗；可以正確處理攻城和野戰的關係，法軍曾經圍攻曼圖亞要塞達七個月之久，但是沒有強攻硬打，而是把重點放在打擊奧國援軍，使奧軍在孤立中不戰自潰；培養部隊頑強的戰鬥精神，使其可以在極其艱苦的條件下贏得戰爭。針對拿破崙軍隊突破阿爾卑斯山的情況，有人說：「從拿破崙在一七九六年進行第一次阿爾卑斯山戰局，直到他在西元一七九七年～西元一八〇一年越過阿爾卑斯山脈向維也納進軍為止，整個戰爭歷史證明：阿爾卑斯山的山嶺和深谷，再也不能使現代軍隊望而生畏。」

經過大革命洗禮的法國，憑藉先進的政治、軍事制度，動員全國的人力、物力，建立一支編制完備、機動性強、富有戰鬥力的軍隊。在拿破崙的領導下，接連打敗反法聯盟的第三、第四、第五次進攻，達到全盛時期。一八一三年二月，俄、普結盟；三月，普魯士對法國宣戰；隨後，俄、英、普、西、葡和瑞典等國結成第六次反法聯盟，氣勢洶洶的向法國進攻。

這個時期進行很多次戰爭，比較著名的是一八一三年十月十六日～十九日發生在萊比錫地區的一次決戰。拿破崙組建新「大軍」迎擊，五月經過呂岑之戰和包岑之戰，打敗普俄聯軍。此後，拿破崙分兵據守易北河漢堡至德勒斯登一線各要塞。八月二十六日～二十七日，在德勒斯登會戰中，法軍雖然取勝，但是損失慘重。十月十六日～十九日，雙方進行萊比錫之戰，薩克森軍隊倒戈加入聯軍，法軍被擊敗，拿破崙率領殘部逃出戰場。反法聯軍趁勝追擊，進逼法國邊境。

一八一四年一月，聯軍二十餘萬人進入法國境內。拿破崙集結八萬人阻擊聯軍，在塞納河流域遲滯聯軍達兩個月，並且於三月二十一日率軍東進馬恩河，企圖把聯軍引離巴黎。聯軍不予理睬，全力向巴黎推進，於三十日迫使巴黎守軍投降。四月六日，拿破崙被迫退位，被流放在厄爾巴島，波旁王朝復辟。

一八一五年三月一日，拿破崙利用人民對王朝復辟不滿之機，離開流放地，秘密潛回法國，再登帝位。俄、英、普、奧等國立即結成第七次反法聯盟，出兵七十萬以徹底打垮拿破崙。拿破崙匆匆重建軍隊，主動出擊，企圖先擊潰在比利時的英、普軍隊，隨後回師迎擊俄奧聯軍。六月十六日，法軍在利尼擊敗普軍。十八日在滑鐵盧之戰中，英軍在普軍配合下，徹底擊敗法軍。拿破崙再次退位，被放逐到聖赫勒拿島，直至去世。「百日王朝」覆滅，拿破崙戰爭至此結束。

結果與影響

延續十五年之久的拿破崙戰爭以失敗告終，反法聯盟取得勝利，封建王朝復辟。拿破崙戰爭前期，主要是為了抵禦外來侵略，後期也有反抗民族壓迫的因素，但是已經具有明顯的侵略性質、掠奪別的民族和兼併別國領土的目的，給歐洲和法國人民帶來巨大的災難。整體上來說，拿破崙戰爭動搖歐洲封建制度的基礎，喚起歐洲民族的覺醒，加速歐洲歷史的過程，促進歐洲資本主義的發展。

拿破崙戎馬一生，親自指揮過的戰役大約有六十次，比歷史上著名

上古時期 BC
漢
0
100
200
三國
晉
300
400
南北朝
500
隋朝
600
唐朝
700
800
五代十國
900
宋
1000
1100
1200
元朝
1300
明朝
1400
1500
1600
清朝
1700
1800
1900
中華民國
2000

的軍事統帥亞歷山大、漢尼拔和凱撒指揮的戰役總和還要多。其中，著名的義大利、馬倫戈、奧斯特利茲、耶拿、弗里德蘭、阿斯佩恩和瓦格拉姆、博羅季諾、萊比錫、滑鐵盧之戰，在戰爭史上都有很高的地位。拿破崙戰爭對於武裝力量建設和軍事學術的發展影響深遠，他繼承法國資產階級大革命初期的傳統，廢除雇傭兵制，代之以徵兵制和志願兵制；廣泛的動員和徵集農民當兵，建立一支新型的能征善戰的強大的軍隊，兵力最多的時候達百萬之餘。有人指出：「拿破崙的不朽的功績就在於：他發現在戰爭和戰略上唯一正確使用廣大的武裝群眾的方法，這樣廣大的武裝群眾之出現只是由於革命才成為可能。」

拿破崙「唯才是舉」，不拘一格選拔將帥；平時注重教育訓練，積極改善裝備；特別注重發展炮兵、騎兵在戰爭中的作用，還是將炮兵正式定為一個兵種的第一人，並且得到非常成功的運用，對世界炮兵發展產生重大推進作用。在戰爭指導上，拿破崙繼承法國革命戰爭期間所創立的軍隊和戰法，強調以殲滅敵軍為作戰目標，堅持在決定性時間與地點集中優勢兵力，以急行軍和快速運動達成突然性，力圖透過一、兩次決戰決定勝負；採取以縱隊和各兵種密切協同的縱深戰鬥隊形，不斷加強軍隊的突擊力；遠距離機動迂迴，趁敵不意，出奇制勝；以積極進攻作為主要的作戰類型，審時度勢，靈活用兵……

這些思想和理論，把作戰思想發展到一個頂峰，引起西方軍事界廣泛關注，對軍隊建設及其作戰理論的發展，都產生深遠的影響。近二百年來，許多國家的軍事學家和歷史學家懷著十分濃厚的興趣，對拿破崙戰爭及其軍事思想進行反覆研究，一些國家和軍事院校把拿破崙的軍事言論和戰爭戰例作為教材。後來西方許多國家所進行的戰爭，都曾經受到拿破崙戰爭思想的影響。

第一次鴉片戰爭

閉關鎖國的中國市場因此打開

西元一八四〇年—西元一八四二年，英國帝國主義為了維護其販賣鴉片的巨額利潤，向清政府挑起侵略戰爭，在歷史上被稱為第一次鴉片戰爭。清王朝的許多愛國將領和廣大人民，為了民族的獨立和領土的完整，在極其艱難的條件下，與英國侵略軍展開頑強的戰鬥。由於各種原因，清廷戰敗了，清政府被迫接受中國近代史上第一個不平等條約——《南京條約》。從這個時候開始，中國從封建社會逐步淪為半封建、半殖民地社會。

起因

在第一次鴉片戰爭爆發以前，中國正處於清王朝的統治之下，統治者對內堅持傳統的專制統治、不思改革，對外實行鎖國政策，使中國這個東方文明古國，日益落後於世界文明。和清朝的日益衰敗形成鮮明對照，歐美國家的資本主義得到迅速發展，到十八世紀末葉已經開始工業革命，近代化的工業發展迅速。十九世紀初，最早完成資產階級革命的英國已經成為最強大的資本主義國家，許多國家淪為它的殖民地，英國將自己的下一個侵略目標定為中國，鴉片則是它侵略中國的特殊武器。十八世紀初期，英國商人開始向中國輸入鴉片，那時的鴉片是作為藥材買賣的，每年輸入的不過二百箱。一七七三年，英國在印度實行鴉片壟斷，使得輸入中國的鴉片數量劇增，到了一八〇〇年，每年輸入的鴉片高達四千一百箱。英國鴉片販子不顧清政府禁止鴉片輸入的禁令，賄賂清朝官吏，勾結中國私販，利用特製的快艇進行武裝走私，範圍遍及整個東南沿海。

由於鴉片的大量輸入，中國的官吏、將領、士兵和平民百姓吸毒成癮的人越來越多，使得軍備鬆弛、土地荒蕪。對清政府來說，最嚴重的後果是中、英之間的貿易逐漸發生變化，英國由入超變為出超，白銀的大量外流造成銀貴錢賤，嚴重損害清朝財政，讓廣大人民深受其害。在這種情況下，清政府決定著手禁煙，解決這個關乎國計民生的棘手問題。

當時清政府內部多數人主張禁煙，只有少數人反對。一八三八年六月，道光皇帝收到鴻臚寺卿黃爵滋關於「請嚴塞漏卮以培國本 摺」的嚴禁鴉片販賣和吸食的奏摺，意識到鴉片輸入將造成軍隊瓦解、財源枯竭的嚴重後果，遂下定決心禁煙。一八三八年十二月三日，道光帝任命堅決支持禁煙的林則徐為湖廣總督，赴廣州節制水師，查禁鴉片。

林則徐接到命令以後，深知阻力很大、前途多艱，但是他不顧個人安危，決定以最大的勇氣、最堅決的措施嚴禁鴉片，拯救國家和人民。一八三九年六月三日，林則徐在廣東人民的支持下，在虎門海灘將收繳的走私鴉片二萬餘箱（除了留下八箱作為樣品）全部用鹵水浸泡，拌合石灰自燃，然後用水沖入大海。

虎門銷煙是具有偉大氣魄的壯舉，是正義的愛國行為，領導這場運動的民族英雄林則徐將名垂史冊，永遠為中國人民和世界上的正直人士所稱頌。一八三九年八月，中國禁煙的消息傳到英國以後，英國政府不甘心每年從中國獲得二百萬英鎊的收入就此化為烏有，他們決定以此為藉口，向中國發動一場旨在保護鴉片走私的不義侵略戰爭。十月一日，英國內閣做出「派遣一支艦隊到中國海」的決定，並且通過對華戰爭的撥款案。

一八四〇年二月，英國政府任命懿律和義律為正副全權代表，懿律為侵華英軍總司令；四月，英國議會正式通過發動戰爭的決議案，派兵侵略中國；六月，英軍艦船四十七艘、陸軍四千人在海軍少將懿律、駐華商務監督義律的率領下，陸續抵達廣東珠江口外封鎖海口，第一次鴉片戰爭正式開始。

經過

歷時兩年的第一次鴉片戰爭，大致可以分為三個階段。

第一階段（西元一八四〇年六月　西元～八四一年一月），英軍首次北犯階段

上古時期 BC
漢 •
0 —
100 —
200 —
三國 •
晉 •
300 —
400 —
南北朝 •
500 —
隋朝 •
600 —
唐朝 •
700 —
800 —
五代十國 •
900 —
宋 •
1000 —
1100 —
1200 —
元朝 •
1300 —
明朝 •
1400 —
1500 —
1600 —
清朝 •
1700 —
1800 —
1900 —
中華民國 •
2000 —

在這個階段，英國的作戰計畫是封鎖廣州、廈門等處的海口，截斷中國的海外貿易，並且於七月攻佔浙江定海，作為前進據點。此時，中國沿海地區除了廣東在林則徐的監督下稍做戰備以外，其餘均防備鬆弛。

一八四〇年六月二十八日，懿律下令封鎖珠江口，並且啟程北上奪佔定海，七月初炮轟廈門港。七月四日，英軍駛抵定海水域。清軍水師對英軍毫無防備，不明就理的定海知縣姚懷祥登艦詢問來意。英軍將一份事先準備好的中文照會交給姚懷祥，限次日下午二時前投降，將所屬海島、炮台一律交出，否則開炮轟城。七月五日下午二時，英軍見清軍無獻城投降的跡象，就發起進攻，清軍水師奮起抵抗。由於英軍艦大炮多、射程遠，清軍船小炮少、射程近，清軍水師損失嚴重，只得向鎮海方向退卻。英軍在艦炮掩護下，攻佔定海城東南的關山炮台，並且連夜炮轟定海縣城。六日凌晨，英軍攻破東門。知縣姚懷祥出北門投水殉國，守城兵勇潰散，定海遂告失陷。英軍進入定海以後，姦淫燒殺，無惡不作，充份顯露侵略者的強盜本性。根據原定計畫，英軍於一八四〇年七月二十八日由懿律率領戰艦八艘北犯天津，八月六日抵達大沽口外，向清政府遞交照會、施加壓力。道光皇帝事先已經得知英國艦隊可能北上天津，考慮到天津海防力量不足，所以八月九日接到直隸總督琦善關於英軍已經到大沽口外的奏報以後，命令琦善不要隨便開槍、開炮，如有投遞稟帖等事，不管是「漢字夷字」，「即將原稟進呈」。八月十五日，琦善派人前往英國艦隊取回《巴麥尊照會》，並且立即送呈北京。

在《巴麥尊照會》中，英國提出賠禮道歉、償還煙款、割讓島嶼等要求，道光聽信讒言，以為是林則徐、鄧廷楨等人辦理禁煙之事不善，才引起英軍入侵，只要懲辦林、鄧等人，英國就會退兵。八月三十日，琦善與義律在大沽口會談，表明清政府要重治林則徐的決定。當時英軍因為流行疫病，不便採取軍事行動，於是同意退兵，並且決定在廣東繼續與清朝談判。九月十七日，道光帝任命自誇退敵有功的琦善為欽差大臣，赴廣東繼續辦理中英交涉事件，並且將林則徐、鄧廷楨等人革職查辦。

琦善到達廣州以後，將珠江口防務設施撤除，遣散水勇、鄉勇，以討好英國侵略者。此時，懿律因病回國，中國事務全部由義律負責。在談判過程中，琦善對義律提出的各項侵略要求一一許諾，只對割讓香港一事表示不敢做主，答應向道光請示。一八四〇年十二月二十日，義律不待琦善「代為奏懇」，單方面拋出《穿鼻草約》，包括割讓香港、賠償煙款六百萬兩。琦善屈服於英軍的強大壓力，在沒有得到道光帝指示的情況下，擅自答應給英軍賠款六百萬兩，並且在尖沙嘴或香港地方「擇一隅供英人寄居」。

道光帝原以為只要把林則徐革職、重開貿易就可以解決問題，沒想到英國堅決要實現巴麥尊照會的全部要求。此時，道光帝打消「戢兵議和」的幻想，指示琦善立即停止和英國談判，告訴他另闢碼頭和賠款事項均不准行。義律獲知清政府的態度已經變化，遂於一八四一年一月十七日率軍向虎門沙角、大角炮台發起進攻，清軍英勇抵抗，打死、打傷英軍百餘人。但是由於兵力不足，琦善又拒發援兵，加上英軍炮火猛烈，兵力也佔優勢，兩個炮台最終失守，副將陳連升父子以及六百餘名將士陣亡。

第二階段（西元一八四一年一月二十七日～五月二十七日），簽定《廣州和約》

一八四一年一月二十七日，大角、沙角炮台失守的消息傳到北京，

上古時期 BC
漢
0
100
200
三國
晉
300
400
南北朝
500
隋朝
600
唐朝
700
800
五代十國
900
宋
1000
1100
1200
元朝
1300
明朝
1400
1500
1600
清朝
1700
1800
1900
中華民國
2000

道光帝甚為惱怒，立即決定對英宣戰。他任命御前大臣奕山為靖逆將軍，戶部尚書隆文和湖南提督楊芳為參贊大臣，調集各省軍隊一萬七千人開赴廣東。於是，廣東的談判停頓下來，中英雙方又進入戰爭狀態。

義律獲悉清政府向廣東調兵遣將和對英宣戰的消息以後，立即命令英軍備戰，準備進攻虎門和廣州，以先發制人。二月十九日，英國艦隊開始向虎門口集結，二月二十六日清晨，英軍三千多人向虎門炮台發動猛烈攻擊，水師提督關天培率軍英勇抵抗，琦善拒絕派兵增援。由於寡不敵眾，關天培和守軍數百人壯烈犧牲，虎門炮台失守。三月二日，英軍攻陷獵德炮台，逼近廣州。

三月五日，參贊大臣楊芳到達廣州，但是各省調集的兵勇沒有到齊，義律也因為兵力不足，不敢輕易進攻廣州。在這種情況下，義律與楊芳達成臨時休戰協定。四月，奕山及各省軍隊一萬七千餘人先後齊集廣州。奕山一到廣州，就毀謗「粵民皆漢奸，粵兵皆賊黨」，執行「防民甚於防寇」的方針。為了報功邀賞，五月二十一日夜，奕山貿然向英軍發動進攻，兵分三路襲擊英軍，但是沒有收到戰果。二十二日黎明，英軍順風發動進攻，向清軍猛烈發炮轟擊，清軍潰敗。

五月二十四日，英軍對廣州發起進攻，一路佔據城西南的商館，一路由城西北登岸，包抄城北高地，攻佔城東北各炮台，並且炮擊廣州城。一萬餘名清軍躲在城內，奕山等高級將領惶惶無主，亂作一團。五月二十六日，奕山派廣州知府余保純出城求和。英軍同意暫時停止攻城，但是要清政府接受《廣州和約》。

和約規定：奕山、楊芳以及全部外省軍隊，六天內撤離廣州城，七天內交出「贖城費」六百萬兩，當天在日落前交一百萬兩白銀，款項交清以後，英軍全部撤至虎門口外；在七天之內賠償各洋行和西班牙船隻的損失。在英軍的武力壓迫下，奕山接受全部要求。英國侵略者的暴行，激起城北郊三元里一帶民眾的憤慨，他們自發武裝起來，進行抗英動作。

第三階段（西元一八四一年八月～西元一八四二年八月），英軍再次北犯

一八四一年五月，英國政府獲悉義律發佈《穿鼻草約》的消息以後，認為這個條約所得到的侵略權益太少，決定撤換義律，改派亨利‧璞鼎查為全權公使，進一步擴大對華侵略戰爭。此時的道光帝誤以為戰爭已經結束，七月二十八日通諭沿海將軍督撫酌量裁撤各省調防官兵。一八四一年八月二十一日，璞鼎查率艦船三十七艘、陸軍二千五百人離香港北上，進犯廈門，總兵江繼芸力戰犧牲，廈門陷落。道光帝接到廈門失守的奏報以後，才意識到戰事並未停止，於是下令沿海各省將軍督撫停止裁撤軍隊，加強防守。

英軍攻陷廈門以後，北進浙江。九月，英軍侵犯定海，總兵葛雲飛、鄭國鴻、王錫朋率領守軍英勇抵抗，以身殉國。十月一日，英國陸軍在強大炮火的掩護下，登陸定海。英軍攻佔定海以後，繼續進攻鎮海，守衛鎮海的欽差大臣、江蘇巡撫裕謙積極佈置浙江沿海的防衛。十月十日，英軍以強大的炮火猛烈轟擊鎮海招寶山、金雞山炮台，陸軍趁機登陸。守軍頑強抵抗，多次和英軍展開肉搏戰，但是英軍火力太過猛烈，兩座炮台相繼失守。浙江提督余步雲在戰鬥最激烈的時候貪生怕死，逃往寧波。裕謙率部死戰，後來見大勢已去，投水殉國。守軍傷亡慘重，士兵們棄城逃走，當天下午鎮海落入敵手。十月十三日，英軍又攻陷寧波，此時英軍兵力不足，決定停止進攻，等待援軍。

十月十八日，清政府為了挽回敗局，又派吏部尚書奕經為揚威將軍、侍郎文蔚和副都統特依順為參贊大臣前往浙江，並且從江西、湖

北、四川、陝西等省調集軍隊。奕經攜帶大批隨員南下，一路上遊山玩水、勒索地方供應，直到一八四二年二月才到達浙江紹興。

一八四二年三月，奕經在兵力已足的情況下，決定採取「明攻暗襲，同時並舉」的方針，一舉收復定海、鎮海、寧波三城。具體部署是：水路以乍浦為基地陸續渡海，潛赴舟山各島及定海城內做好埋伏，候期舉動；陸路分為兩支，一支集結在慈溪西南十五公里的大隱山，準備進攻寧波，另一支集結在慈溪西門外的大寶山，準備進攻鎮海。英軍對清軍的作戰意圖已經有所瞭解，並且做好相應的準備。

三月十日夜，清軍對寧波、鎮海分別發起反擊，交戰均不利，紛紛撤回原駐地，進攻定海的計畫也因為風潮不順而延期。清軍反攻失敗以後，主力集結在慈溪大寶山和長溪嶺一帶。三月十五日，英軍趁勝進攻慈溪，佔領大寶山、長溪嶺清軍營地，清軍退守曹娥江以西。

三月二十日，奕經逃回杭州，為了推卸戰敗責任，他在奏摺中除了強調英軍「船堅炮利」以外，還大肆毀謗浙東到處漢奸充斥，浙江巡撫劉韻珂提醒道光皇帝注意國內人民可能趁機揭竿而起。道光帝鑑於廣東和浙東兩次反攻均遭失敗，又害怕人民起義，於是在對英態度上，由忽戰忽和轉而採取一意求和，並且派投降派耆英、伊里布趕赴浙江前線，準備與英軍談和。

但是，英國侵略者認為議和的時機還未成熟，還不足以脅迫清政府接受它的全部要求，決定繼續進攻。一八四二年五月，英軍放棄寧波，決定再次北犯。英軍為了集中兵力，退出寧波、鎮海，進犯海防重鎮乍浦，遭到守軍的堅決抵抗。五月十七日，乍浦陷落。六月十六日，英軍向吳淞炮台發起進攻，兩江總督牛鑑聞風而逃，士氣大受影響。江南提督陳化成率軍抵抗，親自操炮轟擊敵艦，最後和守炮台士兵百餘人一起戰死。吳淞口失陷，英軍隨即侵佔上海。

英軍攻陷吳淞口以後，清廷一面催促耆英、伊里布由浙江馳赴江蘇加緊議和，一面加強天津地區防務，防止英軍北犯，但是對長江下游的防務仍然未給予足夠重視。隨著英國援軍相繼到達長江口外，璞鼎查不理耆英等人的求和照會，以艦船七十三艘、陸軍一萬二千人溯長江上犯，準備切斷中國內陸交通動脈大運河。

七月二十一日，英軍六千九百餘人進攻鎮江，副都統海齡率領守軍奮起抵抗，與敵人展開巷戰和肉搏戰，許多清軍與敵人拚死搏鬥，直至犧牲。海齡督戰到最後自殺殉國，鎮江隨之失守。

結果與影響

鎮江失守以後，英國軍艦於八月闖到南京江面，此時清軍已經無力再戰。耆英、伊里布受到清政府委任，趕到南京議和。在英國侵略軍的脅迫下，耆英全部接受英國提出的議和條款，簽定中國近代史上第一個不平等條約——《南京條約》，第一次鴉片戰爭至此結束。

《南京條約》的主要有三項內容：

第一，清政府向英國賠償二千一百萬元，本年先交六百萬元，其餘的分年交清；

第二，香港歸英國所有，開放廣州、福州、廈門、寧波、上海五處為貿易口岸；

第三，中英官吏行平行禮。

第一次鴉片戰爭是英國資產階級對中國發動的一場不義的侵略戰爭，也是中國軍民抗擊西方資本主義列強入侵的第一次戰爭。在這場戰爭中，廣大官兵英勇抗戰，表現出崇高的愛國主義精神。鴉片戰爭以後，中國開始走向半封建、半殖民地社會。

戰爭最終以清朝的失敗而告結束，究其原因，主要有以下幾個方面：

第一，清政府閉關自守，不明敵情；

第二，清朝政治腐敗，經濟落後；

第三，清軍裝備落後，技術不足；

第四，清軍將領保守，指揮無方。鴉片戰爭證明，落後的封建軍隊已經不能戰勝初步近代化的資本主義軍隊。

太平天國農民戰爭

中國歷史上規模最大的農民戰爭

西元一八五一年一月，中國爆發歷史上規模最大的農民革命戰爭，稱為太平天國運動。太平天國從建立政權以後，就發生一連串的反封建、反侵略的戰爭，這些戰爭統稱為太平天國農民戰爭。太平天國運動雖然以失敗告終，但是它卻沉重的打擊中國的封建勢力，為資產階級革命的爆發創造條件。

起因

鴉片戰爭以後，清王朝加緊對人民的搜刮與壓迫，戰時軍費和對外賠款全部都加到廣大農民和其他生產者身上。各級官吏層層盤剝和地主階級轉嫁攤派，使得農民的實際負擔數倍於明文規定的稅收。再加上銀價上漲以及連年水旱災害，大批人民衣食無著，陷於極端悲慘的境地。以上這些原因，使得階級矛盾和民族衝突更加激化，農民的反抗風起雲湧，遍及全國，其中尤以兩廣和湖南最激烈。當時廣西各種問題十分尖銳，統治力量相對薄弱，起義武裝遍及全省。早在一八四四年，洪秀全就帶著馮雲山深入廣西傳播拜上帝教，醞釀反清起義。一八五〇年秋天，洪秀全發佈總動員令，號召各地拜上帝會會眾到桂平金田村「團營」集結。一八五一年一月十一日，洪秀全率領二萬多名群眾在桂平縣金田村發動起義，建號「太平天國」，軍隊稱作「太平軍」，洪秀全被擁立為「天王」，轟轟烈烈的太平天國農民戰爭開始。

經過

金田起義一爆發，清政府立即派來軍隊鎮壓，並且包圍永安。此後，太平天國展開一連串的戰爭，這些戰爭大致可以分為三個階段。

第一階段（西元一八五一年一月～西元一八五三年三月），太平軍初期發展階段

太平軍為了擺脫內線作戰的不利處境，轉移至宣武、象州，因為遭到清軍的堵截，又折回金田地區，再度被圍。一八五一年九月下旬，

太平軍突出重圍，攻佔永安。佔領永安以後，太平軍雖然又遭到清軍包圍，但是因為南、北路清軍未能共同作戰，太平軍可以在此滯留半年，並且在軍事、政治方面有所建設。一八五一年九月，洪秀全在永安冊封官員、整頓隊伍，鞏固太平天國政權。楊秀清、蕭朝貴、馮雲山、韋昌輝分別被封為東西南北四王，石達開被封為翼王。太平天國還將陰曆改為天曆，初步建立革命政府。一八五二年四月五日，太平軍自永安突圍，進逼桂林，轉攻全州，後來折入湘南道州。當時湖南階級衝突十分尖銳，太平軍發佈《奉天誅妖救世安民諭》、《奉天討胡檄布四方諭》、《諭救一切天生天養》等文告，明確提出推翻清王朝的戰鬥號召，受到廣大群眾的熱烈擁護，投營報效者「日以千計」。太平軍擴充隊伍，建立「土營」。隨後，太平政府確定「專意金陵，據為根本」的戰略決策，率軍北上，圍長沙，佔岳州，克武昌。經過一連串的戰爭以後，太平軍獲船一萬餘艘，建立水營。一八五三年二月九日，太平軍以號稱五十萬之眾水陸夾江東下，連克江西、九江、安徽安慶、蕪湖。

一八五三年三月佔領南京，把南京改為「天京」，作為都城。為了鞏固天京，洪秀全又發兵攻佔附近的鎮江、揚州和浦口。太平軍建都以後，頒佈《天朝田畝制度》，廢除封建的土地所有制，平均分配土地，還實行男女平等的政策，禁止買賣婦女和女婢。對外堅持獨立自主的政策，否認不平等條約，禁止販賣鴉片，反對外來侵略。這些措施極大的鼓舞人民的鬥志，更多的群眾加入到太平天國運動之中。

第二階段（西元一八五三年四月～西元一八五六年九月），戰略進攻階段

太平天國定都天京以後不久，清軍尾隨而至，由欽差大臣向榮率領的一萬餘人在天京城東建立「江南大營」，企圖遏止太平軍東出蘇州、

上古時期 BC
漢
0
100
200
三國
晉
300
400
南北朝
500
隋朝
600
唐朝
700
800
五代十國
900
宋
1000
1100
1200
元朝
1300
明朝
1400
1500
1600
清朝
1700
1800
1900
中華民國
2000

常州，由欽差大臣琦善率領的一萬餘人在揚州周邊建立「江北大營」，企圖遏止太平軍北上中原。兩支清軍南北配合，伺機奪佔金陵。當時太平天國已經擁有百萬兵力，戰略上處於進攻態勢，但是太平天國領導集團沒有集中優勢兵力逐個殲滅江南、江北大營之敵，卻做出守衛天京，同時派兵北伐京師、西征上游的戰略決策。在這個階段，太平軍在北伐、西征和天京周圍三個戰場上，分別與清軍進行激戰。

太平軍北伐的目標是直搗清朝的老巢北京，一八五三年五月八日，天官副丞相林鳳祥和地官正丞相李開芳率軍自揚州西進。五月十三日，會合自天京出發的春官副丞相吉文元、檢點朱錫琨所部，由浦口北上，向北京進軍。按照洪秀全的指示，北伐軍進抵天津以後，天京再派兵北上增援，合攻北京。林鳳祥等人率領北伐軍自浦口出發，在烏衣鎮一帶擊敗清軍以後，一路長驅北進，連下任縣、晉州、深州，迫近北京。

北伐軍的勝利進軍，使清政府滿朝震動，咸豐帝急忙調兵遣將，加強北京防衛，並且企圖在滹沱河以南合擊和消滅太平軍。為此，命令勝保為欽差大臣接替訥爾經額，僧格林沁屯兵涿州。十月二十九日，北伐軍佔領天津西南的靜海縣城和獨流鎮，本來想進一步佔領天津，但是勝保很快的率軍趕到，並且於十一月五日進入天津。僧格林沁也移營於天津西北之楊村，天津防禦力量加強，北伐軍佔領天津的計畫落空。

北伐軍不能佔領天津，就在靜海、獨流兩地駐紮下來，由林鳳祥、李開芳分別率軍固守，同時報告天京，要求速派援軍。勝保率領二萬餘清軍圍攻靜海、獨流，僧格林沁奉命率軍與勝保合力圍攻。北伐軍依託木城、塹壕頑強抵抗，忍受著嚴寒和饑餓，整整堅持一百天，最後終於因為被圍日久、糧盡彈絕，援軍又久等不至，於一八五四年二月五日突圍南走。三月七日，北伐軍趁大霧突破東城之圍，進至阜城，但是很快又被三萬多清軍包圍。在和清軍的戰鬥中，吉文元受傷犧牲，北伐軍處境更加嚴酷。幸好這個時候北伐援軍已過黃河，勝保帶領一萬餘清軍趕往山東防堵，阜城壓力減輕，使北伐軍得以在此堅守兩個月之久。

北伐援軍七千五百人由夏官副丞相曾立昌、冬官副丞相許宗揚等人率領，四月十二日攻克臨清城，但是隨即被數萬清軍合圍。援軍屢戰不利，於四月二十三日放棄臨清，南退至李官莊、清水鎮一帶。四月二十七日，援軍南退冠縣，部隊潰散，北伐援軍至此失敗。林鳳祥、李開芳得知援軍北上，乃從阜城突圍，進據東光縣之連鎮。為了分敵兵勢、迎接援軍（尚不知援軍已經潰散），五月二十八日李開芳率領六百餘騎突圍南下，佔據山東唐州城，又被勝保追及圍困。

一八五五年三月七日，連鎮被清軍攻陷，林鳳祥被俘，僧格林沁立即移兵高唐。李開芳率領八十餘人突圍，被清軍俘獲，後來解送北京，於六月十一日遇害。至此，這支由數萬精銳部隊組成的北伐軍，經過兩年多艱苦卓絕的奮戰，最後全軍覆沒，悲壯的失敗。

一八五三年，太平軍在北伐的同時，又派兵西征。西征的戰略目的在於確保天京，奪取安慶、九江、武昌三大軍事據點，控制長江中游，發展在南部的勢力。六月，胡以晃、賴漢英、曾天養等人率領太平軍二萬餘人溯江西上，開始西征。從一八五三年六月到一八五五年一月，西征軍連續作戰一年半，取得重大勝利。六月十日，西征軍佔領安慶，賴漢英率領主力進軍江西，圍攻南昌九十三日而未下，遂撤圍北返。當時翼王石達開到安慶主持西征軍事，由春官正丞相胡以晃率領大軍揮師皖北。

一八五四年一月十四日，西征軍攻克廬州，然後揮師西向，於湖北黃州、堵城大敗清軍，趁勝佔領漢口、漢陽，六月二十六日攻克武昌。在這裡，西征軍兵分兩路，北攻鄂北，南進湖南。南路軍一度攻克岳州、湘陰，後來在湘潭為清政府侍郎曾國藩新練湘軍所敗，遂退守岳州，會合北路太平軍抗擊湘軍。但是西征軍屢戰不利，岳州、武漢相繼失守，田家鎮

上古時期 BC
漢
0
100
200
三國
晉
300
400
南北朝
500
隋朝
600
唐朝
700
800
五代十國
900
宋
1000
1100
1200
元朝
1300
明朝
1400
1500
1600
清朝
1700
1800
1900
中華民國
2000

（今湖北武穴西北）防線也被突破，湘軍兵鋒直逼江西九江。

為了阻遏其攻勢，石達開率軍馳援，大敗湘軍水師，取得太平軍湖口之戰的重大勝利，迫使按察使胡林翼退往武漢，曾國藩退往南昌。太平軍趁勝反攻，再克武漢。同年冬天，曾國藩自江西派兵增援湖北，武昌危急。石達開又率軍西上，敗湘軍於咸寧、崇陽，並且趁虛挺進江西，連佔八府四十餘縣，困曾國藩於南昌，西征軍勢力達到巔峰。一八五六年春，石達開奉命率領主力回救天京，西征遂告結束。三年征戰雖然經過挫折，基本上實現預期的戰略目標。

在天京附近，太平軍大破清軍江北、江南兩大營。到了一八五六年夏天，上至武漢，下至鎮江連成一片，盡在太平軍控制之下。此時，太平天國在軍事上達到全盛時期。就在這個大好形勢下，太平天國內部卻發生自相殘殺的「天京事變」。九月二日，楊秀清被暗殺，楊秀清的部下也有五千餘人中計被殺害，後來洪秀全又下詔書，由石達開回京輔政。

第三階段（西元一八五六年十月～西元一八六四年七月），逐步走向滅亡階段

「天京事變」給太平天國革命事業造成極大的危害，清政府在第二次鴉片戰爭和「北京政變」以後，公然和外國侵略者勾結，共同鎮壓人民革命，使得太平軍從此進入十分困難的戰略防禦階段。一八五七年五月，石達開被逼走，太平天國政權更呈現出人心冷淡、銳氣減半的局面。洪秀全為了克服危機，提拔陳玉成、李秀成等一批青年將領，重新組建領導核心。一八五八年八月，李秀成約集各路將領大會於樅陽，陳玉成也趕來參加，會上大家「各誓一心，訂約會戰」。會後，陳、李聯合作戰，九月攻破清軍重建的江北大營，十月大戰三河鎮，全殲湘軍主力李續賓部。一八六〇年五月，攻破清軍重建的江南大營，解除天京的圍困，並且趁勝東進佔領蘇、杭，開闢蘇浙根據地，革命一度出現重新振興的局面。西北戰場在陳玉成的指揮下，進行英勇的安慶保衛戰。

安慶是天京上游的重要門戶，安慶的得失對太平天國後期戰爭的全局影響極大。湘軍統帥曾國藩深知攻取安慶的意義，認為安慶為必爭之地。在一八六〇年六月，令其弟曾國荃率領湘軍近萬人進紮安慶北面的集賢關，並且於城外開挖長壕二道，前壕用以圍城，後壕用以拒援。

一八六〇年九月下旬，鑑於安慶已為湘軍所困的局面，太平天國領導人決定採用「圍魏救趙」之計，即進軍湖北，迫使湘軍回救，使安慶之圍不攻自破。太平軍兵分五路，分別由陳玉成、李秀成、楊輔清、李世賢和劉官芳等人帶領，向湖北進軍。但是因為各路將領未能協調一致，原定的「五路救皖」計畫以失敗告終。

安慶自一八六〇年夏天被圍以後，太平軍二萬餘人在謝天義、張朝爵、受天安、葉芸來率領下，堅守城池，以待援兵。後來城內糧彈將絕，太平軍援救又連遭失敗，天京當局決定再從皖南調楊輔清部增援。一八六一年七月下旬，楊輔清部自寧國府出發渡江，八月二十一日至二十四日，陳玉成、楊輔清等部約四、五萬人陸續進抵集賢關，列營四十餘座。七月二十五日和二十六日，陳玉成、楊輔清督軍向曾國荃部隊後壕發起猛烈進攻。曾國荃督率各營堅守，待太平軍逼近時槍炮齊發，使太平軍傷亡甚眾。九月三日夜，太平軍再次發起猛烈進攻，同時用小船運米入城，被湘軍水師全部搶去。九月五日凌晨，湘軍於北城轟塌城牆，攻入城內，會同長江水師南北夾擊，守城太平軍全軍覆沒，安慶保衛戰至此結束。在長達一年的安慶保衛戰中，太平軍先後投入數十萬兵力，最終歸於失敗，教訓極為深刻。從戰略上看，太平軍處於被動、保守，為安慶一城的得失所影響，被迫和敵人進行戰略決戰，這是最大的教訓。同時，在作戰指揮上，也犯了一連串嚴重錯誤：

第一，主要將領缺乏一致而堅定的決心，除了陳玉成積極主張救援安慶以外，其他主要將領都不十分積極；

第二，主要將領決心不果斷，陳玉成、李秀成貿然放棄合攻湖北計畫，不堅決奪取武漢就是明證；

第三，缺乏集中統一的指揮，太平天國沒有指定前線最高指揮官，違反「兵權貴一」的兵法原則。

一八六四年六月三日，洪秀全病逝。七月十九日，天京陷落，太平天國農民戰爭失敗。

結果與影響

太平天國農民戰爭是中國歷史上規模最大的農民革命，從一八五一年開始，共堅持十四年，勢力擴展到十七省，有力的打擊清王朝的封建統治和外國的侵略，加速封建社會的崩潰，阻止中國殖民化的進展，在中國歷史上留下極其光輝燦爛的一頁。發生在中國進入近代社會初期的太平天國農民戰爭，既是單純的農民戰爭，又帶有舊資產階級民主革命的性質，可以說是中國近代史上舊民主主義革命的序幕。

它頒佈的《天朝田畝制度》，把農民平均主義思想發展到頂峰。從形式上看，清王朝的統治延續近半個世紀，但是在這半個世紀中，人民大眾受到太平天國革命的影響和鼓舞，一直沒有停止過對封建王朝的鬥爭，半個世紀以後，終於爆發辛亥革命。太平天國農民戰爭之所以失敗，根本原因在於農民階級的局限性。由於農民群眾分散的、落後的經濟地位，決定他們的散漫性、狹隘性、保守性以及私有觀念、政治淺見等缺陷。他們面對的卻是滿洲貴族、漢族地主和外國侵略者勾結的強大兇惡的敵人，因此失敗在所難免。

克里米亞戰爭

歐洲列強對鄂圖曼土耳其帝國「遺產」的爭奪

十九世紀中葉，英國、法國和俄國都加緊對近東地區的擴張，它們以爭奪巴勒斯坦「聖地」耶路撒冷的管轄權為由，引發的一場戰爭——克里米亞戰爭（西元一八五三—西元一八五六年）。這場戰爭是拿破崙帝國崩潰，一場規模最大、具有世界性的戰爭。

起因

十九世紀，歐洲列強開始向海外的殖民，他們從殖民地奪取財富和原材料，並且向那裡傾銷商品。看到鄰國一個個「發財致富」，俄國也按捺不住。但是，要出去總要有一條路走，俄國最苦惱的就是「無路可走」。

有人說：「沙皇這樣大的一個帝國，只有一個港口作為出海口，而且這個港口又是位於半年不能通航，半年容易遭到英國人進攻的海上，這種情況使沙皇感到不滿和憤怒，因此，他極力想實現他前人的計畫——開闢一條通向地中海的出路。」於是，搶奪海上有利港口、為外出開闢道路，就成為歷代沙皇的夢想。

十九世紀上半期，一度稱霸歐洲的鄂圖曼土耳其帝國迅速衰落，中央政權不斷削弱。被鄂圖曼土耳其帝國長期統治的地區，處於四分五裂狀態或名存實亡，已經成為昔日帝國的「遺產」。

西方列強早就盯上這些「肥肉」，都蠢蠢欲動，希望可以從中分得一份好處。在這些「遺產」中，首都君士坦丁堡和兩海峽（博斯普魯斯海峽和達達尼爾海峽）對各列強最具有吸引力。因為它們是溝通黑海與地中海的咽喉要道，是連結歐、亞、非三大洲的「金橋」，是重要的戰略要地，被俄國沙皇亞歷山大一世稱為「我們房屋的鑰匙」。

一八二五年十二月，沙皇亞歷山大一世突然去世，一些思想進步的貴族青年軍官舉行武裝起義，這就是俄國歷史上著名的十二月黨人起義。

亞歷山大一世的弟弟尼古拉一世在屠殺十二月黨人之後，登上沙皇的寶座，開始俄國歷史上最黑暗的統治。尼古拉一世心中念念不忘的事就是侵佔土耳其領土，控制博斯普魯斯海峽，以打開俄國南下地中海的道路。

一八四八年，歐洲到處爆發革命，各國封建君主惶惶不可終日，尼古拉一世鎮壓歐洲革命，使整個歐洲都俯身在俄國的腳下。他傲慢的宣稱：「俄國的君主是全歐洲的主人，沒有一個國家敢擋住俄國的道路。」他斷定，歷代沙皇夢想奪取鄂圖曼土耳其帝國進而南下印度洋的計畫，就要由他實現。

一八五三年二月，俄國沙皇尼古拉一世派遣他的寵臣、海軍大臣緬什科夫前往伊斯坦堡，要求土耳其政府承認俄皇對蘇丹統治下的東正教臣民（保加利亞人、塞爾維亞人、羅馬尼亞人以及希臘人）有特別保護權。土耳其自恃有同盟國撐腰，於一八五三年五月拒絕俄國的最後通牒，並且允許英法聯合分艦隊進入達達尼爾海峽。俄國遂與土耳其斷交，並且於一八五三年七月三日派兵進駐摩爾達維亞和瓦拉幾亞這兩個多瑙河公國。

一八五三年十月九日，土耳其蘇丹阿卜杜拉·麥吉德在英國和法國的支持下，要求俄國歸還這兩個公國，並且於十月十六日對俄國宣戰，克里米亞戰爭因此開始。

經過

一八五三年十一月十七日，由納希莫夫海軍中將率領的俄國分艦隊在海上巡遊，尋求戰機。他們從一艘捕獲的商船上得知，在西諾普港停泊著一支土耳其分艦隊。十一月二十日，納希莫夫率領艦隊趕到西諾普港外，花了十天的時間窺探、偵察這支土耳其分艦隊的動向。十一月三十日中午時分，納希莫夫向土耳其艦隊發起攻擊。

當時，俄國艦隊共有七百多門大炮，土耳其艦隊只有五十門大炮。西諾普港雖然配有六座炮台，每座有大炮六門，但是由於年久失修，其中三個炮台已經不能開火。因此，俄國在火力上佔有絕對的優勢。

開戰中，納希莫夫的指揮艦擊中土耳其分艦隊司令奧斯曼・帕沙的指揮艦，使其退出戰鬥，土耳其艦隊遂失去指揮。納希莫夫指揮得當，各艦配合得很好，特別是由於近距離作戰，俄艦上發射的一種爆炸彈比當時的實心炮彈的穿透力和破壞力要大得多，因此俄軍佔了上風。

土耳其人雖然進行英勇的抵抗，但是除了英國人斯萊特指揮的「塔伊夫」號蒸汽艦利用速度優勢逃走以外，其餘艦隻在四個多小時後全部被殲。

在這場戰爭中，土耳其共損失艦隻十五艘，死傷三千多人，被俘二百多人（其中有分艦隊司令奧斯曼・帕沙和三名艦長）。俄國軍艦也有多艘遭到重創，人員傷亡不到二百人。

俄國在西諾普海戰的勝利，嚴重的威脅英、法在土耳其的利益。為了遏制俄國勢力南下，一八五四年一月四日，英法聯合艦隊駛過博斯普魯斯海峽進入黑海，宣佈禁止俄國艦隊在黑海出現。

一八五四年三月十二日，英、法和土耳其簽定三國攻守同盟條約，三月二十七日、二十八日，英、法先後正式向俄國宣戰，一場歐洲戰爭爆發。戰區迅速擴大，除了原來的多瑙河、黑海和高加索戰區以外，英法聯合艦隊還在波羅的海、白海和堪察加半島東岸發起進攻。從一八五四年八月開始，克里米亞島成為主要戰場。

俄國被迫以七十萬兵力與擁有約一百萬軍隊的同盟國進行戰爭，並且在軍事技術、裝備方面也遠遠落後於西歐諸國。

一八五四年九月十四日～十八日，盟國艦隊以強大的兵力（八十九艘作戰艦隻，三百艘運輸船）支援和掩護一支遠征部隊，在克里米亞半島耶夫帕托里亞以南進行登陸。

九月二十日，盟軍與防守在阿利馬河地區的緬什科夫軍遭遇，俄軍慘遭失敗，被迫向塞瓦斯托波爾退卻。盟軍統帥部採取迂迴、機動的方法，從南面抵近塞瓦斯托波爾城。

一八五四年九月二十五日，塞瓦斯托波爾城內宣佈戒嚴，因此開始歷時三百四十九天的塞瓦斯托波爾保衛戰。

一八五四年，交戰雙方在奧地利的調停下，開始進行停戰談判。俄國認為同盟國提出的條件無法接受，和談中斷。

一八五五年九月五日，聯軍開始最後一次的猛烈炮擊，七百門大炮持續不斷的轟擊三天之久，向俄軍陣地傾瀉十五萬發炮彈，摧毀俄軍的全部軍事工廠。八日，盟軍出動六萬人的兵力發起總攻，俄國四萬名守軍拚死抵抗，戰鬥達到白熱化程度。法軍經過殘酷的廝殺以後，奪取軍港區和作為市區屏障的馬拉霍夫山岡，控制制高點，使俄軍要塞無法繼續防守，塞瓦斯托波爾終於失陷。

隨著塞瓦斯托波爾的失守，俄國的敗局已經註定。俄軍雖然在高加索戰場上取得一些勝利，卻再也無力把戰爭進行下去。

這次戰爭使俄軍損失五十多萬人，耗資八億盧布，俄國的財政已經陷入崩潰邊緣。聯軍的損失也非常大：土軍損失四十萬人，法軍損失九萬五千人，英軍損失二萬二千人。

結果與影響

一八五五年底，雙方在維也納恢復談判，俄國政府被迫做出讓步，一八五六年三月三十日，雙方在巴黎簽定和約。

和約規定：禁止俄國在黑海擁有艦隊和海軍基地，不准俄國在波羅的海的阿蘭群島上設防；俄國將比薩拉比亞南部割讓給土耳其，並且歸還卡爾斯；承認由各強國對處在蘇丹宗主權之下的摩爾達維亞、瓦拉幾亞和塞爾維亞三個公國進行保護。

克里米亞戰爭是十九世紀的一次重大歷史事件，戰爭的結果使俄國從歐洲大陸的霸主地位上跌落下來。並且，「克里米亞戰爭顯示出農奴制俄國的腐敗和無能」。

沙皇的失敗，促使俄國農奴制危機加深並且走向崩潰，使它的君主專制制度在國內外威信掃地，加速西元一八五九年～西元一八六一年革命形勢的到來，進而迫使沙皇政府不得不在一八六一年進行農奴制改革。

俄國的擴張儘管受到嚴重的打擊，但是其擴張野心並未有所收斂。

面對歐洲列強實力的增長，它將擴張的重點轉向亞洲，尤其是中亞和中國。

克里米亞戰爭對兵力與兵器、軍事學術與海軍學術的發展，產生重要影響，進一步推動火炮槍械和水雷武器的發展。

在這次戰爭之後，各國很快的摒棄滑膛武器，採用線膛武器；摒棄木製帆力艦隊，建立裝甲蒸汽艦隊；發現縱隊突擊戰術的落後，開始改用散兵線作戰；開始重視槍炮火力之間的協調性；產生陣地戰以及陣地戰的各種打法；陸軍戰術和海軍戰術、築城學和部隊的工程保障等方面，也增添許多新內容。

英國女護士南丁格爾在戰爭中赴前線護理傷患，使傷病人員死亡率下降，導致戰場醫療條件的改善和「南丁格爾護理制度」的誕生。

第二次鴉片戰爭

第一次鴉片戰爭的繼續與擴張

西元一八五六年～西元一八六〇年，英、法帝國主義對清政府發動一場侵略戰爭，因為這次戰爭是第一次鴉片戰爭的繼續與擴張，因此被稱為第二次鴉片戰爭。

上古時期 BC
漢
0
100
200
三國
晉
300
400
南北朝
500
隋朝
600
唐朝
700
800
五代十國
900
宋
1000
1100
1200
元朝
1300
明朝
1400
1500
1600
清朝
1700
1800
1900
中華民國
2000

起因

第一次鴉片戰爭以後，英國資產階級原本以為憑藉《南京條約》就可以迅速打開中國市場，獲取巨額利潤，但是由於中國自給自足的社會結構沒有改變，對外國商品的進入有頑強的抗拒作用，英國預期的目標沒有實現。再加上此時歐美資本主義得到進一步的發展，英、法、美等國迫切要求向外侵略擴張，以便尋找新的市場和原料產地。因此，再次對華發動侵略戰爭，就成為帝國主義之間心照不宣的解決危機的方法。

一八五四年，英國藉口《望廈條約》中有十二年可以修約的規定，援引片面最惠國條款，要求全面修改《南京條約》，以便進一步擴大鴉片戰爭中的既得利益和特權，得到法國、美國的支持。修改內容主要包括：

第一，中國政府承認鴉片貿易的合法化；

第二，增開南京、乍浦、汕頭等地為通商口岸，外國商船在長江有自由航行權，英商可以在內地自由經商、居住、旅遊和傳教；

第三，駐華公使常駐北京；

第四，允許英國人自由進入廣州城。

英國的無理要求遭到舉國上下的憤慨，最讓清政府頭疼的是公使駐京問題，認為這有損天國威嚴，堅決不允。英國一再提出派公使駐京，並不是想建立公平的外交關係，而是想跨過辦理「夷務」的欽差大臣，直接與清王朝中央機構的高級官員乃至皇上直接接觸。在「修約」要求遭到清政府的拒絕以後，英、法、美想要訴諸武力解決。當時英、法正在黑海、波羅的海和克里米亞地區和俄軍激戰，無力在中國開闢新的戰場，美國也因為國內局勢不穩，不可能發動侵華戰爭，「修約」問題就暫時擱置。

一八五六年，美國藉口《望廈條約》屆滿十二年，要求全面修改條約，得到英、法的支持。清政府再次拒絕這個要求，進一步激起中、英兩國的衝突，一場新的戰爭在所難免。在英國看來，只有採取強大的軍事壓力，才可以從中國取得更多的權益。於是，英、法加緊尋找藉口，以期挑起戰爭。一八五六年，英國終於製造「亞羅號事件」，法國也藉口「西林教案」向中國敲詐勒索。

「亞羅」號是一艘走私鴉片的中國船，是中國人蘇亞成建造，並且雇傭一個名叫亞羅的英國人做助手。後來，這條船被賣給方亞明，方亞明又雇用一個名叫托・甘迺迪的英國人做名義船長，並且在香港領取為期一年的執照，以英國船自居。其實，船上的水手都是中國人，其中有些是在海上搶劫貨物的匪徒。他們與海盜勾結，販賣鴉片和其他走私物品。一八五六年十月八日，廣東水師在黃埔逮捕船上的兩名海盜和十名涉嫌船員。英國駐廣州領事巴夏禮藉端生事，聲稱中國士兵無權在受英國保護的船上抓人，並且詭稱船上的英國國旗被扯下，嚴重觸犯英國的尊嚴，要求中國方面放還人犯並且道歉。

兩廣總督葉名琛屈服於英國的壓力，同意交還人犯，但是巴夏禮拒絕接受。十月二十三日，三艘英國艦隊沿著珠江逆流而上，一邊開炮一邊前進，挑起第二次鴉片戰爭。

經過

戰爭開始以後，葉名琛不僅不做任何準備，反而下令不准放炮還擊，致使英軍長驅直入，迅速將內河沿岸炮台攻佔，並且一度衝入廣州城內。在廣東人民和部份愛國官兵的堅決抵抗和打擊下，一八五七年一月二十日，英軍被迫退出珠江內河，撤往虎門口外等待援軍。一八五七年春，英國政府任命前加拿大總督額爾金為全權專使，率領一支軍隊來到中國，同時建議法國政府共同行動。法國趕忙接受英國的建議，派葛羅為全權專使，率軍參加對中國的戰爭。一八五七年九、十月之間，額爾金和葛羅先後到達香港，英、法兩國的艦隊也隨之而來。英法聯軍的艦隊大部份集結於香港至廣州一線江面上，隨時準備挑起戰爭。十一月，美國公使威廉、俄國公使普提雅廷也趕到香港與英、法公使會晤，支持英、法的行動。十二月，英法聯軍五千多人編組集結完畢，只等著對中國開戰。

自英軍撤出珠江內河以後，清政府就命令葉名琛與英國議和，因此沒有及時向廣東前線增援，也沒有調撥糧餉。葉名琛知道英軍撤退是緩兵之計，他日必定捲土重來，因此在力所能及的範圍內，做了一些防範。但是由於財政困難，防禦設施極其簡陋，招募士兵有限，武器落後，戰鬥力弱。

一八五七年十二月二十七日，額爾金、葛羅向葉名琛發出通牒，限四十八小時內交出廣州城。葉名琛以為英、法是虛張聲勢，不予理睬，但是對迫在眉睫的炮火襲擊，也沒有及時採取有效的應急措施。十二月二十八日，聯軍炮轟廣州，並且登陸攻城，二十九日廣州失陷。一八五八年一月五日，葉名琛被俘，解往印度加爾各答。一八五九年四月九日，葉名琛絕食而死。英、法聯軍佔領廣州以後，四國公使分別北上。一八五八年四月，四國公使在白河口外會齊，二十四日照會清政府，要求派全權大臣在北京或天津舉行談判。英、法公使限定六天內答覆其要求，否則將採取軍事行動，美、俄公使佯裝調解，勸清政府趕快談判。清政府無法猜測英法聯軍的下一步行動，又指望美、俄調停，因此沒有做認真的戰爭準備。同時，清政府命令直隸總督通知英、法特使，讓他們回到廣州和專辦外交事務的兩廣總督談判。英、法侵略者見自己的真實目的被揭穿，就把戰火引向大沽海域。

一八五八年五月二十日上午八時，英法聯軍做好進攻的準備。額爾金、葛羅向清政府發出最後通牒，要求讓四國公使前往天律，並且限令清軍在兩個小時內交出大沽炮台。上午十時，清政府沒有做出答覆，聯軍轟擊南、北兩岸炮台，各炮台守兵奮起還擊，打死敵軍一百餘人。但是由於清朝官吏臨陣逃跑，清軍沒有及時增援，致使炮台守軍孤軍奮戰，最後各炮台全部失守。聯軍立即逆白河而上到達天津，還揚言要進攻北京。清朝統治者感到戰守兩難，立即派出大學士桂良、吏部尚書花沙納前往天津議和。

經過二十多天的討價還價，清政府分別於一八五八年六月二十六日和二十七日，與英法簽定《天津條約》，美、俄兩國在此之前已經分別與清政府簽定《天津條約》。此外，俄國還趁火打劫，在五月底迫使黑龍江將軍奕山簽定《中俄璦琿條約》，割去黑龍江以北六十多萬平方公里的領土。這些條約的主要內容包括：英、法公使可以常駐北京；增開南京、鎮江、漢口、九江、台南、煙台、淡水、汕頭、營口、瓊州為通商口岸，允許英、法商船在長江各口岸自由往來；允許英、法人員到中國內地經商、旅遊，傳教士可以到內地自由傳教；向英、法分別賠償損失四百萬兩和二百萬兩白銀。《天津條約》是在《南京條約》之後，帝國主義強加給中國人民的另一個喪權辱國的不平等條約。

《天津條約》簽定以後，英法聯軍退出天津，準備來年進京換約。一八五九年，英國派普魯斯為公使、法國派布林布隆為公使到中國赴任和換約。六月中旬，普魯斯和布林布隆帶領艦隊和海軍陸戰隊開到大沽口外。清政府安排英、法公使由北塘登陸進京，普魯斯斷然拒絕，堅持

BC
— 0
— 100
— 200
— 300
羅馬統一
羅馬帝國分裂
— 400
— 500
倫巴底王國
— 600
回教建立
— 700
— 800
凡爾登條約
— 900
神聖羅馬帝國
— 1000
十字軍東征
— 1100
— 1200
蒙古西征
— 1300
英法百年戰爭
— 1400
哥倫布啟航
— 1500
中日朝鮮之役
— 1600
— 1700
發明蒸汽機
美國獨立戰爭
— 1800
美國南北戰爭
— 1900
一次世界大戰
二次世界大戰
— 2000

上古時期 BC
漢
0
100
200
三國
晉
300
400
南北朝
500
隋朝
600
唐朝
700
800
五代十國
900
宋
1000
1100
1200
元朝
1300
明朝
1400
1500
1600
清朝
1700
1800
1900
中華民國
2000

要清政府拆除白河防禦，並且要乘艦帶兵入京。

一八五九年六月，集結在大沽口外的英法聯合艦隊共有各種艦艇二十二艘，另外，三艘美艦也巡弋於附近海面。負責作戰指揮的是英國艦隊司令賀布，法國一起制定作戰計畫，密切協助英國作戰。此時大沽炮台經過蒙古科爾沁親王僧格林沁整頓，加強兵力，改善武器裝備。六月二十四日晚上，侵略軍炸斷攔河大鐵鏈兩根，二十五日英國艦隊司令率領十餘艘戰艦、炮艇突襲大沽炮台。面對侵略軍的野蠻進攻，大沽守軍奮起反擊，激戰一晝夜，擊沉、擊傷英、法軍艦十餘艘，斃傷侵略軍六百餘人，英國艦隊司令賀布也受重傷，聯軍狼狽逃出大沽口。

聯軍在大沽戰敗，使英、法政府大為惱怒。額爾金、葛羅再次成為全權代表，分別率領英軍一萬八千人和法軍七千人，氣勢洶洶的向中國殺來。一八六〇年四月，侵略軍佔領舟山，五月佔領大連，六月佔領煙台。至此，英法聯軍封鎖渤海灣，完成進攻天津、北京的部署。

一八六〇年八月一日，英、法軍艦三十多艘集結於北塘附近海面，向沒有設防的北塘進軍。八月十二日，聯軍在北塘登陸，迅速佔領北塘西南的新河、軍糧城和塘沽，切斷大沽與天津之間的主要交通線。八月二十一日，聯軍佔領大沽炮台，僧格林沁帶領部隊退至北京東南的張家灣、通州一帶。

八月二十四日，英法聯軍率領艦隊抵達天津。清政府見事態嚴重，急忙派桂良、恆福為欽差大臣到天津求和。九月三日，桂良全部接受英、法提出的苛刻條款，但是因為沒有被咸豐帝允諾，英法聯軍決定兵臨京都，進逼通州。清政府又派怡親王載垣、兵部尚書穆蔭為欽差大臣到通州求和，英、法聯軍提出更苛刻的條件。九月十八日，聯軍攻陷張家灣和通州。

聯軍佔領張家灣以後，分兵三路向清軍大本營八里橋進攻。二十一

BC
— 0
— 100
— 200
— 300
羅馬統一
羅馬帝國分裂
— 400
— 500
倫巴底王國
— 600
回教建立
— 700
— 800
凡爾登條約
— 900
神聖羅馬帝國
— 1000
十字軍東征
— 1100
— 1200
蒙古西征
— 1300
英法百年戰爭
— 1400
哥倫布啟航
— 1500
中日朝鮮之役
— 1600
— 1700
發明蒸汽機
美國獨立戰爭
— 1800
美國南北戰爭
— 1900
一次世界大戰
二次世界大戰
— 2000

日，八里橋陷落，僧格林沁等人撤往北京城。咸豐帝令其弟恭親王留守北京，負責求和事宜，自己從圓明園倉皇逃往熱河。十月六日，英法聯軍進攻北京，同日闖入圓明園。

聯軍進入圓明園以後，大肆搶劫，十八、十九日搶走一切可以搶走的東西、破壞一切可以破壞的東西之後，放火將圓明園燒毀。大火一直燒了三天，煙霧籠罩北京全城。在滾滾濃煙、茫茫火海中，這座經營一百五十多年、被稱為藝術宮殿的皇家園林，就這樣化為廢墟。這個行為是英法聯軍對人類文明犯下的不可饒恕的罪孽，引起全世界人民的譴責與憤慨。之後，侵略軍還搶劫萬壽山、玉泉山、香山等處許多著名建築中所藏的大量文物珍寶。十月十三日，聯軍佔據安定門，北京陷落。

結果與影響

一八六〇年十月二十四日和二十五日，清政府分別與英國和法國簽定《北京條約》，條約規定：清政府賠款英、法兩國的軍費增至八百萬兩白銀；割九龍給英國；將天津闢為商埠；允許法國傳教士在各省建立教堂……十一月十四日，俄國透過《北京條約》，強佔烏蘇里江以東四十萬平方公里的中國領土。美國從中漁利，利用最惠國待遇的條款，獲取《北京條約》中列強取得的種種利益和特權。英、法侵略者見自己的目的已經達到，並且嚴冬將臨，撤出京津地區，第二次鴉片戰爭結束。

第二次鴉片戰爭是英、法等帝國主義國家強加於中國人民頭上的又一次災難，並且在世界人民面前曝露他們貪得無厭的醜惡面目。在這場戰爭中，中國再次損失大量主權和領土，向半殖民地道路又前進一步。其中，鴉片貿易合法化、華工出國以及允許外國人前往內地傳教，

上古時期 BC
漢
0
100
200
三國
晉
300
400
南北朝
500
隋朝
600
唐朝
700
800
五代十國
900
宋
1000
1100
1200
元朝
1300
明朝
1400
1500
1600
清朝
1700
1800
1900
中華民國
2000

都使中國的社會矛盾更趨激化。許多愛國將領和士兵們在強敵面前臨危不懼、赴湯蹈火，他們這種以鮮血和生命保衛祖國的神聖領土的愛國精神，在中國人民的歷史上，留下光輝燦爛的一頁。

清軍在歷時四年的抗擊英法聯軍的戰爭中最終失敗，其原因是多方面的，主要表現在以下幾個方面：

首先，政治腐敗、反動，實行對內鎮壓人民起義、對外妥協投降的反動政策。

其次，清軍武器裝備落後、作戰方法笨拙，也是導致失敗的重要原因。第二次鴉片戰爭時期，英、法侵略軍已經裝備當時世界上最先進的武器，例如：發射圓錐形彈丸的線膛後裝步槍、線膛後裝火炮，以及便於淺水航行的蒸汽炮艇，清軍的裝備卻仍然停留在第一次鴉片戰爭時期的水準，仍然是鳥槍、抬槍和發射球形彈丸的前裝炮及冷兵器，加上炮台構築仍然是露天式的，經不起侵略軍炮火的轟擊。

第三，在作戰方法上，英法聯軍注意水陸共同作戰，以強大炮火掩護陸軍登陸，陸上戰鬥採取散兵戰術。清軍則是故步自封、墨守陳規，忽視陸地縱深設防，不懂散兵戰術，所以一敗再敗。從這個意義上來說，清王朝和以它為代表的中國封建制度，確實落後於歐美國家。

印度民族大起義

掀起亞洲民族解放運動的第一次高潮

一八五七年五月，印度爆發歷史上第一次由下層人民和部份愛國封建主進行的抗英獨立戰爭，也就是印度民族大起義。這場戰爭持續兩年多的時間，席捲整個印度的六分之一領土，有十分之一的印度人口參加起義。這場獨立戰爭雖然以失敗告終，但是它沉重的打擊英國殖民統治，有力的推動印度民族獨立運動的發展。

起因

十九世紀上半葉，英國工業資產階級已經逐漸取得對大英帝國的海外殖民地的支配權。為了加快國內工業資本主義發展，它對印度提出新的掠奪要求，要把印度變為英國的商品傾銷市場和原料產地。在英國殖民者的殘酷剝削和慘無人道的壓榨下，印度人民特別是廣大農民和手工業者等社會下層人民處於災難之中，部份印度封建王公的利益也受到損害。印度各階層和英國殖民者的矛盾十分尖銳，反抗英國殖民統治的民族起義在全國醞釀。

在印度的英國軍隊中，印度土著雇傭兵是當時唯一有組織的力量。這些替英國殖民者當兵的印度士兵，在大起義前已經達到二十五萬人，他們大部份來自破產農民和手工業者，多數是為生活所迫才受雇於英國殖民者。英國殖民者為了加強對士兵的控制，干涉他們的信仰，觸犯他們的種姓，削減他們的薪餉，激起廣大士兵的強烈不滿。

備受英國殖民者種族壓迫和歧視的印度籍雇傭兵，暗地裡傳唱著一首歌謠：「我們印度士兵，都來幫助你們（印度人民），我們完全相信自己的刺刀。我們要讓歐洲人滾下懸崖，掉進大海裡淹死……」他們用這首歌表達對英國殖民者的痛恨，顯示一定要消滅英國人的決心。他們多次舉行武裝反抗，成為印度人民反抗英國殖民統治的核心力量。

一八五七年三月二十九日，第三十四團一名叫曼加爾．潘迪的士兵，懷著對殖民者的滿腔怒火，開槍打死三名英國軍官，被處絞刑，這個事件加速民族起義的爆發。一八五七年五月十日，米魯特的士兵們首先起事，點燃印度民族大起義的烈火，轟轟烈烈的印度民族大起義爆發。

經過

一八五七年五月十日是星期日，信奉基督教的英國軍官照例上教堂做禮拜，米魯特士兵趁著這個機會，發動起義。起義一開始，馬上得到廣泛而積極的回應，市民和附近的農民也加入起義隊伍。起義者很快的攻佔監獄，釋放被關押的政治犯，割斷電線，封鎖交通要道，殺死英國軍政官員，燒毀兵營、教堂和殖民衙署，然後浩浩蕩蕩的向德里挺進。

經過一夜行軍，五月十一日早晨，起義軍抵達德里城下。在德里的殖民英軍對米魯特起義還一無所知，只見大隊兵馬殺氣騰騰，直奔德里城而來，一個名叫黎伯勒的英國旅長和其他一些英國軍官急忙的帶領沒有一個英國人的軍隊迎戰。兩軍一對陣，雙方士兵互致敬意。米魯特起義士兵高呼「消滅英國人統治」的口號，德里的士兵則回答「殺死外國人」。德里士兵隨即掉轉槍口，對準英國軍官射擊，黎伯勒和其他軍官當場被擊斃。

德里城內軍民紛紛響應，嚴懲英國軍官，燒毀殖民者住宅，打開城門迎接起義軍。起義軍很快佔領德里，成立起義政權。對英國統治者心懷不滿的貴族和僧侶也參加起義隊伍，初步形成一個包括各階級、各種族力量的反英戰線。英國殖民者急忙從各地調兵圍攻德里，四萬起義軍英勇戰鬥，連挫英軍，使其無法前進一步。

德里起義的勝利，沉重的打擊英國殖民者，有力的推動各地反英抗爭，起義烽火很快遍及印度的北部、中部和南部。北方奧德省的勒克瑙、坎普爾起義在全境取得勝利，對從東南方向進攻德里的英軍造成很大威脅；中印度的詹西起義軍由女王率領，攻佔市區，恢復女王王位；印度南部的海德拉巴和孟買起義也取得勝利。在起義迅速發展的過程中，逐漸形成以德里、勒克瑙、詹西等大城市為中心的起義據點。

BC
— 0
— 100
— 200
— 300
羅馬統一
羅馬帝國分裂
— 400
— 500
倫巴底王國
— 600
回教建立
— 700
— 800
凡爾登條約
— 900
神聖羅馬帝國
— 1000
十字軍東征
— 1100
— 1200
蒙古西征
— 1300
英法百年戰爭
— 1400
哥倫布啟航
— 1500
中日朝鮮之役
— 1600
— 1700
發明蒸汽機
美國獨立戰爭
— 1800
美國南北戰爭
— 1900
一次世界大戰
二次世界大戰
— 2000

上古時期 BC
漢
0
100
200
三國
晉
300
400
南北朝
500
隋朝
600
唐朝
700
800
五代十國
900
宋
1000
1100
1200
元朝
1300
明朝
1400
1500
1600
清朝
1700
1800
1900
中華民國
2000

但是，新建立的德里政府不僅沒有抓住英國人倉皇潰散的大好機會發動進攻，反而阻撓向德里集結的起義士兵部隊進一步採取行動，這就給英國軍隊提供一個喘息和組織的機會。安巴拉地區的英國軍官安遜總司令馬上組織一小支英軍，暢通無阻的進抵德里城郊。德里起義軍司令部試圖在加濟烏丁附近阻擊英國軍隊，但是採取行動並不得力，起義軍很快的遭到失敗，馬上退卻。六月八日，在德里城郊巴德里基薩萊，起義軍又和英軍展開一次戰鬥。起義士兵英勇進攻，頑強拚殺，但還是失敗。

英軍取得巴德里基薩萊附近的勝利之後，開始在距離德里近郊不遠的高地上紮營固守，並且準備圍攻德里。隨著鬥爭的日趨嚴峻，混進起義隊伍的封建王公貴族陰謀叛變，地主富商哄抬物價，他們還私通英軍，內外勾結，嚴重的削弱起義隊伍的力量。德里保衛戰一開始，起義軍政府把全部兵力都投入到決定性的進攻中。英軍向城內發起攻擊的時候，城內起義軍就從城的左右兩側出擊，狠狠的打擊英軍，然後再退回城內。英軍追擊到城下的時候，炮兵就從城牆上準確無誤的開炮轟擊英軍。英軍被打得膽顫心驚，直到八月底不敢靠近城邊。

一八五七年九月十四日，近萬名英軍兵分五路發起總攻。英軍五十門大炮日夜不停的向城內轟擊，終於在一處城牆上炸開一個缺口。英軍潮水般湧進城中，開始寸土必爭的巷戰。在德里寬闊的大街上或狹長的小巷裡，起義軍像捉迷藏一樣與英軍展開激烈的爭奪。經過六天的反覆爭奪，起義軍寡不敵眾，德里最終失陷。

殘暴的殖民者一進入德里城，就對這座古老而美麗的城市，進行慘無人道的洗劫和蹂躪。

德里陷落以後，奧德省的首府勒克瑙成為起義軍的中心。一八五八年初，集中在勒克瑙的起義軍已達二十萬人，但是大部份人的武器是馬刀。三月初，英軍集中九萬裝備精良的軍隊和一百八十多門大炮進攻勒克瑙。起義軍不畏強敵，英勇作戰，堅持兩個多星期以後，於三月二十一日撤離勒克瑙。此後，詹西又成為起義的中心。三月二十五日，英軍進抵詹西城西南。二十五日，雙方展開激烈的炮戰，詹西女王親臨前線指揮，帶領士兵衝鋒陷陣。四月四日，由於內奸出賣，敵人從南門攻進城裡，女王帶領一千名戰士衝向敵人，與敵展開白刃戰。後來北門也淪陷，女王見大勢已去，被迫於當晚突圍。五日，詹西城失陷。

此後，印度民族大起義繼續在印度大地上波瀾壯闊的發展，但是，由於起義軍內部發生問題，缺乏統一領導和共同作戰，加上封建王公貴族的臨時倒戈和破壞，起義軍首領有的退走尼泊爾，有的被害遇難。到了一八五九年底，各地的起義軍相繼被英國殖民者血腥鎮壓下去。

結果與影響

德里保衛戰失敗，印度民族大起義也失敗，但是它卻「在印度人民的民族生活中，發射出百年來一直沒能閃爍的希望和光芒」，鼓勵千千萬萬的印度人民為了民族的獨立，繼續英勇鬥爭。正如起義領袖皮爾・阿里所說：「你們可以把我絞死，你們也可以把像我這樣的其他人絞死，然而你們卻無法絞死我們民族偉大的理想。我死去，還會有成千上萬的英雄們，他們將從血泊中站起來，摧垮你們的統治。」

轟轟烈烈的印度民族大起義，沒有達到推翻英國殖民統治的目的，但是它卻使英國消耗戰費四千多萬英鎊；大批英國軍官和士兵斃命；打破英國殖民者不可戰勝的神話，增強人民鬥爭的信心。

印度民族大起義，從根本上動搖英國在印度的統治，是印度人民驅逐殖民統治者以擺脫悲慘境遇的第一次嘗試。它加速印度民族的覺醒，為以後的資產階級民主運動提供範例。它和印尼爪哇人民起義、阿富汗人民反英鬥爭、伊朗巴布教徒起義、中國太平天國革命運動一起，匯合成亞洲民族解放運動的第一次高潮，展示「整個亞洲新紀元的灼灼曙光」。

印度民族大起義是印度歷史上的重要轉捩點，英國為了加強殖民統治，採取一連串的改革措施：撤銷東印度公司，由英國女王直接統治印度；徹底改組軍隊，增加英籍士兵人數；下詔書尊重當地王公的權利，調整與封建主階級的關係；加強鐵路、通信建設……這些措施不但加速印度資本主義生產關係的發展，也促進印度民族資產階級和無產階級的發展和壯大，為英國在印度的殖民統治徹底瓦解，創造物質基礎。

印度民族大起義失敗的原因是多方面的，除了英國資產階級實力強大、武器精良、裝備先進、起義軍裝備和紀律都不如英軍以外，其主要原因還有：

第一，參加起義的封建王公和地主，除了少數像那・薩希布、拉克希米・拜伊、唐提亞・托比一樣可以堅決領導群眾、堅持反英鬥爭到底以外，大多數在英國人的許諾和引誘下，背叛人民的利益，與殖民者站在同一邊。

第二，起義軍在軍事上採取集中兵力和單純防禦的戰略，使敵人掌握主動。北印度各地的印籍士兵發動起義以後，幾乎同時向德里集結，德里失陷又一起向勒克瑙轉移，使起義力量集中在一點。並且，起義軍採取單純防禦戰略，使英軍可以調集兵力，進攻起義的中心地區，使起義失敗終成定局。

第三，起義軍缺乏先進思想的領導者，組織分散，不能協調一致的打擊敵人。德里起義軍聲勢很大，也建立政權機構，但是並未成為領導全國的中心，使德里保衛戰成為孤軍作戰。以後在各地進行的游擊戰也是互不配合，結果被英軍各個擊破。

資訊補給站：詹西女王與反英大起義

十九世紀初，英國將法國等勢力逐出印度，後來經過三次邁索爾戰爭、三次與馬拉塔人的戰爭、兩次與錫克人的戰爭，總共打了大小一百多次仗，到十九世紀中葉，終於在印度確立統治。但幾乎是在英國人征服印度的同時，殖民主義者與印度人民之間的衝突，也達到一觸即發的地步。一八五七年，也就是距離克萊武發動的普拉西之戰剛好百年，印度爆發席捲全國的大起義。

在這個反抗英國殖民者的大起義中，出現許多可歌可泣的民族英雄，詹西女王就是一位。

詹西原本是一個小王國，後來與英國人簽約，成為東印度公司的附屬國。一八五三年，王公去世無子，由收養的一個幼兒繼承，但是東印度公司不承認，將該王國兼併。

詹西女王的本名叫拉克希米・拜依，是印度傳奇式的民族女英雄。她幼年進宮，被封為皇后，詹西王公死的時候她才十九歲，就成為該國的實際統治者。她多次籲請東印度公司歸還國土，均遭拒絕。

大起義爆發以後，詹西在女王的率領下，也宣佈起義。後來受到英軍攻打，詹西陷落。女王身著男裝，背負養子，率軍突出重圍，輾轉來到瓜利奧爾，與另一位起義軍領袖丹地耶會合，準備利用瓜利奧爾的有利的形迎擊英軍。

詹西女王在守城的戰鬥中打得很英勇。激烈的炮戰持續五天，英軍雖然蒙受慘重傷亡，但是城內的起義軍消耗更大，詹西女王決定親臨戰場。在守衛瓜利奧爾城的戰鬥中，她一人和英軍騎兵拚殺。敵人亂刀一起向她砍來，一刀正中她的頭部，頓時血流如注，她仍然揮刀猛殺，又一刀砍在女王的胸口，就在她落馬的一剎那，她用盡全力把那個英國騎兵砍下馬。

詹西女王最後壯烈犧牲，死的時候年僅二十三歲。詹西女王的壯舉，為印度歷史寫下光輝的一頁，她的英勇事蹟一直為印度人民所傳頌。

起義雖然被殘酷的鎮壓下去，但是大起義大大打擊英國殖民主義者，英國人不得不從大起義中吸取教訓，調整對印度的政策。

一八五八年，英國取消東印度公司，印度政府的統治權直接由英國政府承擔，並且向印度派遣第一任總督，一八七七年，英國維多利亞女王成為印度女王，印度完全成為英國的殖民地。英國統治下的印度分為兩部份，一部份是直接統治地區，稱「英屬印度」，面積約佔印度的三分之二；另一部份是受英國保護的幾百個土邦，稱「土邦印度」，佔印度的三分之一。

英國人的殖民統治，對印度傳統社會結構和文化，產生深刻的影響。

美國南北戰爭

美國兩種社會制度的衝突

西元一八六一年～西元一八六五年，美國工業資本主義佔優勢的北部諸州，和以蓄奴制度的南部諸州發生戰爭，其結果是自由勞動制度戰勝奴隸制度，資本主義得到發展。這場戰爭被稱為美國內戰，也稱為南北戰爭。

起因

美國獨立以後，南方和北方沿著兩條不同的道路發展。北方資本主義經濟發展迅速，從十九世紀二〇年代開始，北部和中部各州開始工業革命。南方實行的是種植園黑人奴隸制度，成為美國社會的贅瘤，嚴重窒息北方工商業的發展。

十九世紀四〇年代以後，美國北部工業生產發展得越來越快，南部種植園奴隸制因為殘酷剝削黑奴和大量消耗土地，其阻礙作用也就越來越明顯，兩種社會制度的衝突日趨尖銳。

衝突主要圍繞西部土地展開，北方要求在西部地區發展資本主義，限制甚至禁止奴隸制度的擴大，南方則力圖在西部甚至全國擴展奴隸制度。到了十九世紀五〇年代，雙方在局部地區已經釀成武裝衝突。在南方奴隸主的進逼面前，北方人民發起聲勢浩大的「廢奴運動」，南方黑奴也不斷發動暴動。

一八五四年，共和黨成立。一八六〇年十一月，反對奴隸制擴張的共和黨人林肯當選總統，南部奴隸主喪失對聯邦政府的控制，預示奴隸制度的末日。一八六一年二月，南部七個蓄奴州宣佈退出聯邦，成立「美利堅諸州同盟」（簡稱「南部同盟」），推選戴維斯為總統，定都蒙哥馬利，造成國家分裂局面。

當時，南、北兩方在力量對比上相差懸殊：土地面積一：三，人口一：二・五，工業生產總值一：十，鐵路總里程一：三。但是北方戰爭準備不足，陸軍只有一萬六千人，海軍作戰艦艇四十餘艘。南方戰爭準備比較充份，已經徵集服役期為一年的志願兵十萬人，備有大量武器、彈藥，擁有一批訓練有素的軍官隊伍，軍事上暫居優勢。並且，南方為內線作戰，可以得到英、法等國的支援。因此，一八六一年四月十二日，南部同盟軍炮擊聯邦軍守衛的南卡羅萊納州薩姆特堡，挑起內戰。

經過

美國內戰戰場東起美國東部沿海，西至密西西比河流域，阿帕拉契山脈以東為東戰區，以西為西戰區，華盛頓的里奇蒙地區和田納西的密西西比河地區為主要戰場。戰爭大概分為兩個階段。

第一階段（西元一八六一年四月～西元一八六二年九月），有限戰爭階段

在這個階段，雙方都集中兵力於東戰場，為了爭奪對方首都而展開激戰。聯邦政府企圖在不觸動南部奴隸制的情況下，迅速鎮壓叛亂，恢復國家統一。由斯科特將軍制定的「長蛇計畫」規定：海軍封鎖南部沿海，切斷南部同盟與歐洲的聯繫；陸軍沿密西西比河南下，佔領並且控制沿河重鎮，將南部分割為東、西兩部份，然後圍困和封鎖東南諸州，最終迫使南部屈服。

這種「溫和」措施，使得聯邦軍處於被動挨打的處境。加上指揮官麥克里蘭同情奴隸主，採取消極戰術，戰爭初期北軍連連受挫。南方軍隊的統帥是傑出軍事家羅伯特・李，他根據雙方力量懸殊的狀況，制定積極防禦、爭取外援、伺機出擊的戰略方針，集中兵力尋殲北軍主力，迫使北方簽定「城下之盟」。

一八六一年，雙方在東戰場舉行第一次馬納薩斯會戰。七月二十一日，北方發起向南方首都里奇蒙進軍的攻勢，三萬五千北方軍隊排著整齊隊形，在軍樂聲中向里奇蒙進軍，南方軍隊二萬二千在鐵路樞紐馬納

薩斯列陣相迎。北方軍隊向南軍發起攻擊，猛烈的炮火把南軍陣地籠罩在煙霧中。南軍指揮官湯瑪斯・傑克遜沉著指揮，擊退北軍五次衝鋒，因此獲得「石牆」的美稱。戰鬥十分激烈，由於雙方軍服幾乎相同，一時敵我難辨，戰場一片混亂。不久，南軍援軍趕到，發起反攻。缺乏訓練的北軍一觸即潰，丟下大批槍支彈藥逃回華盛頓。這一仗，北軍損兵折將三千，南軍損失不到二千。

一八六二年初，聯邦軍在東、西兩線發動進攻。在西戰區，二月六日～十六日，格蘭特指揮田納西軍團在艦炮火力支援下，先後攻克亨利堡和多納爾森堡。二月～六月之間，聯邦軍先後佔領坎伯蘭河上的納希維爾和密西西比河上的哥倫布、十號島、紐奧良和孟菲斯及科林斯等要地。至此，肯塔基州全部、田納西州大部份和密西西比河大部份地段為聯邦軍控制。海軍也取得重大勝利，攻克南方最大港口紐奧良。但是在東戰場，北軍卻連遭慘敗。

北軍司令麥克里蘭擁有重兵十萬，卻幾個月按兵不動，因為他把敵人的五萬人馬當成十五萬。後來在林肯催促下，才發動「半島戰役」，企圖攻佔里奇蒙。

三月，麥克里蘭將軍率領波托馬克軍團十萬餘人，經由水路進抵詹姆斯河與約克河之間的半島東端，隨後西進里奇蒙。但是進展遲緩，僅約克鎮圍攻戰就耗時一個月，致使南軍預有準備。在一八六二年的六月二十五日到七月一日的「七日之戰」中，羅伯特・李指揮北維吉尼亞軍團挫敗聯邦軍的進攻，麥克里蘭被迫撤退。後來，羅伯特・李率軍北渡波托馬克河，威逼華盛頓。麥克里蘭率軍於九月十七日在安提坦與羅伯特・李軍團鏖戰，擊退南軍，但是沒有及時追擊，致使羅伯特・李軍團安然撤退。

十二月十三日，伯恩賽德率領波托馬克軍團十二萬餘人與羅伯特・李軍團近八萬人在弗雷德里克斯堡交戰，聯邦軍敗退，傷亡一萬二千餘人。

在這個階段，南方佔了明顯優勢。北方失利的原因，除了南方軍隊素質高、羅伯特・李的傑出指揮以外，更主要是北方資產階級害怕發生革命，不敢明確宣佈廢除奴隸制度、解放黑人，幻想透過妥協來重新實現南北統一。林肯不愧是偉大的政治家，他看出想要取得戰爭的勝利，就必須下定決心解決黑人和奴隸制這個核心問題，於是他接受人民的意見，決定以革命的方式，將戰爭進行到底。

一八六二年九月二十二日，林肯毅然發表《解放宣言》，宣佈從一八六三年一月一日開始，美國四百萬黑人奴隸獲得解放。同時，林肯還實行一連串革命政策，例如：頒佈《宅地法》，把西部土地分給人民；武裝黑人；實行徵兵制；改組軍事指揮機構，撤換同情奴隸主、作戰消極的麥克里蘭，任命格蘭特接替他的位置；向富人徵累進所得稅……這些措施極大的調動北方廣大人民的積極性，近百萬人踴躍參軍，其中黑人士兵有二十三萬。

第二階段（西元一八六二年九月～西元一八六五年四月），革命戰爭階段

一八六三年四月～五月，在昌西洛維爾地區，北軍波托馬克軍團十三萬人與羅伯特・李指揮的南軍六萬人激戰。羅伯特・李克服兵力上的劣勢，機動、靈活的與北軍周旋，以少量兵力正面牽制北軍主力，親率主力迂迴包抄北軍，從側翼和背後襲擊北軍，一舉將北軍擊潰。在這場戰爭中，北軍損失一萬七千人，南軍損失一萬二千人，但是南軍驍將傑克遜被擊斃。

一八六三年六月，羅伯特・李率軍八萬人攻入賓夕法尼亞州，北方再次告急，林肯急召波托馬克軍團十一萬人迎擊。這次羅伯特・李低估對手，以為自己又可以和以前一樣輕易取勝，因此沒有採用慣用的牽制行動。沒有想到北軍已經任命悍將米德為軍團司令，米德率軍在交通樞紐蓋茲堡堵住羅伯特・李軍。

七月一日，羅伯特・李軍向北軍防守的高地發起猛攻，第一天就突破北軍防線，北軍死傷慘重，被俘五千多人。羅伯特・李得意起來，令部隊停下來休息，等待後續部隊上來，進而給北軍喘息之機。

七月二日下午，南軍以三百門大炮猛攻，北軍奮勇抗擊，頂住南軍的攻擊。第三天，南軍孤注一擲，發起總攻，幾個師長、旅長親自揮刀上陣衝鋒。北軍炮兵以猛烈火力，吞噬一群群南軍士兵，但是南軍不顧慘重傷亡，終於衝上北軍主陣地——公墓嶺頂峰，雙方展開白刃戰。這個時候，北軍全線反攻，終於將南軍打敗。在這場戰爭中，南軍二個旅長和十五個團長全都陣亡，死傷二萬八千人，北軍傷亡也達二萬三千人。羅伯特・李趕忙率軍後撤，才保住南方主力。這次大戰是內戰中最激烈的一次，戰場上有一棵樹竟然有二百多個彈孔。這一仗扭轉東線戰局，北方從此完全掌握戰爭的主動權。

一八六四年三月，林肯任命格蘭特為聯邦軍總司令，雪曼為西戰區司令。在林肯的主持下，格蘭特與雪曼共同制定新的戰略計畫，即「整體戰略」：格蘭特親率波托馬克軍團，以殲滅羅伯特・李軍團為主要目標，趁機奪取里奇蒙；雪曼由西向東南挺進，深入敵後，向沿海地區進軍，對南部同盟東部地區實施中間突破。這個戰略的目的，不僅要消滅敵人軍隊，還要摧毀敵人的經濟基礎和敵方居民的戰鬥意志。

正如雪曼所說，為了使敵人今後幾代也不敢發動戰爭，「我們一定要清除和摧毀一切障礙，如果有必要，就殺死每一個人，奪走每一寸土地，沒收每一件財物。一句話，破壞我們認為應該破壞的一切東西」。

一八六四年，北軍向南方發起三路攻勢。在東戰場，格蘭特採用消耗戰略，使羅伯特・李軍團主力消耗殆盡，損失三萬二千人，再也無力進攻。在西線，雪曼指揮十萬大軍，插入南方腹地，九月攻佔南方最大工業城市亞特蘭大。從十一月十五日開始，雪曼又挑選六萬二千精兵發起「向海洋進軍」，所到之處實行「三光」政策——燒毀種植園、城鎮和村莊，摧毀工廠企業，連鐵軌都拆下來弄彎。與此同時，北方海軍還對南方實行「窒息式封鎖」，完全切斷南方對外聯繫。在北方取得勝利的時候，南方奴隸主暗殺林肯總統，但是這個垂死掙扎無法挽救南方失敗的厄運。

一八六五年四月九日，羅伯特・李率領殘部二萬八千人在阿波馬托克斯投降。二十六日，約翰斯頓也率部向雪曼投降。至此，歷時四年的內戰結束。

結果與影響

美國內戰以北方勝利、南方奴隸制度的滅亡而告終。在戰爭中，聯邦軍傷亡六十三萬餘人，南軍傷亡四十八萬餘人，雙方耗資二百五十億美元，損失之大、消耗之嚴重，均為近代戰爭之首。

美國內戰是美國歷史上第二次資產階級革命，它不僅恢復和鞏固聯邦的統一，摧毀奴隸制，解放生產力，為美國資本主義發展掃除內部障礙，而且對歐洲革命、各國工人運動和黑人運動，也產生積極影響。它具有「極偉大的、世界歷史性的、進步的和革命的意義」。

BC
— 0
— 100
— 200
— 300
羅馬統一
羅馬帝國分裂
— 400
— 500
倫巴底王國
— 600
回教建立
— 700
— 800
凡爾登條約
— 900
神聖羅馬帝國
— 1000
十字軍東征
— 1100
— 1200
蒙古西征
— 1300
英法百年戰爭
— 1400
哥倫布啟航
— 1500
中日朝鮮之役
— 1600
— 1700
發明蒸汽機
美國獨立戰爭
— 1800
美國南北戰爭
— 1900
一次世界大戰
二次世界大戰
— 2000

這場戰爭具有現代整體戰爭的許多特點：雙方均動員全部人力、物力投入戰爭；雙方均實行徵兵制，共動員四百萬人參戰；戰爭目標不僅要消滅對方，還要摧毀對方的社會經濟制度，徹底征服對方。

這場戰爭在軍事史上佔有顯著地位，因此被稱為「第一次現代戰爭」。

普法戰爭

一場在德、法之間播下仇恨種子的戰爭

西元一八七〇～西元一八七一年，普魯士王國為了統一德意志並且擴張領土，與企圖保持歐洲霸權地位的法國，進行一場規模巨大、影響深遠的戰爭，稱為普法戰爭。戰爭的結果是普魯士統一德意志帝國，卻導致法蘭西第二帝國的垮台，和巴黎公社無產階級革命的爆發。這場戰爭在德、法之間播下仇恨的種子，在以後的半個多世紀裡，一直影響兩國之間的關係，並且間接或直接影響整個歐洲的局勢。

起因

根據一八一五年同盟國（攻打拿破崙同盟）在維也納簽定的協議，德意志聯邦由三十四個封建君主國和四個自由市組成，奧地利位於諸聯邦之首，各邦在內政、外交、軍事上相互獨立自主。普魯士是唯一可以與奧地利互相抗衡的國家，它們為了爭奪在德國的領導地位，進行長期的戰爭。

一八六一年，威廉一世登上普魯士王位，為了實現兼併德意志的野心，大肆擴充軍備，並且任命俾斯麥為首相兼外交大臣。俾斯麥擔任首相期間，積極推行「鐵血政策」。一八六四年，俾斯麥拉攏奧地利，發動對丹麥的戰爭。一八六六年丹麥戰敗以後，俾斯麥又聯合義大利發動對奧地利的戰爭。奧軍戰敗，被迫於八月二十三日在布拉格和普魯士簽定和約。根據和約規定，奧地利退出德意志聯邦，舊聯邦宣佈解散。一八六七年，德國成立以普魯士為首的北德意志聯邦。

普魯士雖然確立自己在北德意志聯邦的統治地位，但是還沒有完全統一德國，巴伐利亞、巴登、維爾騰堡和黑森—達姆斯塔德等西南四邦仍然保持獨立地位。這四邦緊鄰法國，法國為了保持在歐洲大陸的霸權，不願意德國強大，竭力阻止德意志統一。於是，普魯士把矛頭轉向宿敵法國，企圖削弱法國的勢力，並且佔領礦產豐富的戰略要地阿爾薩斯和洛林。

十九世紀中期，法國的資本主義持續發展，生產力在資本主義世界僅次於英國，居第二位。皇帝拿破崙三世為了維護大資本家的利益和鞏固自己的統治地位，對內採取反革命的軍事獨裁，把一切大權集中在自己手中，對外採取擴張主義政策，頻頻發動侵略戰爭。六〇年代末，法國國內的階級衝突空前加劇，拿破崙三世為了轉移人民的注意力，擺脫國內的政治危機和滿足資產階級掠奪貪欲，急於發動一場對外戰爭。並且，法國對毗鄰的德國萊茵河地區豐富的天然資源早就已經垂涎三尺，普法戰爭一觸即發。

一八七〇年七月，普魯士國王威廉一世的親屬霍亨索倫家族的利奧波德親王，應西班牙政府之邀，同意繼承西班牙王位。法國擔心普、西聯合對付自己，遂極力反對。俾斯麥為了挑起戰爭，巧妙的製造有辱於法國的「埃姆斯電報」事件，誘使法皇拿破崙三世走上宣戰道路。一八七〇年七月十九日，法國終於向普魯士宣戰，普法戰爭爆發。

經過

普魯士因為實行義務兵役制，並且預先制定周密的動員計畫，因此迅速在邊境地區集結三個軍團，大約四十七萬人。威廉一世親任總司令，老毛奇擔任總參謀長，第一、二軍團由弗里德里希・卡爾親王統一指揮，部署在薩爾布呂肯以北地區，第三軍團由弗里德里希・威廉王儲指揮，集結在巴伐利亞地區。普軍決定兵分兩路，向法國發動鉗形攻勢，奪取阿爾薩斯和洛林，力爭將法軍主力圍殲於邊境地區或將其驅至法國北方，進而圍攻巴黎，迫敵投降。

與普魯士相反，法國由於組織計畫不周和後勤保障混亂，到七月底才在法、德邊境的阿爾薩斯和洛林共集結八個軍團，大約二十二萬人，拿破崙三世擔任總司令，勒布夫為總參謀長。八月初，編成阿爾薩斯和洛林兩個軍團，分別由巴贊元帥和麥克馬洪伯爵指揮。法國的作戰計畫是：先發制敵，集中兵力越過國界，直取法蘭克福，切斷南、北德意志之聯繫，迫使南德諸邦保持中立，然後聯合奧地利取道耶拿直取柏林，最終擊敗普魯士。

一八七〇年八月二日，法軍洛林軍團在薩爾布呂肯地區向普軍發動進攻，拉開普法戰爭的序幕。法軍一度攻佔該城西部高地，但是遭到普軍有力抗擊，進展甚微。八月四日凌晨，普軍左翼第三軍團在威廉一世和老毛奇的指揮下開始反攻，在維桑堡地區擊潰法國阿爾薩斯軍團先遣師，並且攻入法境。八月六日，第三軍團在沃爾特重創阿爾薩斯軍團，迫使麥克馬洪率部向沙隆撤退。同日，普軍右翼第一、二軍團擊退越境法軍，並且攻入洛林地區，在斯比克倫附近擊敗法國第二軍。

一八七〇年八月十二日，拿破崙三世撤換總參謀長，並且將洛林軍團改編為萊茵軍團，授權巴贊全權指揮，自己隨著麥克馬洪退至沙隆。老毛奇為了阻止法國萊茵軍團與退至沙隆的阿爾薩斯軍團會合，命令普軍迅速追擊，以便各個擊破。到八月中旬，法軍主力部隊的部署已經被普軍割裂。一隊由法軍巴贊元帥率領的左翼和中路的萊茵軍團共十七萬人，被圍困於戰略要地梅斯要塞。另一隊由拿破崙三世和麥克馬洪元帥率領的右翼共十二萬餘人，在沙隆編成以麥克馬洪為司令的沙隆軍團。

為了避免與向西推進的普軍直接開戰，八月二十二日，麥克馬洪率領沙隆軍團從沙隆出發，向西北經蘭斯迂迴前進。老毛奇得到這個消息以後，命令普軍第三軍團和新編第四軍團向北迎擊。八月三十一日，沙隆軍團被普軍第三、四軍團圍困在色當。九月一日至二日，普、法進行此次戰爭中具有決定性意義的一次會戰——色當會戰。

九月一日上午，普軍第三軍團切斷法軍由色當經梅濟埃爾西撤的鐵路，然後進軍到法軍側後的聖芒若和弗累涅一帶，堵住法軍向比利時撤退的通路。當天中午，普軍完成對沙隆軍團的合圍，並且開始進行猛烈的炮擊。下午，法軍數次突圍失敗，拿破崙三世自知無力挽回敗局，於下午四時下令掛起白旗。次日，拿破崙三世率軍八萬三千餘人向普王威廉一世投降。

在色當會戰中，法軍共損失十二萬四千人，其中僅三千餘人逃到比利時境內，普軍損失還不到九千人。在色當戰爭中，法國之所以會失敗，是因為犯了以下三個錯誤：

第一，法軍在迎擊敵人的進攻時部署的陣地，使獲勝的德軍可以鍥入法軍分散的各軍之間，結果把法軍割裂為兩支獨立的部隊，並且使它們彼此不能會合，甚至不能配合作戰；

第二，巴贊軍團在梅斯行動遲疑，結果被緊緊的圍困；

第三，援救巴贊兵團所用的兵力和所沿的路線，簡直是唆使敵人俘虜全部援軍。

造成這三個錯誤的原因，除了巴黎政府的錯誤指導以外，也與前線的最高指揮官指揮失誤有關。普軍總參謀長老毛奇善於製造、利用法軍的錯誤，巧妙的施展謀略，實施正確、堅定、靈活的作戰指揮，使法軍在色當戰爭一開始就失去主動權。

色當慘敗加速拿破崙三世帝國的崩潰，九月四日，巴黎爆發革命，起義軍推翻法蘭西第二帝國，成立第三共和國，組成特羅胥將軍為首的「國防政府」。

德國民族統一的障礙已經消除，但是普魯士並未因此終止軍事行動。九月中旬，普軍第三、四軍團繼續向巴黎推進，並且包圍巴黎，戰爭進入新階段。

普魯士所進行的這場戰爭，已經不再具有原先的防禦性質，而是變成一場道地的侵略性掠奪戰爭；對法國來說，則是變成進步的民族解放戰爭。此時，法國除了新建的北方軍團和盧瓦爾軍團在戰場上對普軍作戰以外，還有廣大的群眾展開游擊戰，法國仍然具有大約一百萬人的抵抗力量。

上古時期 BC
漢
0
100
200
三國
晉
300
400
南北朝
500
隋朝
600
唐朝
700
800
五代十國
900
宋
1000
1100
1200
元朝
1300
明朝
1400
1500
1600
清朝
1700
1800
1900
中華民國
2000

義大利將軍加里波底也率領志願部隊進入法國，支援法國抗戰。但是由於法國資產階級政府實行投降政策，企圖與敵人勾結，阻止抵抗運動，九月二十八日，斯特拉斯堡法國守軍投降，十月二十七日，巴贊率領法軍主力在梅斯投降，法國處境更加危急。

一八七一年一月十八日，普魯士國王威廉一世在凡爾賽宮加冕為皇帝，德意志帝國宣告成立。一月二十二日，法國政府鎮壓巴黎居民起義以後，和德軍指揮部進行最後的談判，一月二十八日，在凡爾賽普軍大本營，簽定停戰三週的協定。此後，資產階級政府勾結民族敵人，向巴黎工人發動進攻，偉大的巴黎公社起義爆發。

一八七一年五月十日，就在巴黎公社失敗前不久，法國外交部長法夫爾與德意志帝國首相俾斯麥在德國緬因河畔的法蘭克福城，正式簽定《法蘭克福和約》，普法戰爭至此正式結束。

結果與影響

普法戰爭以法國資產階級政府的投降和法蘭西第二帝國的垮台而告終，根據《法蘭克福和約》，法國賠款五十億法郎，割讓阿爾薩斯全部和洛林大部地區。戰爭過後，德意志基本實現統一，成為歐洲主要強國，法國喪失歐洲大陸的霸權地位。由於德、法兩國矛盾進一步加劇，歐洲大陸變得更加動盪不定。兩國在這次戰爭中的結怨，成為引發第一次世界大戰的主要因素之一。普法戰爭的經驗顯示：實行普遍義務兵役制對於建立龐大的軍隊，預先做好周密的戰爭準備具有重大意義；鐵路運輸提高部隊機動能力和後勤能力，炮兵在作戰中顯示威力；總參謀部在準備和實施作戰方面，發揮重要作用；新式作戰兵器和完善的武器裝備，對戰爭都產生重大的影響。

中日甲午戰爭

一場深深影響遠東戰略格局的戰爭

西元一八九四年八月～西元一八九五年四月，日本帝國主義挑起一場侵略中國的戰爭，因為一八九四年的天干地支為甲午，因此這場戰爭被稱為甲午戰爭。這場戰爭雖然以清政府的失敗而告終，但是中華民族不甘屈服的精神、清軍將領和士兵們頑強抵抗侵略軍的英勇事蹟，為中華民族的反侵略抗爭史，譜寫可歌可泣的篇章。

起因

日本原先也像清政府一樣，是一個閉關鎖國的封建國家，一八五四年美國用武力打開它的門戶，隨後德川幕府與西方列強簽定一條條不平等的條約，使得民族矛盾日益激化。

一八六八年，在人民起義對德川幕府的衝擊中，以下級武士為領導的倒幕勢力發動政變，迫使幕府將軍將政權交給十五歲的睦仁天皇，改元明治。明治政府採取一連串有利於資本主義發展的政策和措施，促進日本資本主義的迅速發展。

同時，日本政府還大力推行軍國主義，瘋狂的對外侵略擴張，並且將侵略矛頭首先指向近鄰朝鮮和中國。為了發動侵略戰爭，日本政府首先著手建立一支現代化的軍隊。

一八七二年，日本頒佈《徵兵令》，用普通義務兵役制取代武士職業兵役制，正式建立擁有現役和預備役的近代常備軍，後來還將軍費開支提高到國家預算的四十一％。明治政府還對全民進行軍事化教育，在東京等地設置陸軍學校和各種兵種學校，培養大量各級軍事人才。並且，日本還對槍支和火藥進行改造，使之越來越適合士兵的使用。

從一八八七年以後，日本逐漸減少從西方進口的武器量，陸續使用大阪製炮兵工廠生產的火炮等武器裝備全國軍隊，為發動侵略戰爭做好充份的準備。

甲午戰爭爆發以前，日本陸軍建六個野戰師和一個近衛師，現役兵力十二萬三千人，海軍擁有軍艦三十二艘、魚雷艇二十四艘。除此之外，日本還派遣大批特務到中國和朝鮮收集軍事情報，繪製詳細的軍用地圖。日本處心積慮的擴軍備戰、陰謀發動一場大規模侵華戰爭的時候，清政府卻對這個形勢缺乏清楚的認識，直到一八七三年的琉球事件和一八七四年的侵佔台灣事件之後，北洋大臣李鴻章才對日本的野心有所察覺。從這個時候開始，清政府加強海防建設，以京師門戶北洋為設防重點，主要防禦對象為日本。

一八八八年，北洋海軍正式編練成軍，到甲午戰爭前，有艦艇二十五艘、官兵四千人，北洋艦隊的大沽、威海衛和旅順三大基地建成。但是清朝政治腐敗，軍事變革基本停留在改良武器裝備的低級階段，軍隊編制落後，管理混亂，戰鬥力低下。

第二次鴉片戰爭以後，在曾國藩、李鴻章等人的倡議下，清政府開始建立兵工廠，自己製造武器。

一八六一年，曾國藩率先在安徽建立安慶軍械所，後來李鴻章先後在上海和蘇州建立洋炮局。

到了一八七三年，清政府在各地建立二十四個兵工廠，主要生產子彈、火藥和修理槍炮，其中較大的有江南製造局、福州船政局。在此期間，清政府還興辦一些鐵路和電報事業，對加強各地的聯繫、通報軍情、指揮作戰，發揮一定作用。

一八九四年春，朝鮮爆發「東學黨」農民起義，六月三日，朝鮮政府請求清政府派兵協助鎮壓。六月二日，日本內閣做出入侵朝鮮，進而直接與清軍開戰的決定。清軍進入朝鮮以後，日本以此為藉口，大批調遣日軍赴朝，迅速搶佔從仁川至漢城一帶各戰略要地。七月十九日，日本駐朝鮮公使大鳥圭介依據日本外相陸奧宗光的密令，強逼朝鮮政府廢除中朝通商條約，並且驅逐清軍出境。七月二十五日，日本聯合艦隊發動豐島海戰，在豐島附近海域對中國運兵船以及護航艦隻發動突然襲擊。二十九日，日本陸軍第五師第九旅也向清軍葉志超部發動進攻，毫無防備的清軍敗退平壤。

BC
— 0
— 100
— 200
— 300
羅馬統一
羅馬帝國分裂
— 400
— 500
倫巴底王國
— 600
回教建立
— 700
— 800
凡爾登條約
— 900
神聖羅馬帝國
— 1000
十字軍東征
— 1100
— 1200
蒙古西征
— 1300
英法百年戰爭
— 1400
哥倫布啟航
— 1500
中日朝鮮之役
— 1600
— 1700
發明蒸汽機
美國獨立戰爭
— 1800
美國南北戰爭
— 1900
一次世界大戰
二次世界大戰
— 2000

一八九四年八月一日，對日本的這些行為深感不滿的清政府被迫對日宣戰。同一天，明治天皇也發佈宣戰詔書，中日甲午戰爭因此爆發。

經過

在甲午戰爭爆發之前，日本已經制定海、陸軍統籌兼顧的「作戰大方針」——在中國直隸平原與清軍進行主力決戰，打敗清軍，迫使清政府屈服。這個目標能否實現，主要看海軍作戰的勝負。

為此，日本提出兩期作戰計畫：

第一期，先派陸軍進入朝鮮，以牽制清軍，海軍尋機與中國海軍主力決戰，迅速奪取黃海制海權。

第二期，視海軍勝敗情況而定，如果海軍取勝，掌握黃海制海權，陸軍就由渤海灣登陸，實施直隸平原決戰，如果海上決戰勝負未分，則以艦隊控制朝鮮海峽，協助陸軍主力佔領整個朝鮮，如果艦隊決戰失敗，制海權歸於中國，則以陸軍主力實行本土防禦，海軍守衛本土沿海。

清朝統治集團由於主戰、主和意見分歧、相互掣肘，戰前既未組成專門的作戰指揮機構，更無明確的戰略方針和作戰計畫，並且寄望俄、英等國的「調停」。在海陸戰端已啟的情況下，清政府倉促宣戰，並且命令北洋大臣李鴻章「嚴飭派出各軍」，沿江、沿海「遇有倭人輪船駛入各口……悉數殲除」，實際上是實行海守陸攻的作戰方針。據此，清政府決定增調陸軍赴朝鮮，先在平壤集中，然後南下驅逐在朝鮮的日軍，並且以海軍各艦隊分守各自防區海口，北洋艦隊集結於黃海北部扼守渤海海峽，確保京畿門戶安全。

甲午戰爭持續近九個月，依據戰場轉換以及雙方作戰態勢的變化，大致可以分為三個階段。

第一階段（西元一八九四年八月～九月），日軍奪得黃海制海權

一八九四年八月上旬，總兵衛汝貴、馬玉崑、左寶貴和副都統豐升阿等四部支援朝鮮清軍先後抵達平壤，當時佔據漢城的日軍為混成第九旅，共八千餘人。八月中旬，日軍大本營除了已經派第五師餘部赴朝鮮以外，又增遣第三師參戰，並且將這兩個師合編為第一集團軍，命其執行平壤之戰，伺機進攻奉天。同時，決定組建第二集團軍，待機攻佔遼東半島，為以後的直隸平原決戰建立前進基地。九月初，日軍第一集團軍由漢城等地出發，分四路向平壤推進，試圖包圍平壤清軍。九月十五日，日軍分三路總攻平壤，戰鬥非常激烈，下午玄武門失守，入夜以後，葉志超等人棄城而逃。二十六日，清軍全部退至鴨綠江以北中國境內。在陸上作戰的同時，日本海軍也到達黃海西部，甚至闖到威海衛和旅順軍港挑戰，企圖尋機與北洋艦隊主力進行決戰。北洋艦隊在豐島海戰以後，根據李鴻章的「保船制敵」的命令，主要巡弋於威海衛、旅順之間，將黃海制海權讓給日本海軍。

九月上旬，清政府預測到平壤將有大戰，決定從海路迅速運兵支援，北洋艦隊奉命護航。九月十七日，完成護航任務的北洋艦隊，正準備由大東溝口外返航，突然與日本聯合艦隊遭遇，隨即爆發著名的黃海海戰。黃海海戰歷時五個多小時，北洋艦隊沉毀五艦、傷四艦，日本聯合艦隊傷五艦。在第一階段作戰中，日軍大本營適時調整作戰計畫，海陸同時出擊。平壤之戰以後，日軍一舉將戰線推進至鴨綠江邊，直接威脅中國本土。清軍在平壤敗退以後，不僅使「海守陸攻」的總計畫歸於失敗，而且由於來不及在鴨綠江一線組織堅固防線，以致在第二階段的作戰中仍然陷於被動。在海戰方面，北洋艦隊實力被嚴重削弱，日本聯合艦隊控制黃海的制海權，使以後的戰局可以朝著二期作戰計畫的第一案方向發展。

第二階段（西元一八九四年十月二十四日～十一月二十二日），日軍在花園口登陸

平壤之戰和黃海海戰後，日本決定以陸軍第二集團軍向中國遼東半島進行登陸作戰，突破渤海灣門戶，第一集團軍則向鴨綠江清軍防線發起攻擊，造成對清朝陵寢之地奉天的巨大壓力，掩護第二集團軍的登陸作戰。清政府採納李鴻章的建議，實行「嚴防渤海以固京畿之藩籬，力保瀋陽以顧東省之根本」的平分兵力方針。

但是由於對日軍主攻方向判斷失誤，以及過份眷顧祖宗陵寢，在實際兵力部署方面，沒有按照原定計畫，而是集重兵於鴨綠江一線和奉天、遼陽之間。同時，又命令各省抽調兵力駐守山海關至秦皇島之間，以及天津、大沽、通州等地，致使地處渤海門戶正面的遼東半島兵力不足，加上黃海制海權已經被日軍所得，防禦極其空虛。

十月二十四日，鴨綠江江防之戰開始。駐守鴨綠江北岸的清軍約三萬人，由四川提督宋慶統一率領，防線分中、東、西三段，九連城一帶為主防禦陣地。日軍第一集團軍先於九連城上游的安平河口突破成功，然後在虎山附近的鴨綠江上，搭浮橋搶渡並且攻佔虎山。虎山失陷的消息傳開以後，其他各部清軍不戰而逃。二十六日，日軍在沒有遇到任何抵抗的情況下，佔領九連城和安東，清軍鴨綠江防線崩潰。

在鴨綠江江防之戰開始的同一天，日軍第二集團軍二萬五千人在日本艦隊的掩護下，開始在旅順後路的花園口登陸。日軍的登陸活動持續十餘天，其間清軍竟然坐視不問，任由日軍為所欲為。十一月六日，日軍攻佔金州；七日，分三路向大連灣進攻，沒有遇到任何抵抗就佔領大連灣。十七日，日軍開始向旅順口進逼，駐守旅順口地區的清軍七名統領互不統屬，一萬四千餘名官兵軍心渙散。十八日，日軍前鋒進犯土城子，只有總兵徐邦道指揮護衛軍奮勇抗擊，其他各部皆坐視不管。

二十二日，日軍攻陷旅順口，佔領旅順並且血洗全城。

在第二階段，清軍節節敗退的情況下，清政府內部的主和派漸佔上風。旅順口失陷以後，日本海軍在渤海灣獲得重要的前方基地。從此，渤海灣門戶洞開，北洋艦隊深藏於威海衛港內不敢出戰，戰局急轉直下。

第三階段（西元一八九五年一月～四月），清軍在山東半島和遼東兩個戰場全面潰敗

日軍攻佔旅順以後，大本營決定暫時擱置直隸平原決戰方案，而把目標指向北洋艦隊，為以後的直隸平原登陸決戰，進一步做好準備。日軍以第二集團軍為基礎，組建「山東作戰軍」，命大山岩上將為司令長官，並且以陸軍第一集團軍在遼東戰場進行佯攻，繼續吸引清軍主力，又命令聯合艦隊協助山東作戰軍作戰。清政府對日軍主攻方向再次判斷失誤，以為日軍第一、二集團軍將合力攻取奉天，以主力打通錦州走廊，進逼山海關，然後與從渤海灣登陸之部隊會攻北京。因此，以重兵駐守奉天、遼陽及天津至山海關一線，在日軍的主攻方向山東半島僅部署官兵三萬餘人。北洋艦隊根據李鴻章「水陸相依」的防禦方針，退縮於威海衛港內。一八九五年一月二十日，日本「山東作戰軍」在榮成龍須島登陸，佔領榮成以後，分南、北兩路向威海南幫炮台進行包抄。一月三十日，南幫炮台陷落；二月一日，日軍佔領威海衛。此後，日軍水陸配合攻擊劉公島和港內北洋艦隊，北洋艦隊提督丁汝昌等人先後殉國。十七日，威海衛海軍基地陷落，北洋艦隊覆滅。在遼東戰場上，清政府調任兩江總督劉坤一為欽差大臣，賦以指揮關內外軍事的全權，並且任命湖南巡撫吳大澂和宋慶為幫辦，共同對付日軍的進攻。一八九五年一月十七日開始，清軍先後數次大規模反攻海城，都遭到失敗。二月二十八日，日軍從海城分路出擊，三月四日佔牛莊，七日取營口，九日陷田莊台。十天之內，清軍六萬餘人在遼東全線潰退。

上古時期 BC
漢
0
100
200
三國
晉
300
400
南北朝
500
隋朝
600
唐朝
700
800
五代十國
900
宋
1000
1100
1200
元朝
1300
明朝
1400
1500
1600
清朝
1700
1800
1900
中華民國
2000

結果與影響

早在日軍佔領遼東半島以後，清政府就開始透過外交途徑向日本求和。威海衛失陷以後，清政府求和之心更切，慈禧太后派李鴻章為全權大臣，赴日議和。一八九五年四月十七日，中日雙方簽定《馬關條約》。條約規定：

第一，清政府承認日本對朝鮮的控制；

第二，割讓遼東半島、台灣和澎湖列島給日本；

第三，向日本開放沙市、重慶、蘇州和杭州四個商埠，日本的船隻可以在這些港口任意航行，並且可以在這裡建立兵工廠；

第四，准許日軍暫時駐紮在威海衛港口；

第五，賠償日軍費用白銀二億兩。日軍未經直隸平原決戰，就達到預期的侵略目的，於是從威海衛撤軍，中日甲午戰爭結束。

此後，中國人民為了反對《馬關條約》，進行堅決而長期的鬥爭。台灣軍民在劉永福等人的領導下，自發組織，抵抗日軍割佔台灣，使日本付出重大的代價。甲午戰爭對遠東戰略格局上，產生深刻的影響，日本佔領台灣，並且獲取二億兩白銀的戰爭賠款，其資本主義經濟以此為契機，更加迅速發展。日軍進一步擴軍備戰，開始成為遠東的主要戰爭起源地。日本的崛起，又改變遠東地區英、俄對立和爭霸的原有格局，列強在遠東的角逐日趨激烈，一個更加動盪不安的時代就要到來。

甲午戰爭使中國的半殖民地化速度進一步加快，中華民族陷入苦難的深淵。同時，它也促進中華民族的日益覺醒，使得資產階級維新運動和義和團反帝愛國運動迅速高漲。清政府也在更加艱難的處境下，開始變革軍事制度。中國近代軍事改革，開始進入實質性階段。

美西戰爭

帝國主義之間的第一次較量

美西戰爭是西元一八九八年四月二十五日～西元一八九八年十二月十日，美國與西班牙為了爭奪菲律賓和古巴而進行的戰爭，最終西班牙被美國打敗，從古巴和菲律賓退兵。

起因

十九世紀末，美國進入帝國主義時期，壟斷資本財團迫切需要開闢新的市場、投資場所和原料產地，但是當時整個世界已經被殖民大國瓜分完畢。鑑於自身的實力，美國還不敢打英、法等強國的主意，只好把目光投向日薄西山的老朽帝國。這個時候的西班牙大勢已去，昔日的龐大帝國僅剩下美洲的古巴、波多黎各和亞洲的菲律賓，於是，美國決定首先拿西班牙開刀。

被譽為「加勒比海明珠」的古巴，與美國僅僅相距九十二海浬，美國人曾經長期將它視為自己「版圖上的應有之物」。物產豐富的菲律賓，早在美國人的擴張範圍之內，如果佔領菲律賓，美國整個海洋運輸的航道將會大大突破。

美國人正是想透過奪取古巴和菲律賓等戰略要地，建立穩固的擴張基地，逐步實現稱霸世界的野心。但是日益沒落的西班牙殖民者不甘心將自己的「囊中之物」拱手讓人，於是，一場帝國主義之間的爭奪戰一觸即發。這個時候，西屬殖民地人民的鬥爭，給美國創造有利環境。在古巴人民的英勇抗爭下，西班牙到一八九七年已經丟失三分之二以上的古巴領土，再加上國內兵源枯竭、財力耗盡，再也無法維持這場殖民戰爭。菲律賓人民也掀起聲勢浩大的民族獨立戰爭，到了一八九八年初，革命軍幾乎解放整個菲律賓群島，首府馬尼拉也處於革命軍的包圍之中。美國決定抓住這個「天賜良機」，尋找藉口向西班牙開戰。

一八九八年二月十五日，停泊在古巴哈瓦那海面的美國軍艦「緬因」號突然爆炸沉沒，艦上的三百五十四名官兵中，有二百六十六人喪生。爆炸事件發生以後，美國政府在沒有任何真憑實據的情況下，一口咬定是西班牙人的陰謀。美國政府以此為藉口，於四月二十五日向西班牙宣戰，醞釀已久的美西戰爭終於爆發。

經過

急於重新瓜分世界的美國，早就已經為戰爭做好準備。他們建立一支號稱世界第三的強大艦隊，部署在世界各戰略要點上，以便可以在發動戰爭的時候，先發制人。國會也已經徵兵二十萬，並且擁有速射野戰炮、電報、電話等先進裝備。

與美國相反，西班牙毫無準備。在古巴的二十萬西軍，只有一萬二千人可以打仗，其餘多是老弱病殘，在菲律賓只有四萬二千名軍隊。海軍僅有一些舊式木殼軍艦，武器裝備陳舊落後。而且，西班牙政局一片混亂，軍、政界人士普遍認為與美國作戰沒有獲勝的希望。對西班牙宣戰以後，美國亞洲分艦隊司令喬治・杜威於四月二十七日率領艦隊，悄悄駛往菲律賓，並且於五月一日拂曉前到達馬尼拉港外。駐守此地的西班牙軍艦趁美軍立足未穩，率先發動攻擊，但是由於西艦破舊不堪，沒有對美艦造成多大的殺傷。

精明的杜威觀察到西班牙艦船甲板上堆滿燒鍋爐用的木柴、煤等易燃物，果斷下令對準這些引火材料射擊。很快的，柴草引發的熊熊烈火，吞噬西班牙艦艇。中午時分，七艘西艦全被擊沉。戰爭結束以後，西軍傷亡三百八十一人，美方僅輕傷八人，無一人死亡。馬尼拉灣海戰決定西班牙在菲律賓的結局，第二天，美國海軍又佔領卡威迪和克里基多島，六月二十一日佔領關島。一連串的勝利，使杜威聲名鵲起，使得他後來成為美國歷史上第一位海軍上將。

消滅西班牙艦隊以後，杜威下令封鎖馬尼拉，等待國內陸軍援兵的到來。七月底，麥里特率領美國遠征軍第八軍一萬五千人從美國趕來以後，杜威又開始發動新的攻擊。為了獨佔馬尼拉，美軍玩弄狡猾伎倆。杜威與菲律賓起義軍首領達成協定，允諾承認菲律賓的獨立。起義軍輕信美國的許諾，答應與美軍共同作戰，卻不知麥金萊總統早已下令阻止革命軍進佔馬尼拉。美軍私下早與西班牙總督達成秘密協定，在不許菲律賓起義軍入城的情況下，西班牙把馬尼拉「轉讓」給美國。

八月十三日，美軍向馬尼拉發起裝模作樣的「總攻」，西軍略做抵抗就繳械投降，菲律賓戰事就此結束。在菲律賓作戰的同時，美國派北大西洋艦隊封鎖古巴北海岸。

一八九八年五月十四日，美國內戰時期的英雄夏夫特將軍，親自指揮六千名美軍，從美國南端佛羅里達群島的西嶼出發，於二十日到達古巴聖地牙哥港，並且在海軍掩護下登陸。倉促作戰的西班牙軍隊，根本無法招架夏夫特的進攻，美軍在僅僅損失五匹戰馬的情況下，成功登陸並且發起連續攻擊。經過一些小規模的戰爭之後，西班牙守軍在六月二十四日放棄從戴克利到聖地牙哥之間的一個重要防禦陣地——拉斯瓜西馬斯。七月一日，夏夫特率領部隊大舉進攻聖地牙哥東北的一個小村子埃爾卡內，並且決定在兩個小時內將其拿下，沒想到遇到頑強抵抗。駐守埃爾卡內的五百名西班牙守軍，與五千名美軍整整糾纏一天時間，人數上處於一：十絕對劣勢的西班牙人，頑強頂住美國陸軍最精銳的部隊，使得美軍在這個小村莊裡傷亡近二千人。

這一仗給美國人沉重打擊，也使美國的囂張氣焰收斂不少。美國後來的總統羅斯福當時參加這場戰爭，他感慨著說：「到目前為止，我們付出慘重的代價終於贏了，但是西班牙人打得非常頑強，在現代化步槍的掃射下，他們仍然可以不斷衝鋒，那個場面實在太可怕。」

七月三日，強大的美國艦隊攻佔聖地牙哥港，使一度低落的美國士氣得到高漲。西班牙艦隊倉皇逃跑，不幸的是，他們逃進一條極為狹窄的水道，徹底失去抵抗能力，被美艦一一擊沉。十一日，美軍終於完成對聖地牙哥的包圍。十七日，二萬五千走投無路的西班牙軍隊全部投降。美軍順利進佔聖地牙哥，古巴戰事到此結束。

結果與影響

美西戰爭以美國的勝利而告終，一八九八年十月一日，美國以勝利者的姿態和西班牙政府進行談判。在古巴人民和菲律賓人民完全被矇蔽的情況下，美國和西班牙經過一番討價還價，於十二月十日簽定重新分割殖民地的《巴黎和約》。

和約規定：西班牙放棄對古巴主權的一切要求和權利；西班牙將其管轄的波多黎各島、西印度群島中的其他島嶼，以及馬里亞納群島中的關島讓給美國；西班牙把菲律賓群島讓給美國；美國付給西班牙二千萬美元，作為對菲律賓的補償。

為了鞏固殖民地，美國又向菲律賓起義軍發動進攻，血腥鎮壓菲律賓人民的反抗，把菲律賓徹底變成自己的殖民地。古巴雖然名義上獲得獨立，但是美國利用《普拉特修正案》，把古巴變成自己的「保護國」。美西戰爭作為第一次帝國主義戰爭而載入史冊，這場戰爭規模不大，時間不長，雙方參戰人數不超過五萬。

美軍是第一次去海外遠征作戰，整個戰爭的勝負取決於海戰。美國海軍分別在馬尼拉灣和聖地牙哥灣殲滅西班牙分艦隊以後，戰爭大局就已經決定。美國可以迅速戰勝西班牙，還得力於古巴和菲律賓兩國人民起義軍的配合。這兩國起義軍都解放大片國土，殲滅大批西班牙軍隊，

上古時期 BC
漢
0
100
200
三國
晉
300
400
南北朝
500
隋朝
600
唐朝
700
800
五代十國
900
宋
1000
1100
1200
元朝
1300
明朝
1400
1500
1600
清朝
1700
1800
1900
中華民國
2000

為美國的勝利做出巨大貢獻。在這場戰爭中，帝國主義陣營的「後起之秀」美國，硬是從老牌殖民帝國西班牙口中摳出如此眾多的肥肉。

美西戰爭作為帝國主義戰爭的第一篇，因其帶有鮮明的殖民者踐踏弱小國家利益的性質而遭到百般非議。

日俄戰爭

兩個國家在中國領土上進行的戰爭

西元一九〇四～一九〇五年，日本與俄國為了爭奪中國東北和朝鮮進而稱霸遠東，在中國東北進行一場帝國主義戰爭，稱為日俄戰爭。這場爭霸戰歷時二十個月，最後以日本戰勝、俄國退出而告終。腐敗無能的清政府，置國家主權和人民生命財產於不顧，聽任帝國主義鐵蹄踐踏東北錦繡河山。

上古時期 BC
漢
0
100
200
三國
晉
300
400
南北朝
500
隋朝
600
唐朝
700
800
五代十國
900
宋
1000
1100
1200
元朝
1300
明朝
1400
1500
1600
清朝
1700
1800
1900
中華民國
2000

起因

十九世紀末二十世紀初，日本和俄國先後進入帝國主義時期。為了爭奪殖民地和勢力範圍，兩國大力擴充軍備，積極對外推行擴張政策。當時的中國處於封建社會末期，成為各帝國主義列強掠奪瓜分的對象，自然也成為日本和俄國的垂涎對象。

一八九四年，日本發動侵略中國和朝鮮的甲午戰爭，從中國割取遼東半島、台灣和澎湖列島，並且將朝鮮納入其勢力範圍。一心想獨吞中國東北的俄國不甘示弱，聯合法、德進行干預，製造「三國干涉還遼」事件，迫使日本做出讓步，由中國付鉅資「贖回」遼東半島。俄國對日本的干預奏效以後，就以「還遼有功」為藉口，攫取在中國東北修築中東鐵路以及其支線等特權。一九〇〇年，中國爆發義和團運動期間，俄國出兵參加八國聯軍，進犯北京，同時以「護路」為名，派兵侵佔東北全境，霸佔整個東北三省。

俄國干涉遼東半島以後，日本一直對此懷恨在心，決意擴軍備戰，以武力和俄國爭奪遠東霸權。《辛丑和約》簽定以後，俄國極力主張各國盡快從中國撤軍，自己的軍隊卻繼續留在東北，並且任命遠東總督。俄國的這種行徑，加深與日、英、美的衝突，特別引起日本的不滿。一九〇二年一月，日、英締結針對俄國的軍事同盟條約，並且得到美國的支持。一九〇三年，日本基本完成擴軍備戰計畫，實力大增，決心在東北地區捲土重來，建立霸權。俄國指望透過戰爭，鞏固在中國東北和朝鮮的地位，擺脫國內日益嚴重的革命危機。

為了爭奪遠東地盤和掠奪財富，日、俄兩國一邊唇槍舌劍，互不相讓，一邊調兵遣將，準備戰爭。一九〇三年八月，日、俄雙方針對重新瓜分中國東北和朝鮮的問題舉行談判，俄國仍然拒絕從中國東北撤軍。一九〇四年二月六日，日本向俄國發出最後通牒，並且宣佈斷絕日、俄外交關係。

一九〇四年二月八日午夜，日本聯合艦隊司令東鄉平八郎海軍中將率艦十八艘，襲擊駐旅順口外的俄國太平洋第一分艦隊，重創俄艦三艘，揭開戰爭序幕。十日，日、俄兩國政府相互宣戰，日俄戰爭正式開始。

經過

日本經過多年擴軍備戰，陸軍總兵力已經達到近二十萬人，另有預備役二十三萬五千人，海軍擁有各種艦艇一百五十二艘。日軍大本營做出以下的作戰計畫：陸軍一隊在朝鮮登陸，向鴨綠江推進；主力在遼東半島登陸，佔領旅順、大連以後北上，在遼陽、奉天地區殲滅俄軍主力；在戰爭初期，海軍盡量殲滅俄國太平洋分艦隊，奪取制海權。

俄國在遠東地區駐有九萬八千人，在中國東北和俄國濱海地區部署警備部隊二萬四千人，這些士兵素質低下，裝備落後。海軍太平洋分艦隊駐紮在旅順口和海參崴，一共有艦艇六十二艘，其裝甲、航速以及火炮射程均不如日本艦隊。

俄軍統帥部的作戰計畫是：以海軍阻止日軍登陸，等到波羅的海艦隊援兵到達以後，實施海上決戰；陸軍部份兵力沿鴨綠江和烏蘇里江設防，並且以部份兵力扼守旅順口，遲滯日軍進攻；主力集結於遼陽、海城地區，等到駐歐俄軍東調以後，轉入反攻，殲滅日軍主力於中國東北和朝鮮，然後在日本本土登陸。

旅順位於遼東半島西南端，四周丘陵環繞，為東北的門戶，入渤海海峽的咽喉，戰略地位十分重要。俄國太平洋分艦隊主力駐紮的旅順港是一個不凍港，港內水淺，較為狹窄，只有一個寬一百五十公尺的出海口。夜襲旅順港以後，東鄉平八郎見俄艦避港不出，又有強大的海岸炮火支援，大傷腦筋。

為了完全掌握制海權，減輕日方海上交通線所受的威脅，東鄉平八郎決定將船沉在旅順港出口處，封鎖俄國艦隊，並且不斷炮擊俄艦。

從二月九日直到三月初，日軍幾次的沉船封港行動，均未成功。在陸戰方面，三月二十一日，由黑木大將指揮的日本第一軍首先在朝鮮仁川登陸並且北進，四月中旬進抵鴨綠江邊。此舉出乎俄軍的意料，日本陸軍得以迅速擊潰由扎蘇利奇統率的俄軍東滿支隊，進佔九連城、鳳凰城，造成威逼遼陽的態勢。與此同時，由奧保鞏大將率領的日本第二軍，於五月初在遼東半島莊河登陸成功，五月底進抵金州；由乃木希典大將指揮的日本第三軍，也在五月底從大連灣登陸，進逼旅順；由野津道貫上將統率的日本第四軍，於五月中旬在遼東半島大孤山登陸，進佔海城。日軍在陸上進攻接連得手，使俄軍處於被動應付的地步。日軍大本營為了解除進攻旅順口海軍的後顧之憂，決定盡快攻佔中國東北南部戰略要地遼陽。六月二十日，日軍設立「滿洲軍總司令部」，任命大山岩上將為總司令，統一指揮各集團軍。在這場戰爭中，參戰日軍共九個師十三萬五千人，火炮四百七十四門。俄軍由總司令庫羅帕特金上將指揮，共有十五萬二千人，六百零六門火炮。並且俄軍在遼陽地區築有半永久性工事，防禦堅固。八月二十四日，日軍第一集團軍從東南方向迂迴俄軍東集群左翼。二十六日，第二、四集團軍對俄軍南集群實施正面進攻，均被擊退。庫羅帕特金過高估計日軍實力，命令俄軍撤至第二防禦地帶。三十日，日軍三個集團同時發起攻擊，第一集團軍攻佔施官屯和遼陽以東一些高地，第二、四集團軍對俄軍中央和右翼的衝擊被擊退。此時，庫羅帕特金擔心左翼被迂迴突擊，命令俄軍撤至主陣地。

從八月三十一日開始，日軍相繼展開爭奪主陣地的戰鬥，俄軍堅守陣地並且實施反衝擊和陣前出擊，多次打退日軍的進攻。但是，庫羅帕特金卻於九月三日下令俄軍退守奉天。九月四日，日軍進駐遼陽，遼陽戰爭結束。在這場戰爭中，俄軍傷亡一萬六千人，日軍傷亡近二萬四千人。

此後，日軍集中全部後備力量於旅順方向，決定盡快攻佔旅順要塞。旅順爭奪戰是日俄戰爭中具有重大意義的戰役，只要旅順牽制著日本第三軍，旅順港的俄國太平洋分艦隊還存在，日軍就無法結束戰爭，就無法保證海上交通線不受威脅。因此，日軍決定不惜任何代價攻取旅順。

九月至十一月底，日軍經過三次強攻，並且輔以坑道爆破，終於在十二月五日攻克二〇三高地。然後，日軍以大口徑榴彈炮轟擊俄軍陣地和港內俄艦。俄軍太平洋分艦隊曾經試圖突出港灣，駛往海參崴，但是由於港外有日本艦隊封鎖，未能成功，大部份主力戰艦都毀於日軍炮火。

一九〇五年一月一日，俄軍將領無心再戰，主動向日軍請降，旅順遂落入日軍之手。旅順陷落和俄國太平洋分艦隊主力被殲，使日俄戰爭發生重大轉折。日軍竭力在奉天地區圍殲東北俄軍，以盡快結束戰爭，雙方遂在奉天展開一場激戰。奉天會戰是日俄戰爭最大的一次決戰，日軍投入兵力五個軍，大約二十七萬人，俄軍集中大約三十萬人。但是，由於俄軍主帥庫羅帕特金胸無韜略，主要作戰方向判斷失誤，並且使兵力過於分散，導致最終的失敗。三月九日，庫羅帕特金棄城逃跑，奉天戰爭結束。在這場戰爭中，日軍傷亡約七萬人，俄軍損失近十二萬人。

奉天會戰以後，沙皇政府仍不甘心失敗，繼續向中國東北增兵。鑑

BC
— 0
— 100
— 200
— 300
羅馬統一
羅馬帝國分裂
— 400
— 500
倫巴底王國
— 600
回教建立
— 700
— 800
凡爾登條約
— 900
神聖羅馬帝國
— 1000
十字軍東征
— 1100
— 1200
蒙古西征
— 1300
英法百年戰爭
— 1400
哥倫布啟航
— 1500
中日朝鮮之役
— 1600
— 1700
發明蒸汽機
美國獨立戰爭
— 1800
美國南北戰爭
— 1900
一次世界大戰
二次世界大戰
— 2000

於在黃海海戰和旅順口之戰中，俄國太平洋第一分艦隊幾乎全軍覆沒，俄國政府為了恢復遠東地區的海軍實力、奪回制海權並且扭轉戰局，於一九〇四年十月和一九〇五年二月，從波羅的海艦隊共抽調三十八艘主力艦，編成太平洋第二、三分艦隊，經大西洋、印度洋駛往遠東。一九〇五年五月二十七日，分艦隊駛經對馬海峽的時候，遭到日本聯合艦隊的截擊，損失慘重。此次戰爭決定俄國的最終命運，俄國已經無力再與日本爭奪霸權。

為了在戰後談判中奪取更多的利益，日軍大本營決定佔領庫頁島。一九〇五年七月六日，日軍在該島南端登陸，守島俄軍僅四千人，難以抵擋日軍的猛烈進攻。九日，日軍佔領柯薩科夫。二十七日，日軍佔領亞歷山大羅夫斯克。七月底，守島俄軍投降，日俄戰爭結束。

結果與影響

對馬海戰的結束，宣告俄國在歷時二十個月的日俄戰爭中的徹底失敗。

一九〇五年八月九日，日、俄兩國在美國的調停下，派代表在美國的樸資茅斯舉行和談。經過激烈的討價還價，雙方於九月五日簽定《樸資茅斯和約》。根據和約規定，旅順、大連地區和中東鐵路長春以南支線的租借權轉讓日本，朝鮮和中國東北南部劃為日本勢力範圍，庫頁島北緯五十度以南地區割讓日本，俄國在中國的勢力退居在東北北部。

在日俄戰爭中，日軍參戰總兵力約一百零九萬人，死亡十萬六千人，受傷十七萬餘人，損失艦船九十一艘，軍費開支十七～十八億日圓。俄軍參戰總兵力大約一百二十萬人，傷亡、被俘約二十七萬人，損失艦船九十八艘，軍費開支二十億盧布。日、俄兩國軍隊和戰艦在中國領土、領海恣意橫行，野蠻廝殺，致使中國人民的生命、財產遭受巨大損失，死傷無以數計。最終，日本因為人力、物力消耗殆盡，無力再戰。俄國國內革命危機日益嚴重，羅曼諾夫王朝政府也無心戀戰。

日俄戰爭是帝國主義初期的一場大戰，小小的島國日本最終打敗陸上強國俄國，令世人刮目相看。

日本之所以可以取得勝利，主要是因為：第一，日本知道自己的戰爭潛力明顯弱於俄國，很早就從軍事、政治、外交等方面進行充份準備，並且以速戰速決為戰爭指導方針；第二，正確選擇戰機、登陸地段和主攻方向，靈活機動作戰，陸、海共同作戰；第三，重視奪取和掌握制海權，先發制人、突然襲擊，從海、陸兩個戰場封鎖和殲滅俄國太平洋艦隊；第四，內部團結，指揮統一，戰場離自己的後方近；第五，在「武士道」精神下，士氣高漲，作戰勇敢，指揮官訓練有素，例如：聯合艦隊司令東鄉平八郎曾經在英國學習軍事，指揮作戰謹慎而詭詐。

俄國雖然出兵百萬之眾，但是最終還是失敗，其原因主要是：第一，俄國歷來把遠東看作次要戰場，認為自己的戰略重心在歐洲，因此雖然有征服遠東的野心，但是實際上卻沒有做好充份的準備；第二，沙皇政府腐敗，官兵厭戰，士氣低落；第三，裝備落後，戰術保守；第四，指揮官指揮無能，海軍避港不出，陸軍坐守增援；第五，高級指揮官抱有僥倖取勝的心理，對日本的國力和日軍作戰能力以及突然襲擊行動估算不足；第六，戰區遠離俄國中心地區，交通不使，兵員和物資補充困難；第七，國內問題尖銳，戰爭又加速新的革命危機，使沙皇政府疲於應付，無法集中全力對付日本。

日俄戰爭是一場帝國主義之間的不義之戰，是交戰雙方站在對立的立場，同時侵略中國、重新劃分勢力範圍、爭奪利權的戰爭。日俄戰爭爆發以後，日本居然要求清政府在東北三省地區嚴守中立，讓出東北地

上古時期 BC
漢
0
100
200
三國
晉
300
400
南北朝
500
隋朝
600
唐朝
700
800
五代十國
900
宋
1000
1100
1200
元朝
1300
明朝
1400
1500
1600
清朝
1700
1800
1900
中華民國
2000

區作為戰場，坐視日、俄兩國在中國境內為了爭奪在中國的勢力範圍而廝殺。腐敗至極的清政府，竟然同意宣佈「局外中立」。

在日俄戰爭中，旅順的工廠被炸毀，房屋被炸毀，就連寺廟也未能倖免。耕牛被搶走，糧食被搶光，流離失所的難民有幾十萬人。日、俄都強拉中國老百姓為他們運送彈藥，服勞役，許多人冤死在兩國侵略者的炮火之下，更有成批的中國平民被日、俄雙方當作「間諜」，慘遭殺害。這場戰爭不僅是對中國領土和主權的粗暴踐踏，而且使中國東北人民在戰爭中，遭受巨大的損失和人員傷亡。

日俄戰爭對世界軍事的發展，也產生重要的影響。戰爭期間，雙方投入上百萬兵力，作戰行動的規模空前，進攻和防禦通常有數個集團軍共同行動，正面寬百餘公里，縱深達數十公里。這些作戰方法已經出現集團軍戰役的特徵，為戰役法的產生創造條件。

陣地防禦戰術進一步發展，防禦開始出現縱深，形成由掩體、掩蔽部和鐵絲網等工程障礙物組成的長達數十公里的綿亙防禦陣地。由於防禦一方加強火力，利用地形實施近迫作業、採用稀疏的散兵隊形、積極實施夜戰，已經成為進攻的重要手段。透過數次大規模的海戰，雙方都認識到提高艦艇航速、增強其攻擊力和裝甲防護能力，對奪取勝利的重要作用。

辛亥革命戰爭

一場終結中國封建統治的戰爭

西元一九一一年十月十日，在中國爆發一場以孫中山為首，轟轟烈烈的大革命，因為按照中國天干地支的紀年方法，一九一一年是「辛亥」年，因此這場革命被稱為「辛亥革命」，圍繞辛亥革命而爆發的一連串戰爭，也被稱為辛亥革命戰爭。這場革命戰爭的最後結果：擊垮清王朝的封建專制統治，建立民主的新國度。

上古時期 BC
漢
0
100
200
三國
晉
300
400
南北朝
500
隋朝
600
唐朝
700
800
五代十國
900
宋
1000
1100
1200
元朝
1300
明朝
1400
1500
1600
清朝
1700
1800
1900
中華民國
2000

起因

自從一八四〇年鴉片戰爭以後，隨著帝國主義各國侵略的進一步加深，中國淪為半殖民地、半封建社會，帝國主義和中華民族的衝突日益加劇。

腐敗的清朝統治者對外妥協、投降，對內橫徵暴斂，階級問題空前激化。各地群眾奮起反抗，國內鬥爭風起雲湧，但是這些鬥爭都是自發的，缺少組織和領導。

一九〇〇年（清光緒二十六年），義和團反帝愛國運動遭到八國聯軍鎮壓，清朝統治者為了換取帝國主義的承認和支持，不惜妥協賣國，激起全國人民的憤慨。

清政府迫於內外形勢的壓力，不得不宣佈變法，推行新政，並且把編練新軍作為重要內容，企圖以此鎮壓革命運動。由於新軍中湧入大量知識份子，他們易於接受革命思想，對封建統治日益不滿，形成一股反清革命力量。

與此同時，中國資產階級革命黨人登上歷史舞台，紛紛組織革命團體，宣傳民主革命思想。

一九〇五年，興中會、華興會和各省革命份子聯合，在日本東京成立中國同盟會，以孫中山為總理，黃興為庶務，提出「驅除韃虜，恢復中華，創立民國，平均地權」的革命綱領，豎起武裝革命的旗幟。

一九〇六年，同盟會制定《革命方略》，作為武裝革命的指導文件，並且著手進行起義準備。鑑於兩廣地處邊境，利於海外接濟，同盟會決定首先在兩廣發難，然後揮師北伐，直搗北京。

據此方針，同盟會先後發動十次武裝革命。這些起義分為兩個階段，第一階段以運動會黨為主，例如：一九〇六年湘贛萍瀏醴（今江西萍鄉、湖南瀏陽、醴陵）起義，一九〇七年廣東潮州黃岡起義、惠州七女湖起義、欽州防城起義和廣西鎮南關起義，一九〇八年廣東欽州上思起義、雲南河口起義，但是均告失敗。

第二階段轉入以運動新軍為主，例如：一九〇八年安徽安慶馬炮營起義，一九一〇年廣州新軍起義等，但是因為組織不嚴而未成功。一九一一年四月二十七日，黃興率領以革命黨人組成的先鋒隊一百二十餘人進攻兩廣督署，幾經奮戰幾乎全部犧牲，這就是著名的黃花崗起義。雖然這些起義都失敗，但是每次起義都產生宣傳革命、振奮人心的作用，極大的振奮全國人民繼續戰鬥的決心，推動革命形勢的迅速發展，鼓舞各地群眾運動蓬勃高漲。

同盟會全意專注華南起義而接連受挫，引起一部份的會員不滿，他們組成同盟會中部總會，進行長江中下游的革命運動，並且把根據地設在湖北的武漢。湖北位居長江腹地，武漢素稱「九省通衢」，是水陸交通中心。

帝國主義各國早就根據不平等條約在這裡開闢租界，開辦商埠和工廠，掠奪原料，傾銷商品，把侵略的魔爪伸向城鄉各個角落。這些行徑阻礙民族工商業的發展，促使農村經濟破產，人民被迫走上革命道路。一九〇四年七月，武昌出現第一個革命團體——科學補習所，隨後又陸續成立日知會、文學社、共進會等秘密革命組織。

湖北革命黨人深入新軍，宣傳革命，在士兵中發展革命組織，透過長期艱苦的工作，逐漸控制新軍的領導權。到武昌起義前夕，新軍中已經有三分之一的士兵參加革命組織，成為武昌起義的主力軍。

一九一一年四月，廣州黃花崗起義失敗以後，同盟會領導人決定把革命的中心轉移到長江流域，在同盟會總部的推動下，實現湖北地區革

BC
— 0
— 100
— 200
— 300
羅馬統一
羅馬帝國分裂
— 400
— 500
倫巴底王國
— 600
回教建立
— 700
— 800
凡爾登條約
— 900
神聖羅馬帝國
— 1000
十字軍東征
— 1100
— 1200
蒙古西征
— 1300
英法百年戰爭
— 1400
哥倫布啟航
— 1500
中日朝鮮之役
— 1600
— 1700
發明蒸汽機
美國獨立戰爭
— 1800
美國南北戰爭
— 1900
一次世界大戰
二次世界大戰
— 2000

命組織的大聯合。一九一一年九月～十月之間，川、鄂、湘、粵等省興起保路愛國運動，四川尤為激烈，最後演變為保路同志軍起義，圍攻省城成都。清政府急調湖北新軍入四川鎮壓，統治者在武漢的武力減弱，武昌起義的條件已經成熟。

一九一一年九月二十四日，文學社與共進會在武昌舉行聯席會議，共同組織起義的領導機構——臨時總司令部，設在武昌小朝街，推文學社領袖蔣翊武為臨時總司令，共進會領袖孫武為參謀長，制定起義計畫。總司令部原定十月六日起義，後來因為準備不足，起義日期推遲十天。十月九日，孫武在漢口俄租界寶善里革命總機關趕製炸彈的時候不慎爆炸，俄國巡捕循聲而至，搜去旗幟、符號、印信、文告等物，並且轉交清政府，曝露起義的秘密。

蔣翊武知道這個消息以後，立即召集緊急會議，決定當晚起義。但是命令還沒有傳達到基層，清政府已經將起義總部以及其他機關破壞，起義領導人大批被捕、個別逃走。當晚，湖廣總督瑞澂殺害被捕的革命領袖彭楚藩、劉復基、楊宏勝三人，同時下令緊閉城門，按照名冊繼續搜捕革命黨人，形勢十分嚴重。

在這個緊急關頭，新軍中的革命黨人自動聯絡，決心奮起反抗，死裡求生。十日晚上七時過後，武昌城內新軍工程第八營革命黨的總代表、後隊正目熊秉坤領導該營首先發難，打響辛亥革命戰爭的第一槍。

經過

戰爭爆發以後，熊秉坤率領十多名革命士兵，直奔楚望台軍械庫，守庫的本營左隊士兵鳴槍配合，順利的佔領楚望台。各處聞聲響應的起義士兵一起擁向楚望台，立即決定進攻督署，捕殺瑞澂。但是這個時候，起義規模不斷擴大，熊秉坤無法指揮，於是找了工程營左隊隊長吳兆麟擔任臨時總指揮。在吳兆麟的指揮下，革命軍以工程營為主力，當天夜裡十一時左右，分三路向督署發起猛攻。

守衛督署的清兵有一千餘人，他們雖然用強大的火力阻擊各路大軍的進攻，但是沒有將起義軍打退。午夜時分，革命軍發起第二次進攻，瑞澂聽見炮聲嚇得驚魂喪膽，從督署後牆打開一個洞逃跑。十一日凌晨二時，革命軍再次發動進攻，終於在黎明前攻下督署，並且於當天攻佔武昌全城，武昌起義勝利。

十月十一日晚上到十二日凌晨，革命軍先後佔領漢陽、漢口，武漢三鎮完全光復。武昌起義是以孫中山為首的資產階級革命派領導起義以來第一次取得勝利的戰爭，消息傳出以後，全國和全世界都為之震動。

武昌起義勝利以後，湖北軍政府即於十月十一日在武昌宣告成立。由於革命黨人公認的領袖孫中山當時正在美國，黃興又在香港，這次起義前推舉的領導人被捕、被殺、受傷或逃匿，群龍無首。並且，革命黨人沒有認識到掌握領導權的重要性，他們認為只有社會上有「名望」的人，才可以號召組織政府。於是，由吳兆麟等人提議，把黎元洪找來當湖北軍政府都督，把原來湖北諮議局議長、立憲派首領湯化龍找來當總參議。

剛開始黎元洪料想革命不會成功，就推託不肯上任，革命黨人只好組織謀略處，擔負軍政府的領導責任。五天以後，黎元洪見清王朝大勢已去，宣誓就職。黎元洪上台以後，謀略處即被撤銷，軍政府被改組，立憲派份子及反動官紳紛紛擠進軍政府。革命黨人雖然與之進行反覆鬥爭，終究未能扭轉以黎元洪為首的舊官僚、立憲黨人控制湖北軍政府的局面。

湖北軍政府成立以後，立即宣佈廢除清朝「宣統」年號，改國號為

上古時期 BC
漢
0
100
200
三國
晉
300
400
南北朝
500
隋朝
600
唐朝
700
800
五代十國
900
宋
1000
1100
1200
元朝
1300
明朝
1400
1500
1600
清朝
1700
1800
1900
中華民國
2000

「中華民國」。民國政府公佈《中華民國鄂州約法》，規定主權屬於人民，資產階級共和國的理想第一次用法律形式在中國固定下來。

此外，湖北軍政府發佈各種文告，號召各省起義，促進革命的繼續發展。由於資產階級的軟弱性和妥協性，在外交政策方面，湖北軍政府宣佈所有清政府與各國締結的條約繼續有效，賠款、外債照舊按期償付，各國在華既得利益「一體保護」，表示革命「並無絲毫排外性質」。

武昌起義的勝利，引起帝國主義和清王朝的極大震驚和恐慌。帝國主義迫於革命形勢，不得不宣佈「嚴守中立」，同時又派軍艦集結在武漢江面，做好武裝干涉的準備。十月十二日，清政府派陸軍大臣蔭昌率領北洋新軍兩鎮南下進攻革命軍，十四日再度起用北洋軍閥袁世凱為湖廣總督，督辦「剿撫」事宜。

袁世凱想趁機攫取更大、更高的權位，以「足疾未癒」為理由，假意拒絕出任，直到清政府任命他為欽差大臣，給他統率水陸各軍的大權的時候，他才從河南彰德老家「出山」南下。

十月十七日，清軍不斷向劉家廟增兵，爆發漢陽、漢口戰爭。湖北革命軍奮起保衛武漢，群眾踴躍參軍。幾天之內，軍政府擴軍達四萬人。新兵奮勇投入戰鬥，工農群眾手持刀矛助戰。十月十九日，革命軍大敗清軍於劉家廟，首戰告捷，漢口全市張燈結綵，熱烈慶祝。

十月二十七日，袁世凱命第一軍馮國璋部反攻，劉家廟復陷敵手；二十八日，革命軍退入大智門。清軍縱火劫市，大火連續燒三個晝夜，漢口繁華之區化為焦土；十一月二日，漢口失陷。三日，由上海趕來武昌不久的同盟會領袖黃興，受命為戰時總司令。

十六日，黃興率軍偷渡漢水，反攻漢口，但是沒有成功；十七日，退守漢陽。

二十一日，清軍進攻漢陽，黃興率領革命軍英勇抵抗；二十七日，因為寡不敵眾而失敗，漢陽陷落，歷時四十天的陽夏戰爭結束。此後，袁世凱為了留下與革命軍和談的餘地，沒有進攻武昌。

武漢地區的軍事遭到挫折，但是武昌起義造成的革命形勢是反動力量無法扭轉的，革命風暴席捲神州大地。漢口、漢陽之戰歷時四十餘日，有力的牽制清軍的精銳部隊，為各省響應起義創造條件，贏得時間。

首先回應起義的是湖南，十月二十二日，湖南革命黨人焦達峰等人發動會黨和新軍起義，攻佔長沙，宣告湖南脫離清政府獨立；同日，西安新軍起義，宣佈陝西獨立；二十九日，太原新軍起義，成立山西軍政府；三十日，昆明新軍起義，並且立即攻佔全城；三十一日，南昌新軍起義，成立軍政府；十一月三日，上海革命黨人發動起義，成立滬軍都督府；四日，貴陽新軍起義，宣佈貴州獨立；五日，江蘇、浙江、四川三省同時宣佈獨立；七日，廣西宣佈獨立，同日駐江蘇鎮江新軍一部起義，並且成立軍政府；八日，福州新軍起義，同日安徽宣佈獨立；九日，廣東宣佈獨立，成立軍政府。

江蘇、浙江、上海獨立之後，該地區的革命黨人為了進一步打擊清政府，決定聯合進攻仍然在清政府控制下的南京。十一月二十四至十二月一日，聯軍一萬餘人在總司令徐紹楨的統一指揮下，相繼攻佔烏龍山、幕府山、雨花台、天保城等據點。十二月二日，聯軍一舉攻佔南京城。至此，長江以南全部為革命軍據有。

在短短一個多月的時間裡，全國二十四個省中，就有十四個先後宣告獨立，成立軍政府。這些獨立省份情況複雜，有的被立憲派、舊官僚掌握政權，有的僅僅換了一塊新招牌，但是這股革命洪流給清王朝的統治極大的衝擊，使民主思想深入人心。

BC
— 0
— 100
— 200
— 300
羅馬統一
羅馬帝國分裂
— 400
— 500
倫巴底王國
— 600
回教建立
— 700
— 800
凡爾登條約
— 900
神聖羅馬帝國
— 1000
十字軍東征
— 1100
— 1200
蒙古西征
— 1300
英法百年戰爭
— 1400
哥倫布啟航
— 1500
中日朝鮮之役
— 1600
— 1700
發明蒸汽機
美國獨立戰爭
— 1800
美國南北戰爭
— 1900
一次世界大戰
二次世界大戰
— 2000

結果與影響

辛亥革命戰爭推翻清王朝，結束中國二千多年的封建專制統治。一九一二年一月一日，中華民國臨時政府在南京成立，二月十二日，清帝宣佈退位。從此，中國歷史進入新時期。

辛亥革命戰爭是震驚中外的一次偉大的政治事件，它在中國的土地上第一次豎起民主共和國的旗幟，這是中國幾千年文明史上的創舉，也是整個東方文明史上的創舉，在中國近代史上，寫下光輝燦爛的一頁。

同時，辛亥革命作為一場反對帝國主義侵略和封建主義壓迫的資產階級民主革命，它的爆發立即在亞洲和世界激起巨大迴響，迎來二十世紀世界各國民族解放運動的高漲。

馬恩河之戰

馬恩河畔的奇蹟

一九一四年九月六日～十一日的第一次世界大戰期間，協約國與德軍在法國馬恩河地區進行一次大規模、激烈的會戰，被稱為馬恩河之戰。

起因

一九一四年七月二十八日，以奧匈帝國對塞爾維亞宣戰為象徵，第一次世界大戰正式爆發。

八月一日，德國以俄國進行戰爭動員為由，對俄宣戰。八月三日，德國又以法國不接受它所提出的「中立」條件為藉口，向法國宣戰。德國的對法作戰計畫，是前總參謀長史里芬在一九〇五年所制定，其核心是：集中強大兵力於西線，透過防守空虛的比利時、盧森堡和荷蘭，從側翼包圍法軍，以速戰速決的戰術打敗法國，然後揮師東進對付俄國。

在法國方面，自從普法戰爭結束以後，法軍為了報失敗之仇，從一八七二年開始，制定一種又一種對德作戰計畫，到開戰前已經有十七種之多。最新的計畫是由法軍總參謀長霞飛將軍制定的，即「第十七號計畫」。該計畫的核心是認為德軍將集結在設防鞏固的法、德邊境線上，因此法軍決定在這裡展開積極主動的攻勢，並且一舉收復在普法戰爭中失去的阿爾薩斯和洛林兩省。

戰爭爆發以後，德軍總參謀長小毛奇遵循其前任總參謀長的計畫，僅用九個師的兵力監視俄國，在西線則集中七個集團軍共七十八個師，以梅斯為軸心分為左右兩翼展開。左翼二個集團軍共二十三個師，守衛梅斯以南法、德邊境的阿爾薩斯和洛林地區的陣地，右翼五個集團軍共五十五個師，借道比利時、盧森堡和荷蘭，突破法國北部邊境。

一九一四年八月四日，德軍右翼侵入比利時，遭到比利時軍隊的頑強抵抗，在列日要塞被阻三天，到二十日才佔領布魯塞爾。此時，法軍的幾個主力集團軍正在按照「第十七號計畫」，對德軍左翼發起進攻。然而，初期的戰鬥顯示，「第十七號計畫」很糟糕。在洛林，法國第一集團軍和第二集團軍在進攻薩爾堡和莫朗日兩地德軍的防線中，被打得焦頭爛額。

德軍右翼佔領比利時以後，其五個集團軍的近百萬人馬像一把揮舞的鐮刀，從比利時斜插入法國。走在最右面的是克盧克指揮的第一集團軍，大約三十萬人，被視為右翼的主力和向巴黎進軍的主攻部隊，該集團軍於八月二十四日，由比利時進入法境。八月二十五日，德軍攻佔那慕爾。霞飛為阻滯這支德軍部隊的前進，從洛林戰場調集兵力，組建法國第六集團軍。

九月二日，德軍的先頭部隊克盧克集團軍已經挺進到距離巴黎僅十五英里的地方，法軍主力為了阻遏德軍右翼進攻所做的努力，已告失敗。

巴黎人心惶惶，法國政府遷往波爾多。然而，克盧克並沒有直接向巴黎前進，而是向東旋轉，以配合比洛指揮的德國第二集團軍圍殲法國第五集團軍。這樣，德軍旋轉戰線上的側翼就要從巴黎的近邊經過，並且還要橫越法國第六集團軍的前方。

霞飛當時還不能迅速把握這個機會，他命令部隊繼續後撤，但是巴黎衛戍司令加利埃尼將軍馬上看清楚這一點，他興奮的大喊道：「他們把側翼送上門了！德國人怎麼這樣蠢！我不敢相信有這樣的事，太好了。」他立即命令法國第六集團軍準備攻擊德軍的右翼，又打電話給霞飛，請他批准攻擊行動，但是霞飛沒有表態。加利埃尼又驅車駛往英軍司令部，希望贏得他們的支持，但是英軍參謀長表示對這個計畫「不感興趣」。

經過

九月三日晚上，克盧克抵達馬恩河，他所追趕的法國第五集團軍和其外側的英國遠征軍已經渡過馬恩河。這兩支倉促退卻、陷入疲憊和混亂之中的部隊，雖然曾經一再接到炸毀橋樑的電令，但是都未去炸毀。

克盧克佔領這些橋堡之後，不顧柏林最高統帥要他與比洛的第二集團軍保持齊頭並進的命令，立即準備於次日清晨渡河，繼續追逐法國第五集團軍。

德軍總參謀長小毛奇獲悉法軍即將反攻以後，九月四日命令第一、第二集團軍在巴黎以東轉入防禦，第三、第四、第五集團軍南下，一起從東面進攻的第六集團軍合圍凡爾登以南的法軍。但是德國第一集團軍司令克盧克拒不執行命令，繼續率軍南下，形成有利於聯軍反擊的態勢。

在這一天，霞飛命令法國第五、第六集團軍和英國遠征軍，對德國第一集團軍實施主要突擊，法國第四、第九集團軍牽制德國第三、第四集團軍，法國第三集團軍在凡爾登以西實施輔助突擊。此時，英法聯軍六十六個師一百零八萬人對德軍五十一個師九十萬人，而且在主攻方向上，聯軍兵力是德軍的兩倍。

九月五日，克盧克集團軍經過巴黎東邊的時候，其右後方側翼受到法國第六集團軍的襲擊，克盧克立即命令第三和第九集團軍回過頭去對付法國第六集團軍。

這兩個集團軍原先的任務是掩護德國第二集團軍的右翼，所以他們的撤退使德國第一集團軍和第二集團軍之間產生一個寬達二十英里的缺口。克盧克之所以敢冒這個危險，是因為他知道正對著這個缺口的英軍已經迅速撤退。對德軍來說，取勝的關鍵就在於能否在法軍主力部隊和英軍利用這個缺口突破自己的腰部之前，擊潰法軍的兩翼，即法國第六集團軍和第九集團軍。克盧克重點對付的是法國第六集團軍，法國第九集團軍由德國第二集團軍應付。

法國第六集團軍快要支持不下去的時候，請加利埃尼立即從巴黎城內派兵增援。這個要求啟發加利埃尼組織戰史上第一支摩托化縱隊，即馬恩計程車隊。

加利埃尼命令巴黎員警徵集大約六百輛計程車，將一個師的兵力輸送到戰場，使法國第六集團軍最終沒被克盧克打垮。克盧克發覺右翼和後方受到威脅以後，命令所部於八日全部撤至馬恩河北岸。於是，德國第一集團軍和第二集團軍之間的間隙達到五十公里。

九月六日凌晨，法軍發起全線反攻，法國第六集團軍繼續與德國第一集團軍在奧爾奎河上激戰；法國第五集團軍也掉轉回來，變撤退為進攻，和德國第一集團軍廝殺，並且與德國第二集團軍右翼交火；法國第四和第九集團軍則截住德國第三、第四集團軍，使德國第一、第二集團軍陷於孤立。九月八日，弗倫奇率領英軍的三個軍團，悄悄爬進德國第一集團軍和第二集團軍之間的缺口，將德國第一集團軍與第二集團軍隔開，使克盧克和比洛面臨被分割、包圍的危險。

九月九日，比洛下令他的第二集團軍撤退。當時克盧克的第一集團軍雖然暫時擊敗法國第六集團軍，可是此時他也處於孤立的境地，不得不於同一天也向後撤退。

德軍在其他地段雖然略佔上風，但是鑑於第一、第二集團軍所面臨的態勢，九月十日，小毛奇下令全線停止進攻，撤至努瓦永至凡爾登一線。到九月十一日，德軍所有的軍團都從馬恩河一帶撤退，馬恩河會戰結束。

上古時期 BC
漢
0
100
200
三國
晉
300
400
南北朝
500
隋朝
600
唐朝
700
800
五代十國
900
宋
1000
1100
1200
元朝
1300
明朝
1400
1500
1600
清朝
1700
1800
1900
中華民國
2000

結果與影響

馬恩河之戰以德軍失敗告終，英法聯軍在二百公里的戰線上，推進六十公里。在這場會戰中，交戰雙方先後投入一百五十萬的兵力，傷亡人數在三十多萬以上。其中，法軍陣亡二萬一千人，受傷十二萬二千人，德軍陣亡四萬三千人，受傷十七萬三千人。

在馬恩河之戰中，協約國粉碎德軍速戰速決的計畫，保住巴黎，使第一次世界大戰中的西線戰場，形成膠著狀態。這場會戰的戰略性結果十分巨大，德國人喪失優先擊敗法國再來對付俄國的唯一機會。

在這場戰爭中，交戰雙方各有失誤。德軍的失誤，主要表現在：

第一，德軍總指揮官小毛奇遠離戰場，對前線戰況不明、指揮不當；

第二，德軍過高估算自己的實力，進而導致輕率用兵、孤軍深入；

第三，第一集團軍總指揮克盧克一意孤行，使各集團軍缺乏合作，導致德國速戰速決的整體計畫失敗。

英法聯軍的失誤，主要表現在：

第一，剛開始被德國的氣焰震撼，抱有悲觀的心態；

第二，行動遲緩，使大好的戰機白白浪費，並且使德軍保存實力。

自從戰爭爆發以後的一個多月的時間裡，德軍遵循史里芬定下的基本方針，迅速穿越比利時領土，向法國本土挺進。那個時候，整個德國甚至幾乎全世界都深信德軍會很快勝利，巴黎即將被佔領。然而，德國人的勝利似乎唾手可得、法國人的災難迫在眉睫的時候，協約國軍隊卻在馬恩河畔轉敗為勝，因而被人們稱為「馬恩河畔的奇蹟」。

凡爾登之戰

恐怖的「絞肉機」之役

第一次世界大戰中（一九一六年二月～十二月），德軍和法軍在法國凡爾登築壘地域進行一場激烈的戰爭，被歷史上稱為凡爾登之戰。在這場戰役中，德軍不僅沒有攻下凡爾登，而且慘遭失敗，使得同盟國實力大為減弱，戰場局勢迅速向有利於協約國的方面轉變。由於這次交戰破壞之慘烈、傷亡之巨大，也被軍事歷史學家們稱為「絞肉機」之役。

起因

凡爾登是法國東北邊境的戰略據點，是法國整個國防線的支撐點，是英、法軍隊戰線的突出部。它像一顆伸出的利牙，對深入法國北部的德軍側翼形成嚴重威脅。德、法在這裡曾經有過多次交手，但是德軍都未能奪取要塞。

一九一六年初，德軍在東線（即對俄作戰）取得重大勝利的情況下，為了盡快打敗英、法軍隊，其主攻方向轉回西線，決心集中兵力，攻克法軍堅守的戰略要地凡爾登，以牽制和消耗法軍主力。如果此次戰爭德軍可以一舉奪取凡爾登，必將沉重打擊法軍士氣。同時，佔領凡爾登，就是打通邁向巴黎的通道，法國就會不攻自滅，英、俄兩軍就不足為懼。凡爾登築壘地域橫跨默茲河兩岸，正面寬一百一十二公里，縱深十五～十八公里。它有四道防禦陣地，前三道為野戰防禦陣地，第四道是由要塞永備工事和兩個築壘地帶構成的堅固陣地，居高臨下，易守難攻。法國第三集團軍（由埃爾將軍指揮，擁有十一個師、六百多門火炮，後來增至六十九個師，大約佔法軍總兵力的三分之二）在此防守，其中五個師防守凡爾登以北地區，三個師防守凡爾登以東和東南地區，另三個師作為預備隊，配置在凡爾登以南默茲河西岸地區。

負責進攻任務的是由德國皇太子威廉指揮的第五集團軍（轄七個軍共十八個師、一千二百餘門火炮、約一百七十架飛機，後來軍隊增至五十個師，約佔西線德軍總兵力的二分之一）。其實際部署是：第三、第七、第十八軍（六個半師、八百七十九門火炮、二百零二門迫擊炮）在孔桑瓦至奧恩河十五公里寬的正面上，實施主要突擊，第五軍掩護其左翼；第十五軍在奧恩河以南六公里處實施輔助突擊，第六軍在默茲河西岸採取牽制行動。在主攻方向上，德軍步兵比法軍步兵多兩倍，炮兵多三・五倍。為了達到戰役的突破性，一九一六年一月，德軍在西線實施一連串佯動。

從一九一六年一月開始，德軍統帥法金漢悄悄結集部隊，準備攻擊凡爾登。同時，德軍明目張膽的向香貝尼增兵，做出要在香貝尼發動攻勢的姿態，法軍總司令霞飛果然上當。自從一九一四年德軍無力攻克凡爾登而轉移進攻方向之後，法國人就認為凡爾登要塞已經過時，已經停止強化那裡的要塞。此時，德軍向香貝尼的移動使霞飛異常警惕，他認為德軍會向香貝尼進攻，然後從這裡進軍巴黎。

然而，隨著德軍在凡爾登方向結集跡象的逐漸明顯和曝露，英法聯軍終於明白德軍的真正意圖。霞飛慌了神，火速下令向凡爾登增兵。但是到了一九一六年二月二十一日，僅有兩個師趕到凡爾登。這一天，德軍開始對凡爾登要塞發動進攻，企圖一舉消滅法國主力部隊。

經過

一九一六年二月二十一日七時十五分，德軍開始進攻凡爾登。為了不曝露主要突擊方向，德軍決定在寬達四十公里的正面上，以整個集團軍的炮兵進行八個半小時的炮火準備。空軍首次對法軍陣地實施轟炸，摧毀部份防禦陣地，並且殺傷大量敵軍。十六時四十五分，德軍步兵發起衝擊，採用縱深隊形以散兵線分波次推進，最前面為強擊群。當日，德軍佔領第一道防禦陣地，在以後四天（二月二十二日～二十五日）中，又先後攻佔第二、第三道防禦陣地，將戰線向前推進五公里，佔領重要支撐點杜奧蒙堡，但是未能突破法軍的最後防線。

戰鬥對於法軍來說是艱苦的，但是總算頂住德軍的進攻。等到法國援軍趕到之後，雙方開始拉鋸戰。二月二十五日，法軍總指揮霞飛將軍任命第二集團軍司令貝當為凡爾登前線指揮官（五月一日起，由尼韋勒繼任），並且調集一切可以動用的部隊，決心在凡爾登地區與德軍決戰。二月二十六日，貝當下令奪回杜奧蒙堡。法軍經過四天激戰，損失慘重，但是沒有完成任務。

自二月二十七日起，法軍利用唯一與後方保持聯繫的凡爾登公路（又被法國人民稱為「聖路」），源源不斷的向凡爾登調運部隊和物資。一週內，法軍沿著這條公路，用三千九百輛汽車，輸送十九萬名士兵和二千五百多多噸軍用物資，這是大規模汽車輸送的第一個範例。法軍大批援軍及時投入戰鬥，加強縱深防禦，對戰役進展產生重大影響。到了月底，德軍彈藥消耗很大，而且戰略預備隊未及時趕到，進而喪失突破法軍防線的時機。

從一九一六年三月五日起，德軍將正面進攻擴大到三十公里，並且將主要突破方向轉移到默茲河西岸，企圖攻佔三〇四高地和二九五高地，解除西岸法軍炮兵的威脅，並且從西面包圍凡爾登。同時，德軍繼續加強東岸的攻勢，由急促的衝擊改為穩步進攻，但是遭到法軍的頑強抵抗，付出巨大傷亡以後，僅攻佔幾個小據點。整個三、四兩個月，指揮德國第五集團軍的普魯士皇太子在風雪和連綿的春雨之中，驅趕著部隊向默茲河西岸進攻。在法軍的交叉火力下，德軍傷亡慘重。這個地區的據點，成為德、法兩軍反覆爭奪的區域，炮兵成為戰爭的主角，每次衝擊和反衝擊，炮兵都要進行密集而猛烈的炮火準備。四月九日，德國在攻擊莫特・歐姆高地的炮火準備的時候，消耗十七列車彈藥；五月四日在攻擊三〇四高地的時候，參加炮火準備的重炮連多達一百多個；四月二十日，法軍用八十個炮兵連的火力支援反衝擊。結果，德軍被逐出莫特・歐姆高地，雙方都遭受到莫大的損失。在此期間，一件意想不到的事幫了協約國大忙。在一次炮兵對射中，法軍的一發炮彈無意中擊中德軍隱藏在斯潘庫爾森林中的兵工廠，把四十五萬發大口徑炮彈引爆，德軍的炮兵火力由於彈藥短缺而受到很大影響。經過七十餘天的激戰，到四月初德軍總共才前進六～七公里，而且受到的阻力越來越大，在兵力上的優勢已經蕩然無存。與之相反，協約國逐漸在力量上佔上風。

一九一六年四月～五月，德軍集中兵力、兵器（包括使用噴火器、窒息性毒氣和轟炸機），對西岸法軍實施重點突擊。但是步兵進抵三〇四高地和二九五高地一線以後，遭到法軍炮火的猛烈反擊，五月底停止進攻。在東岸，法軍頻繁輪換作戰部隊，不斷實施反擊，與德軍反覆爭奪，遲滯德軍進攻。

一九一六年六月，德軍再次發動大規模攻勢，經過七天激戰，切斷沃堡與法軍其他陣地的聯繫，迫使沃堡守軍於六月七日投降。六月下旬，德軍首次使用光氣窒息毒氣彈和催淚彈猛攻蘇維耶堡，在四公里寬的正面上，發射十一萬發毒氣彈，給法軍造成重大傷亡，一度進抵距離凡爾登不到三公里處。同年六月，俄軍在西南戰線突破成功；七月，盟軍在索姆河發起進攻；八月，法軍發起反突擊。這些情況迫使德軍在凡爾登方向未再投入新的兵力，後來的進攻行動只是為了牽制正面的法軍。經過數月苦戰，德軍雖然在凡爾登以北、以東地區，鍥入法軍防線七～十公里，但是未能達成戰役突破。八月二十九日，德軍總參謀長法金漢被免職，興登堡元帥接任他的職位。九月二日，德皇批准停止向凡爾登進攻。十月二十四日，法軍轉入反攻，至十二月十八日收復杜奧蒙堡壘和沃堡堡壘。十二月十五～十八日，法軍再次發動反攻，收復被德軍攻佔的陣地。十二月二十一日，法軍前進到他們在二月二十五日原先據守的地區，凡爾登之戰至此結束。德國預定在一九一六年迫使法國退出戰爭的戰略計畫，經過凡爾登一戰，遭到徹底失敗。

結果與影響

凡爾登之戰是第一次世界大戰中歷時最長、規模很大的戰役，也是典型的陣地戰、消耗戰。雙方參戰兵力眾多，傷亡慘重。法軍在整個戰役過程中，投入陸軍六十六個師（法軍陸軍共有七十個師），德軍也先後投入四十六個師。經過十個月的廝殺，法軍陣亡、負傷、被俘和失蹤的人數達四十六萬人。從這個意義上說，法金漢達到目的，因為凡爾登戰役吸引法軍的絕大部份力量，消耗法國陸軍中最優秀的士兵，但是德軍也付出傷亡近三十萬人的代價，他們損失的精銳突擊營士兵是無法補充的。

在這次戰役中，雙方爭相使用新式武器，德軍為了實施塹壕戰，廣泛採用噴火器、毒氣彈和超大口徑火炮等兵器，法軍則試驗輕機槍和四百公釐超級重炮。炮兵在這次戰役中成為主角，雙方的軍隊相互發射大約四千萬發炮彈，這在戰爭史上是少有的。同時，法軍的野戰築城工事和永久工事互相結合的防禦體系，也顯示巨大的生命力。

德軍在此役中的失敗，主要是由於協約國軍隊在兵力、兵器方面佔有整體優勢。德軍雖然在進攻開始階段，取得一定的進展，但是隨著時間的推移，劣勢越來越明顯，最後竟然無力進攻，這也從另一方面反映出德軍指揮部過高的估算自己的力量。

凡爾登之戰是第一次世界大戰中最有決定性的一次戰役，德軍因為遭到無法彌補的人力和物力的巨大損失，其在多條戰線上作戰的困境日益加重，德軍的士氣從此大為低落，戰鬥力日益下降。與此同時，德國國內人民掀起更高的反戰浪潮，德國內外交困、處境危難，戰爭的主動權逐漸轉移到協約國手中。

日德蘭海戰

世界海戰史上，最後一次戰艦大編隊交戰

西元一九一六年五月三十一日～六月一日的第一次世界大戰期間，英國大艦隊和德國公海艦隊，在日德蘭半島以西的斯卡格拉克海峽附近海域，進行一場大海戰，被稱為日德蘭海戰，也稱為斯卡格拉克海戰。它是第一次世界大戰期間規模最大的一次海戰，也是海軍歷史上戰艦大編隊之間的最後一次決戰，從此之後，以戰艦為主力艦的海戰史結束。

起因

自一八〇五年特拉法加海戰以來，英國一直保持海上霸主的地位，它的龐大艦隊耀武揚威的巡弋於全球各大海洋上。第一次世界大戰爆發以後，英國憑藉其海軍優勢，對德國實行海上封鎖，迫使德國大洋艦隊不敢貿然出港。儘管德國加強海軍力量，但是在艦隻數量和排水噸位上仍然落後於英國，火炮口徑和數量也不及英國。因此，在戰爭開始後的兩年半時間裡，英國的主力艦隊像一條看門狗一樣蹲在斯卡帕弗洛港，死死盯住德國的大洋艦隊，使其多半時間困在威廉港和不來梅港，成為名副其實的「存在艦隊」。

戰爭初期，德國人把勝利的希望寄託在具有傳統軍事實力的陸軍身上，海軍僅以小兵力進行海上游擊戰，襲擊協約國海上交通運輸船。但是，一年的作戰之後，形勢並未好轉，特別是凡爾登戰役以後，德國陸軍陷入持久作戰的困境，德軍企圖在陸上取得勝利的夢想破滅了。德國最高統帥部不得不改變初衷，把戰略重心轉到海上。為了突破英國的海上封鎖，讓德國在海上行動自由，扭轉被動局面，德軍總指揮準備在海上尋找機會與英國進行決戰。

一九一六年一月，德國海軍對大洋艦隊司令部進行調整，任命舍爾海軍上將為艦隊司令。「粗暴好鬥」的老水兵舍爾一到任，就著手制定對英國艦隊實施主動進攻的作戰計畫，企圖先以少數戰艦和巡洋艦襲擊英國海岸，誘使部份英國艦隊出港，然後集中大洋艦隊主力進行決戰，逐步消滅英國主力艦隊。為了實現這個計畫，舍爾用了四個月的時間派出戰鬥巡洋艦、潛艇和「齊柏林」飛艇，多次襲擊英國東海岸，並且實施佈雷和偵察行動。

五月中旬，舍爾命令希佩爾海軍上將率領五艘戰鬥巡洋艦、五艘輕巡洋艦和三十艘驅逐艦，組成戰役佯動艦隊，引誘英國艦隊出港。舍爾親率大洋艦隊主力（由二十一艘戰艦、六艘輕巡洋艦和三十一艘驅逐艦組成的重兵集團）隱蔽在佯動艦隊之後五十海浬處，隨時準備殲擊上鉤之敵。另外，一支由十六艘大型潛艇、六艘小型潛艇，以及十艘大型「齊柏林」飛艇組成的偵察保障部隊，嚴密監視英國海軍動向。然而，舍爾怎麼也沒想到，他自以為天衣無縫的作戰計畫，早就被英國海軍截獲。一九一四年八月，俄國在芬蘭灣口擊沉德國「馬格德堡」輕巡洋艦以後，俄國潛水夫在德國軍艦殘骸裡，意外發現一份德國海軍的密碼本和旗語手冊，並且將其提供給英國海軍統帥部，使英國海軍輕而易舉的破譯德國海軍的無線電密碼，準確的掌握德國海軍的行蹤。

英國海軍主力艦隊司令約翰・傑利科上將根據掌握的德國海軍情報，連夜制定一個與舍爾如出一轍的作戰方案，決定由海軍中將比提率領四艘戰艦、六艘戰鬥巡洋艦、十四艘輕巡洋艦和二十七艘驅逐艦作為前衛艦隊，先追擊來襲的希佩爾艦隊，等舍爾率領的主力前出圍殲的時候，佯敗誘敵。傑利科親率由二十四艘戰艦、四艘戰鬥巡洋艦、二十艘巡洋艦和五十艘驅逐艦組成的艦隊主力隨後跟進，對德國大洋艦隊形成合圍之勢。

經過

一九一六年五月三十日夜，比提率領前衛艦隊駛離羅賽思港，馬上就被德國潛艇發現。五月三十一日凌晨，希佩爾按照計畫，率領「誘餌艦隊」駛出威廉港，很快的處於英國的監視之中。根據舍爾的命令，這支「誘餌艦隊」沿丹麥西海岸直趨斯卡格拉克海峽。這樣，海峽兩邊地區的眾多英國間諜，就會將希佩爾艦隊所經過的位置報告給倫敦。航行中，希佩爾還讓各艦的無線電發報機不停的發報，以誘使英國人上鉤。雙方都認為敵人已經上鉤，兩支艦隊小心翼翼的相向而行，將軍們緊張的注視著海圖上對方行動的軌跡，一場空前規模的大海戰就在無聲的航行中，拉開帷幕。

在希佩爾出發兩小時以後，舍爾親自率領大洋艦隊主力，悄悄的離開威廉港，隱蔽在「誘餌艦隊」艦隊之後，隨時準備聚殲上鉤之敵。與充當「誘餌」的希佩爾艦隊大張旗鼓的航行相反，舍爾所率主力編隊的出航，保持嚴格的無線電靜默。同時，威廉港的無線電台繼續使用舍爾的指揮艦——「腓特烈大帝」號的呼號，與外界聯絡，造成舍爾海軍上將以及大洋艦隊主力仍然在港內的假象。

五月三十一日下午，雙方前衛艦隊在斯卡格拉克海峽附近海域開戰，英國主力艦數量兩倍於敵，德國艦隊不敢戀戰，希佩爾按照計畫轉向東南，向大洋艦隊的主力狂奔。比提一見到嘴的肥肉要飛，早就把預定任務拋到腦後，不顧一切的猛追，致使威力大、速度慢的四艘戰艦脫隊十幾海浬，犯了被英國歷史學家們稱為「致命的錯誤」。結果，比提對希佩爾本來是十：五的實力，降為六：五。十五時四十八分，希佩爾命令各艦向二十公里之外的比提艦隊開火，隨著德國艦隊發出的第一批炮彈，雙方前衛艦隊之間的戰鬥終於打響了。十二分鐘以後，比提的指揮艦首先中彈。十六時五分，英國戰鬥巡洋艦「不屈」號被擊沉。在這個緊要關頭，脫隊的十艘戰艦趕到。面對英軍強大火力，希佩爾鎮定自如，命令集中火力，猛轟英國戰鬥巡洋艦「瑪麗皇后」號，使該艦連中數彈，爆炸以後折為兩段迅速沉沒，全艦一千二百七十五人，僅有九人生還。在短短幾十分鐘內，英國艦隊二沉一傷，損失慘重。

比提發現迎面而來的德軍主力的時候，才發覺上當，即令整個前衛艦隊北撤，舍爾見狀，急令全艦隊追擊。他哪裡知道，自己釣上的「魚」，也是敵人佈下的誘餌。在近三小時的追擊戰中，雙方均無建樹。十八時許，英國前衛艦隊與主力艦隊會合，舍爾也追了上來。傑利科指揮艦隊成一路縱隊衝向敵艦，切斷德國大洋艦隊的後路，雙方在落日餘暉的映照下，展開激戰。十八時二十分，英國的二艘老式裝甲艦被德國的戰鬥巡洋艦擊中，一炸一沉。十八時三十三分，一・七萬噸的英國第三戰鬥巡洋艦中隊指揮艦「無敵」號又被德國艦隊擊中，立即炸成兩段，艦隊司令胡德少將連同全體艦員一同沉入海底。但是英國艦隊的損失，並沒有影響主力艦隊在數量上的優勢，加上英國艦隊逐漸搶佔有利的攻擊陣位，作戰形勢馬上發生有利於英軍的轉化。德國艦隊接連受到打擊，希佩爾的指揮艦「呂措夫」號和另一艘戰鬥巡洋艦被擊中，迫使舍爾放棄原來的計畫，企圖殺出一條血路返回基地，但是幾經衝殺，也無法逃脫英國艦隊猛烈炮火的轟擊。最後一批艦隻從亂軍中衝殺出來的時候，屢建戰功的「呂措夫」號已經千瘡百孔，無法繼續航行，被迫棄艦沉沒。英軍雖然連連得手，但是面對落荒而逃的德國艦隊，小心謹慎的傑利科卻因為害怕碰上德軍後撤時佈下的水雷，下令停止追擊。

二十時，一場混戰在夜幕中暫停，雙方指揮員開始醞釀新的較量。傑利科準備天亮在舍爾返回基地的必經航線上，徹底消滅德國大洋艦隊，舍爾則企圖連夜衝出包圍，經過合恩礁水道，返回基地。為此，舍爾把所有可以用的驅逐艦都派出去攔截英軍主力艦隊，掩護大洋艦隊突圍。按照舍爾的命令，德國驅逐艦拚死一搏，如狼群一般從不同的方向襲擊英主力艦隊，給英軍造成混亂和判斷失誤，使傑利科無法知道德國艦隊在哪個方向。

二十三時三十分，大洋艦隊和英軍擔任後衛的驅逐艦開戰，因此演出日德蘭大海戰的最後一幕。雙方藉助照明彈、探照燈和艦艇中彈的火光，進行漫無目標的射擊和衝撞。激戰中，英國三艘驅逐艦被擊沉，德國二艘輕巡洋艦被魚雷送入海底。拂曉前，雙方在混戰中，互有損傷，英國的一艘裝甲巡洋艦認敵為友，被四艘德國戰艦射成一團火球；混亂中，一艘英國輕巡洋艦被己方的戰艦攔腰切成兩段；德國一艘老式戰艦步履蹣跚的跟在艦隊後面，被一群英國驅逐艦用魚雷擊沉。

舍爾不顧一切的向東逃竄，六月一日四時通過合恩礁水道，終於回到基地。傑利科因為害怕德軍佈設的水雷，匆匆返回斯卡帕弗洛基地。這場空前絕後的艦隊決戰，就這樣草草收場。

結果與影響

日德蘭海戰是第一次世界大戰期間規模最大的海戰，也是世界海戰史上最後一次戰艦大編隊交戰。戰鬥中，英國損失戰鬥巡洋艦三艘、裝甲巡洋艦三艘、驅逐艦八艘，傷亡近七千人；德方損失戰鬥巡洋艦一艘、輕巡洋艦四艘、驅逐艦五艘，傷亡近三千一百人。

海戰結束以後，交戰雙方都宣稱自己是勝利者，以至於如何評判這場戰爭，成為世界海戰史上的一段著名公案。針對戰術而言，德國人的確是這場海戰的勝利者，大洋艦隊向強大的英國主力艦隊發起勇猛的挑戰，希佩爾艦隊重創比提艦隊，舍爾憑藉著準確的判斷和優良的航海技術，成功的擺脫佔極大優勢的傑利科的追擊。然而，針對戰略而言，德國海軍沒有打破英國的海上封鎖，全球海洋仍然是英國海軍的天下，大洋艦隊困在港內毫無作用。

在日德蘭海戰中，大炮巨艦主義遭到失敗。此後，德國和其他海上強國開始研發爭奪制海權的新型力量和探索新的戰法，第二次世界大戰中出現的潛艇破襲戰和航空母艦海空決戰，正是這個探索的產物。

索姆河之戰

第一次世界大戰中，規模最大的戰役

西元一九一六年七月一日～十一月十八日的第一次世界大戰期間，德、法兩軍在凡爾登城下的浴血廝殺進入白熱化的時候，英法聯軍為了突破德軍防禦，並且將其擊退到法、德邊境，在法國北部索姆河地區，對德軍發動一次大規模的戰略進攻性戰役。這就是持續達四個月之久，慘烈程度甚於凡爾登之戰的索姆河之戰。

起因

在索姆河發動大規模攻勢，是協約國集團預定的一九一六年戰略進攻計畫的一部份。一九一五年十二月，法軍總司令霞飛就與英軍司令海格爵士協商，由法國三個集團軍和英國二個集團軍，在索姆河兩岸實施大規模戰略進攻，力爭打破西線的僵局，為以後轉入運動戰創造條件。

後來的凡爾登之戰，打亂英、法軍隊的部署，慘重的傷亡和德軍一天緊似一天的進攻，使法軍疲於奔命，根本無法進行索姆河戰役的準備。後來，進攻索姆河的內容被改為：英軍方面由第三、第四集團軍參戰，共二十五個步兵師，法軍方面是第六集團軍，共十四個步兵師；英軍第四集團軍擔任主攻任務，主要是突破德軍在索姆河以北的第四和第六集團軍的防禦。

英、法之所以沒有放棄索姆河戰役計畫，一方面是想透過這次戰役打破西線的僵局，更主要的是，德軍在凡爾登方向的進攻，給法軍造成相當大的壓力，因此必須在其他方面打出去，以進攻來牽制德軍，進而減輕凡爾登的壓力，轉危為安。所以，原定的索姆河戰役目標，在戰前就改為部份的減輕對凡爾登的壓力。但是霞飛和海格把反攻的地點選在索姆河，就如同德國的法金漢一樣，都沒有充份估算到敵方防禦的強度，結果他們都犯了「用雞蛋碰石頭」的錯誤，索姆河戰役也成為一場無法達到預期目的、空前規模的消耗戰。

索姆河地區屬丘陵地帶，地形起伏不平，森林和村莊星羅棋佈，德軍駐守在索姆河防線最前端的是第二集團軍。自從西線陷入塹壕戰僵局以來，德軍有兩年多的充裕時間加強防禦。他們精心選擇地形，構築一整套完整的防禦體系。

德軍的防禦體系由三個陣地組成，第一陣地縱深約一千公尺，包括三條塹壕以及支撐點、交通壕和混凝土掩蔽部；第二陣地在第一陣地後面三～四公里，有兩條塹壕和支撐點，第一、二陣地之間有一個中間陣地；第二陣地後面三公里處是第三陣地，整個防禦體系縱深七～八公里。德軍的整個陣地，從低到高修築在山坡上，對英、法軍的行動一覽無餘。德軍還構築深達四十英尺的地下坑道網，其地下工事的出入口都隱蔽在村莊和附近的樹林中，難以被敵人發現。工事內配備完善，儲備豐富的彈藥和食品。這一切，使索姆河地段成為「世界上最堅固和最完備的防禦工事」之一。

在德軍防禦陣地對面，英、法軍秘密的進行五個多月的大規模的周密準備。他們的進攻陣地也非常堅固，還構築塹壕、交通壕、掩蔽工事和躲避炮兵火力的掩蔽部、各種倉庫。除此之外，英、法軍對預定參戰的軍隊，進行一連串專門的野營訓練，模擬德軍防禦演練突擊的方法。

德軍早就掌握有關英、法軍陣地的位置，法國部隊向他們的前端陣地移動的時候，德軍在望遠鏡中看得一清二楚。他們差不多掌握英、法軍開始進攻的日子，因此早就做好準備。雙方都懷著緊張的心情，等待那一天的到來。

一九一六年六月二十四日，英、法軍隱蔽的炮兵群對德軍陣地開始開戰以來最大規模的炮擊，索姆河之戰打響。「轟隆隆！」「轟隆隆！」爆炸聲整日響個不停，整整持續一個星期。空前猛烈的炮火，使德軍陣地頓時陷入一片硝煙和火海之中，地動山搖，不時有德軍的掩體和障礙物飛上天空。

三千門大炮將一百五十萬發炮彈全部傾瀉在德軍防禦前端。六月三十日晚上，「彈幕」射擊達到最高潮，索姆河的上空全部被炮彈的火光映紅。德軍陣地在炮火的激烈轟擊下，硝煙瀰漫，彈痕累累，到處都是斷垣殘壁。德軍第一陣地幾乎全部被摧毀，第二陣地雖然部份被摧毀，但是失去主導進攻的戰術。

經過

一九一六年七月一日早晨，陽光燦爛。英法聯軍的大炮停止轟鳴，索姆河畔顯得格外寧靜，意味著一場激烈的陣地攻防戰正在醞釀之中。守衛在陣地上的英、法士兵，早就已經做好衝鋒的準備，只等待一聲令下。

經過七天炮火準備以後，英國第四集團軍（由羅林森將軍指揮）從馬里庫爾至埃比泰恩二十五公里正面，向巴波姆方向實施主要突擊，由英國第三集團軍第七軍在其左翼採取保障行動；法國第六集團軍（由法約爾將軍指揮）從羅西耶爾以北索姆河兩岸向佩羅納方向實施輔助突擊。

霎時間，英法聯軍的陣地上，響起進攻的號角。英、法聯軍以三倍於敵的兵力，在四十公里寬的突破地段上，向德軍發起衝鋒。排成長長的橫列、背著沉重的裝備的英軍進入百碼射程之內的時候，「突突突——」德軍的新式機槍吐出一串串火舌。密集的子彈像一把鋒利的大鐮刀，頃刻間就把英軍「像割麥子一樣，成群的掃倒」，其結果不亞於一場大屠殺。在第一天的進攻中，英軍就有六萬人陣亡、受傷、被俘或失蹤，這是英軍戰爭史上最慘烈的一天。

在索姆河以北的主要方向上，儘管英國第四集團軍的二個軍佔領德軍防禦前端第一陣地，但是其餘三個軍和第三集團軍的第七軍的攻擊卻被擊退，並且遭到重大傷亡。在索姆河以南的方向上，法軍取得一定的進展，其第二軍佔領德國第一陣地以及支撐點。

七月二日，英軍司令海格看到左翼受阻，無法前進，決定對攻擊計畫做出修改。他把主攻方向暫時限制在右翼第四集團軍進攻正面翼側的方向上，其餘的兩個軍離開右翼，調到預備隊擔任消極防禦任務，以便集中兵力，在更窄的地段上達成突破。經過兩天血戰，英軍第四集團軍佔領弗里庫爾村，並且向中間陣地繼續突擊。

法軍的進展情況稍微好一些，法國第六集團軍進攻的方向，正好是德軍防禦的薄弱地段。七月三日，法國第六集團軍以猛烈的突擊，一舉突破德國第十七軍的防禦陣地，並且對德軍造成嚴重傷亡。不久，德國第十七軍重新糾集力量，組織多次反衝擊，但是不僅沒有奪回陣地，反而使傷亡更加慘重，無力再戰。後來，德軍統帥為了保存第十七軍的實力，命令他們後退休整。

但是第十七軍後撤得非常匆忙，使德軍預備隊來不及迅速佔領全部防禦陣地，結果一些陣地和支撐點無人防守。這就使德軍的防禦正面上，出現一個缺口和許多間隙地，給法軍可乘之機。

七月四日，法軍先遣分隊發現這個情況以後立即出動，未經交戰就佔領無人防守的巴爾勒。這個時候，另一些部隊也準備向索姆河前進，想趁機擴大戰果。但是，法國第六集團軍司令法約爾卻不同意這樣做。他的理由是：要奪取新陣地，必須使已經佔領的地區得到鞏固，第二梯隊已經接替戰鬥。同時，以有力的炮火準備做好保障的時候，才可以繼續進行攻擊。按照這個僵硬的教條，準備出擊的部隊不得不撤回原陣地，結果耽誤整整兩天兩夜的時間。

德國第二集團軍發現自己的嚴重漏洞以後，暗自慶幸法軍沒有連續進攻，並且趕忙從統帥部調來五個精銳師。這些師以大部份兵力接替第十七軍的防禦，並且填補一切空隙，重新組織防禦體系，堵住缺口。法軍喪失的這次戰機，給整個戰局帶來不利影響。

此時，德軍統帥部也意識到英、法軍在索姆河進行的攻擊規模是空前的，其目的和企圖不僅是牽制凡爾登方向的德軍，如果掉以輕心，也許會造成整個戰線的崩潰。因此，德軍迅速抽調兵力，加強第二集團軍的力量，整個集團軍增加到三個軍。此外，還有二十七個重炮連、十五個輕炮連、三十架飛機。

從七月九日開始，英、法軍又恢復進攻，但是這個時候的德軍已經大大加強兵力，使得雙方的兵力對比，發生明顯變化。雖然英、法軍冒死衝鋒，但是依然進展緩慢，雙方很快的進入膠著狀態。

更嚴重的是，英、法軍在指揮上極不協調，雙方的作戰方針完全不一致。英軍指揮官海格為了可以在主要突擊方向取得縱深突破，要求法軍給予積極協助，指示法軍將第六集團軍的力量重心移到索姆河以北。但是法軍指揮官卻我行我素，根本不理睬英軍的要求，繼續指揮該部在索姆河以南進行離心方向的進攻。英、法軍未能集中力量，勢必嚴重影響戰鬥進展，到七月十七日，英軍僅前進三、四公里，法軍推進六、七公里。十九日，德軍將第二集團軍分編為比洛指揮的第一集團軍和加爾維茲指揮的第二集團軍，加強索姆河上游地區的防禦。此後，雙方不斷增加兵力、兵器，作戰行動變成一場消耗戰。

九月三日，英法聯軍以五十六個師的兵力再次發動大規模進攻，深入德軍防禦縱深二～四公里。

九月十五日的上午，英、法聯軍的士兵正在頑強與德軍交鋒之際，突然，一陣隆隆的聲音震耳欲聾，大地也在微微顫動。只見幾個像大鐵罐似的東西，正在慢慢的從英法聯軍的陣地上，慢慢的向德國軍隊的方向移動過來。「轟隆——轟隆——」這些「鐵罐」突然發射出炮彈，炸得德國士兵血肉模糊。

「機槍掃射！」德軍指揮官發出命令，機槍馬上向「鐵罐」掃射。

可是，子彈只是落到上面，「鐵罐」卻沒有損傷。「鐵罐」繼續向德軍陣地逼近，英法聯軍的士兵們緊隨在它的後面，向德軍陣地衝擊。德軍士兵從未見過這種「刀槍不入」的「大怪物」，嚇得驚呼狂叫，四處逃竄。英法聯軍趁機攻佔幾個村莊，俘虜數百名嚇得不知所措的德國官兵。

這些「鐵罐」，就是英國最早試製的坦克（英語中的「坦克」，就是「罐子」的意思）。一九一六年九月十五日，坦克有史以來第一次在索姆河戰場上出現。英軍使用四十九輛坦克（實際參戰僅十八輛）配合步兵進攻，佔領德軍第三道陣地的若干重要支撐點。

坦克對德軍步兵產生巨大的心理作用，他們放棄陣地，不戰自退。但是，由於坦克的技術裝備不完善，突破任務沒有完成，戰術勝利未能發展為戰役勝利。後來英軍又使用兩次坦克，收效不大，德國人也學會攻擊坦克的方法。到了秋季，由於陰雨連綿、道路泥濘，戰鬥逐漸平息，到十一月中旬完全停止。

結果與影響

索姆河之戰持續四個月之久，它和凡爾登之戰一樣，成為一九一六年西線乃至整個第一次世界大戰中規模最大的戰役之一，而且這兩個戰役互相關聯，互相牽制。英、法軍作為進攻的一方，沒有達到自己的目的，德軍以凡爾登戰役，牽制英、法軍在索姆河戰役的力量，英、法軍則以索姆河戰役，牽制德軍在凡爾登戰役中的力量。由於戰術的教條和塹壕陣地防線在當時無法克服的緣故，這兩個戰役最後都成為消耗戰，特別是索姆河之戰。

索姆河之戰是戰爭中典型、雙方傷亡慘重的陣地戰役，針對兵力、兵器而言，它是第一次世界大戰中最大的戰役。英軍投入交戰的軍隊有五十四個師，法軍三十二個師，德軍六十七個師。

英法聯軍以傷亡近八十萬人的代價，僅向前推進五～十二公里，未能突破敵軍防禦。德軍損失約五十四萬人，失去二百四十平方公里陣地，但是打破英法聯軍的計畫。

索姆河戰役證明：在正面的一個狹窄地段上，以遞進衝擊突破陣地防禦的理論和實踐是行不通的。但是這次戰役以及西南集團軍進攻的勝利，使得戰略主動權從德國轉到協約國。並且，索姆河進攻促使其他國家裝備坦克，並且發展反坦克兵器。

索姆河戰役顯示協約國在軍事和經濟方面的優勢，從協約國與德國的經濟潛力和兵員後備力量的對比來看，協約國的損失顯然是值得的。相反的，由於英、法軍在索姆河戰役中牽制德軍力量，使德國發動的凡爾登戰役以失敗告終。大大影響德軍的士氣，對德軍以後的行動，產生巨大影響。

綏遠抗戰

國共合作和全面抗戰的前奏

西元一九三六年十一月十五日～十二月八日，日本對中國綏遠地區發動進攻，綏遠軍民在傅作義將軍的領導下頑強抵抗，最後擊退日本的進攻，取得戰爭的勝利。這場戰爭就是著名的綏遠抗戰，它也是國共合作和全面抗戰的前奏。

起因

日本先後侵佔東北、熱河、察哈爾等中國大片領土以後，重兵威脅天津和北平。日軍和漢奸武裝不斷向西推進，決定把戰火燒到中國西部的大片領土。

一九三六年春，日本帝國主義指使偽蒙軍侵佔中國察北六縣，派遣大量日軍軍官擔任偽軍部隊的訓練和作戰指揮，補給偽軍大批軍需品。

同時，日本大本營命令蒙軍德穆楚克棟魯普部駐嘉卜寺，李守信部駐張北、廟灘，偽蒙軍穆克登寶部駐百靈廟（今內蒙古達爾罕茂明安聯合旗），另以偽蒙騎兵五千人駐多倫、沽源、平定堡地區，伺機向綏遠（今內蒙古自治區烏蘭察布盟及其以西地區）發動進攻。

從一九三六年夏季開始，日本加強對綏遠的威逼和利誘。中國國民政府綏遠省主席兼第三五軍軍長傅作義對日本採取強硬立場，以「不惹事，不怕事，不說硬話，不做軟事」的原則，與日軍和蒙王進行鬥爭。

同時，傅作義從一九三六年初，就開始做抗戰準備，並且要求蔣介石和閻錫山給予支援。為了聯合抗戰，毛澤東曾經兩次寫信給傅作義，稱讚他的抗日決心，並且表示願意出動紅軍協助抗日。閻錫山請中共派代表協助準備抗戰事宜，中共代表薄一波奉命到太原負責抗日工作。蔣介石調三個師到綏遠，以示支持抗戰。在抗戰條件成熟的情況下，傅作義指揮綏遠抗戰。

一九三六年十一月五日，日本侵略者在嘉卜寺召開侵綏軍事會議，決定集中兵力向綏東進犯，企圖侵佔紅格爾圖，直迫綏遠省會歸綏（今呼和浩特），再分兵進佔綏東平地泉與綏西包頭、河套。傅作義知道這個消息以後，立刻調整部署，準備迎戰。

一九三六年十一月十五日，日偽軍五千餘人在野炮、裝甲車、飛機的掩護下，向紅格爾圖猛烈進攻。中國軍隊四個多團迎擊，傅作義親臨平地泉前線指揮作戰，綏遠抗戰開始。

經過

綏遠抗戰主要有兩次戰鬥，它們是紅格爾圖保衛戰和收復百靈廟戰鬥。

第一，紅格爾圖保衛戰。

紅格爾圖是綏東的門戶，日軍之所以把進軍的第一個目標選在這裡，是想以商都和百靈廟為據點，對綏遠軍隊採用周邊包抄戰術；只要可以攻克紅格爾圖，就打開進綏之門戶；如果可能，就把傅作義的部隊全部殲滅，不能全殲就把它趕出綏遠。

十一月八日，偵察到敵人意圖的傅作義，召開第三十五軍營以上軍官會議，做了整體防務部署。會後，傅作義又單獨招見騎兵第一師師長彭毓斌和第二一八旅旅長董其武，討論具體的作戰部署。經過認真的分析，三人確定在紅格爾圖把敵人攔腰切斷的戰術方案。

一九三六年十一月十二日，日軍在漢奸的配合下，調集主力四千多人，開始在紅格爾圖地區發動進攻。十三日夜晚，綏遠軍隊擊退敵人的第一次進攻。

十四日，日偽軍在炮火和飛機的支援下，發動第二次進攻，綏遠軍隊英勇抵抗，又一次打退敵人的進攻。十五日凌晨，日偽把兵力增加到五千人，發動更猛烈的進攻。在戰鬥最激烈的時刻，傅作義親自到前線瞭解戰況，指揮部署反擊。這大大鼓舞將士的熱情，全體官兵團結一

上古時期 BC
漢
0
100
200
三國
晉
300
400
南北朝
500
隋朝
600
唐朝
700
800
五代十國
900
宋
1000
1100
1200
元朝
1300
明朝
1400
1500
1600
清朝
1700
1800
1900
中華民國
2000

致，又一次擋住日偽軍的猛烈進攻。

十一月十六日，傅作義命令騎兵第一師師長親自帶領四個騎兵團、步兵第二一八旅旅長董其武率二個步兵團和一個炮兵營，趕到紅格爾圖地區的丹岱溝一帶集結。十一月十九日凌晨二時，集結的部隊發起反擊。

一向軟弱的中國軍隊，突然發起反擊，大大出乎日偽軍的意料，他們在缺乏心理準備的情況下，倉促應戰，潰不成軍。戰爭持續到十九日上午八時，綏遠軍隊收復紅格爾圖，擊潰日偽軍的大規模進攻，保衛綏遠，也保衛中國的領土。在連續七晝夜的保衛戰中，綏遠軍共斃傷日偽軍一千七百餘人，俘虜偽軍三百餘人。

紅格爾圖保衛戰的勝利，受到全國人民的稱頌和支援，各地人民紛紛捐款、捐物，慰勞在前線抗戰的官兵。根據統計，僅上海一地就捐款五十萬元。許多學生們也組織戰區服務，奔赴前線參加抗戰。

第二，收復百靈廟戰鬥。

紅格爾圖戰爭以後，日偽軍深恐中國軍搗毀其偽政權，派偽蒙軍進佔百靈廟，除了增強這個地方的周邊防禦力量以外（在綏北百靈廟構築防禦工事），還命令偽蒙軍抽調兵力加強商都、化德的防務。後來，日本侵略軍還增派日本軍官二百餘人到偽軍部隊，充當偽軍指揮官。另外，還從赤峰抽調偽滿軍及日軍一部開往多倫、商都、百靈廟等地，待機進犯綏東、綏北地區。

傅作義部瞭解到敵人的企圖以後，命令官兵繼續戰鬥，收復被日偽軍佔據的百靈廟。在歸綏召開的軍事會議上，傅作義決定集中三個騎兵團、三個步兵團和炮兵、裝甲車分隊各一個，投入收復百靈廟的戰鬥。根據傅作義的命令，騎兵第二師師長孫長勝和步兵第二一一旅旅長孫蘭峰分別帶領部隊，冒著攝氏零下二十度的嚴寒，連續行軍一百五十公里，到達百靈廟以南三十五公里處集結。

十一月二十三日，各部到達指定位置，總指揮孫蘭峰下達作戰任務。十一月二十四日凌晨，綏遠軍向敵人發起進攻。

百靈廟主要由偽軍防守，但是戰鬥力不高。綏遠軍對百靈廟發起突然進攻以後，敵人營地大亂，在日本特務的監督下，偽軍才開始抵抗。

總指揮孫蘭峰決定在天亮之前解決戰鬥，於是各部隊加強進攻火力。

綏遠軍步兵正面進攻，騎兵從後山包抄百靈廟，一部份騎兵衝入機場。在激戰中，偽蒙軍二十餘人起義，舉起日本人發給的槍，向日本人射擊。

日本特務機關長勝島角芳和偽蒙軍師長穆克登寶見隊伍已經散亂，中國軍隊正從四面包圍過來，知道百靈廟守不住，趕忙乘車逃跑。偽蒙軍和日軍群龍無首，潰不成軍，綏遠軍趁勝對其圍殲。

十一月二十四日上午八時，綏遠軍收復百靈廟，掃清侵佔百靈廟的日偽軍。在百靈廟戰鬥中，綏遠軍共擊斃敵人三百餘人（其中日本人二十多人），擊傷六百多人、俘虜四百多人，還繳獲大批軍用物資。

百靈廟戰鬥勝利之後，傅作義預料到在中國戰場上還沒有吃多少敗仗的日本人，一定會反撲。

於是，他立即召集軍事會議，與各部指揮官一起研究新的作戰部署。在會議上，各指揮官一致認為應該加強攻勢，集中主力分割、圍殲敵人。

十一月二十九日，日本侵略軍頭目田中隆吉召開軍事會議，命令各部不惜任何代價奪回百靈廟。

一九三六年十二月二日晚上，日偽軍出動四千人，分乘一百餘輛汽車，從錫拉木楞廟來到百靈廟附近。

十二月三日早晨，日偽軍開始進攻駐守在百靈廟的綏遠軍。總指揮孫蘭峰命令各部阻擊正面敵人，又命令韓天春營長率領該營，繞到敵人後部襲擊日偽軍。激戰到天亮，綏遠軍慢慢佔上風，指揮部及時下達反擊命令，各部從四面八方向敵人包圍。經過三個多小時的圍殲戰，擊斃日偽軍五百餘人，俘虜二百多人。

百靈廟保衛戰勝利之後，傅作義又下令大軍進攻錫拉木楞廟。十二月八日，綏遠軍逼近錫拉木楞廟，偽蒙軍頭目金憲章和石玉山把自己部隊中的日本指導官三十餘人全部抓起來處死，然後率領部隊向綏遠軍投降。

綏遠軍沒有費多大力氣，就收復錫拉木楞廟。至此，傅作義部隊掃除進佔綏遠地區的全部日偽軍，綏遠抗戰取得完全勝利。

結果與影響

綏遠抗戰是中國軍隊自一九三三年長城抗戰以來，取得的唯一一次勝利。

在日本步步進逼、南京政府步步退讓、中國民眾抗日願望長期遭受壓抑的情形下，這次勝利極大的激起中國人民的抗戰熱情，國內外愛國人士給晉綏軍的賀電和賀信紛紛湧來，群眾自發捐獻的慰問金超過二百萬元。

淞滬會戰

全面開戰的開始

一九三七年八月十三日，盧溝橋事變爆發三十七天以後，日本侵略軍又向上海發動大規模進攻，中國軍隊英勇抗擊。這場戰爭歷時三個月（到十一月十二日結束）的戰爭，被稱為淞滬會戰，又稱為「八一三上海抗戰」。

上古時期 BC
漢
0
100
200
三國
晉
300
400
南北朝
500
隋朝
600
唐朝
700
800
五代十國
900
宋
1000
1100
1200
元朝
1300
明朝
1400
1500
1600
清朝
1700
1800
1900
中華民國
2000

起因

一九三七年七月七日盧溝橋事變發生以後，日本侵略者在華北地區展開大規模的入侵行動，同時調兵華東，準備在華東一帶開闢另一戰場。日本把第二戰場選在華東，是有一定的用意的，國民中央政府所在地南京在華東地區，如果在這裡發動戰爭，可以直接威脅到國民政府的政治中心；如果拿下南京，就可以逼迫蔣介石接受日本人的條件，或是在這裡扶植傀儡政權；無論是哪一種情況，日本人都可以名正言順的控制整個中國。經過仔細分析以後，日本人把華東戰場選在上海。

「一二八」事變以後，日本侵略者在上海虹口、楊樹浦等地駐紮大量正規部隊，還設立日本駐滬司令部。淞滬戰爭之前，又大量增加軍隊，還派出海軍艦隊和空軍。八月六日，日本政府下達日僑撤離上海的命令。八月七日，在長江一帶巡弋的日本軍艦，全部集中到上海海域和黃浦江中，這些都是發動戰爭的跡象。在日本人認為一切準備就緒之後，就開始尋找藉口，挑起事端。日本人早就打好算盤，如果中國軍隊和政府一味退縮、忍讓，日本人就會提出進一步的更苛刻的要求，一旦不能滿足他們的要求，就決定訴諸武力。

一九三八年八月九日五時三十分，日本駐上海海軍陸戰隊中尉大山勇夫和士兵齋藤要藏驅車闖入虹橋軍用機場挑釁，開槍打死一名中國士兵。國民政府保安隊立即還擊，並且當場將其擊斃。駐滬日軍以此為藉口，要脅中國政府撤退上海保安部隊，撤除所有防禦工事。日軍還要脅國民政府，如果不在限期內撤出上海，就要用武力解決問題。

這個無理要求被國民政府拒絕以後，日本立即動員駐上海四千人的海軍陸戰隊及艦艇登陸人員和「日僑義勇團」共一萬餘人緊急備戰。十日，日本海軍第三艦隊司令官長谷川清在吳淞一帶集結大小艦艇三十餘艘，駛入黃浦江示威，並且急調在日本佐世保待機的艦艇和陸戰隊開赴上海。國民政府也看出日本人的意圖。八月十一日，中國政府軍事委員會密令京滬警備司令張治中率領第八十七、第八十八師到上海楊樹浦和虹口以北佈防，同時命令海軍阻塞江陰航道，空軍主力由華北向上海方向移轉。

經過

八月十三日，日本出動數千人由日本第三艦隊司令長谷川清率領，向虹口通天庵車站至橫濱路一帶進攻。張治中下令第八十八師堅決予以還擊，立即打退日本人的進攻。十三日下午，國民政府軍事委員將張治中部改編為第九集團軍。為了在軍事上取得主動，十四日拂曉，張治中命令第八十七和八十八師對日寇進行反擊，同時請求空軍支援。當天，第八十七師佔領滬江大學，第八十八師佔領持志大學、五洲公墓、八字橋、寶山橋等地，殲滅一些日軍。空軍轟炸日本海軍陸戰隊司令部和第三艦隊，炸傷指揮艦「出雲」號，擊落日機三架，擊傷一架。

八月十五日，日本政府一面對南京政府提出恐嚇與威脅，一面調集大批軍隊參加上海戰役。日軍統帥部下令組建上海派遣軍，任命松井石根為司令官，立即增派第三、第十一師到上海。蔣介石沒有被日本人的要脅嚇倒，而是回應全國人民的抗戰要求，下達全國抗戰動員令，還把全國劃分為五個臨時戰區，決定集中主力於華東，盡快消滅侵略上海的日軍。

根據蔣介石的命令，從十五日開始，第九集團軍向日軍發起多次圍攻，第八十七師攻佔日本海軍俱樂部，第八十八師衝入日本墳山陣

BC
— 0
— 100
— 200
— 300
羅馬統一
羅馬帝國分裂
— 400
— 500
倫巴底王國
— 600
回教建立
— 700
— 800
凡爾登條約
— 900
神聖羅馬帝國
— 1000
十字軍東征
— 1100
— 1200
蒙古西征
— 1300
英法百年戰爭
— 1400
哥倫布啟航
— 1500
中日朝鮮之役
— 1600
— 1700
發明蒸汽機
美國獨立戰爭
— 1800
美國南北戰爭
— 1900
一次世界大戰
二次世界大戰
— 2000

地，後來受阻。十五、十六兩天，中國空軍在京、滬、杭上空共擊落日機四十餘架。十七日，中國海軍派出魚雷快艇駛至上海外灘，再次擊傷「出雲」號。八月十九日，從西安調來的宋希濂部第三十六師到達上海，並且馬上參加戰鬥。該部與張治中的第八十七、八十八師一起，向日軍陣地縱深發起多次進攻。日軍憑藉堅固的工事堅守待援，中國軍隊缺乏威力大、火力強的火炮，進攻受阻。第三十六師第二營三百餘官兵在與敵人的巷戰和肉搏戰中，被日軍坦克堵住路口，全部壯烈犧牲。二十一日，三十六師攻入匯山碼頭，嚴重威脅日本海軍陸戰隊。

一九三七年八月二十三日，日本的援兵在上海川沙口、獅子林、吳淞一帶登陸。在灘塗防守的中國守軍沒有抵住日軍的進攻，大批日本侵略軍陸續上岸，然後立刻向吳淞、寶山、羅店一帶進攻。張治中立刻命第八十七師支援江防作戰，又命第九十八師、第十一師等部向寶山、羅店增援，以阻止日軍上岸。第三戰區臨時將長江南岸守備區擴編為第十五集團軍，由陳誠兼總司令，又抽調三個軍予以加強。

日軍第三師第一梯隊在張華濱附近登陸的時候，遭到張治中部員警總隊頑強抵抗。第三師主力登陸以後，員警總隊不支，撤至南泗塘河西岸據守，張治中組織第八十七、第三十六師反擊，挫敗其進攻，雙方於二十五日隔河對峙。二十三日，日軍第十一師第一梯隊在川沙口和石洞口地段登陸，當時第十五集團軍剛編成，部隊還沒有到達指定位置。日軍迅速攻佔獅子林炮台、月浦和羅店，然後兵分兩路，分別向瀏河、寶山進攻。下午陳誠所部先後趕到，第十八軍幫助第五十四軍實施反擊，當晚收復羅店，次日收復寶山、獅子林和月浦。二十五日，日軍第十一師後續梯隊登陸，第十五集團軍反擊受阻，雙方於獅子林、月浦、新鎮、羅店至瀏河口一線形成對峙。

九月一日，日軍以第十一、第三師各一部從獅子林和吳淞兩面夾擊寶山。守備寶山的第十八軍姚子青營擊退日軍多次進攻，頑強堅守至七日，日軍以戰車堵擊城門，集中海、陸、空火力轟擊，全城燃起烈火，該營官兵全部壯烈犧牲。第十五集團軍受到重創以後，部隊嚴重減員，十三日奉命撤出月浦、楊行、新鎮等陣地，第九集團軍則奉命放棄寧滬鐵路以東的大部地區。到九月十七日，中國軍隊撤至北站、江灣、廟行、羅店、瀏河一線，與日軍對峙。

十月一日，日本地面部隊在海軍、空軍的協助下，共同發起新的攻擊，北路以第十一師指向廣福、陳家行，南路集中第三、第九、第十三、第一〇一師強渡蘊藻濱，向大場、南翔進攻。十五日，日軍突破蘊藻濱，蔣介石急調各路軍反擊，但是都沒有突破日軍的陣地。二十二日，日軍集中第三、第十三、第一〇一師進攻第二十一集團軍，在廟行和陳家行之間突破守軍陣地，二十六日攻佔廟行和大場。

十月二十六日晚上，守衛大場防線的中國軍隊第八十八師第五二四團第二營四百餘人（報界宣傳稱「八百壯士」），在副團長謝晉元、營長楊瑞符的指揮下，奉命據守蘇州河北岸的四行倉庫，掩護主力部隊連夜西撤。在日軍的重重包圍下，守衛四行倉庫的中國軍隊孤軍奮戰，誓死不退，堅持戰鬥四晝夜，擊退敵人在飛機、坦克、大炮掩護下的數十次進攻。與此同時，上海人民也以極大的愛國熱情，支持和鼓勵壯士，人們冒著生命危險，把慰問品、藥品源源不斷的送入四行倉庫，支持壯士們抗擊日軍。到三十日，守軍接到撤退命令，退入英租界。這次作戰，中國軍隊以寡敵眾，共斃日軍二百餘名，被國際社會讚為奇蹟。

進攻上海連遭阻擊的日本侵略者，認識到國民政府軍隊把防禦的重點放在華東，於是也把侵華進攻重點轉移到華東。到一九三七年十月下旬，日本侵略者在上海集中兵力二十八萬人、軍艦三十餘艘、飛機五百架、坦克三百餘輛，對上海發動空前規模的侵略。國民政府也先後調集中央軍隊，以及廣東、廣西、湖南、四川甚至雲南、貴州等地的部隊參加淞滬會戰，總兵力投入最高的時候達到七十個師、四十餘艘軍艦、二百五十架飛機。十月下旬日本大量增兵上海以後，重新調整部署，也相應的改變戰術，他們不再死盯著一個地點猛攻，而是尋找中國軍隊防守的薄弱環節。

十一月五日拂曉，日本兵集中軍艦上的火炮對上海周邊的金山衛猛轟，然後由日軍第十集團軍第一梯隊登陸進攻。日本人確實找到中國軍隊防守的薄弱環節，這裡的防守兵力僅有兩個連。十一月六日，日軍渡過黃浦江，九日侵佔松江城，中國守軍在無法抵住日軍進攻的情況下，不得不全線撤退。到十一月十二日，日軍侵佔上海市區的絕大部份，上海失守，淞滬會戰結束。

結果與影響

淞滬會戰歷時三個月，以日本人佔領上海、中國軍隊失敗而結束。在這場戰爭中，中國軍隊參戰六個集團軍，共七十餘萬人，傷亡二十五萬餘人；日軍參戰達九個師，二十二萬餘人，傷亡九萬餘人。

淞滬會戰在軍事上的意義是，中國軍隊終於敢與日本侵略者面對面交鋒，在政治上繼盧溝橋抗戰以後，又一次產生動員全國人民團結抗日的作用。這場戰役雖然打敗，然而，在守衛上海的戰鬥中，中國軍隊表現出來的勇敢精神，在近代官方的軍隊中是少有的。淞滬抗戰比盧溝橋抗戰的影響更大，它更深刻的激勵國人猛醒、鼓舞民眾奮起、動員人民自救。

德國閃擊西歐之戰

以突然和快速著稱的戰爭

一九四〇年五月—六月的第二次世界大戰期間，希特勒在滅亡波蘭之後，又瘋狂的閃擊荷蘭、比利時、法國等西歐國家，僅在四十四天內，就使荷蘭、比利時、盧森堡和法國相繼滅亡，英國退守本島，這就是戰爭史上罕見的「德國閃擊西歐之戰」。

起因

一九三六年三月，德國進軍萊茵非軍事區，從這個時候開始，德國走上侵略擴張的道路。一九三六年七月，德國與義大利武裝干涉西班牙內政；一九三八年三月，德國出兵佔領奧地利；同年九月，德國併吞捷克斯洛伐克的蘇台德地區，並於一九三九年三月，佔領整個捷克斯洛伐克。

為了解除進攻英、法的後顧之憂，並且建立進攻蘇聯的前進基地，德軍在佔領捷克斯洛伐克以後，立即將侵略矛頭指向波蘭。一九三九年九月一日，德軍首先向波蘭發起「閃擊戰」，第二次世界大戰因此爆發。僅有三千多萬人口的波蘭，在德軍的強大攻勢下，雖然頑強抵抗一個多月，最終難逃失敗的厄運。德國征服波蘭以後，立即將軍隊調到西線，準備進攻西歐。

為了進攻西歐，希特勒於一九三九年十月九日下達第六號指令，接著，陸軍總司令部擬制代號為「黃色方案」的行動計畫。這個計畫實際上是「史里芬計畫」的翻版，即經由比利時的中部向法國首都巴黎實施主要突擊。不幸的是，一九四〇年一月十日，一名攜帶西線作戰計畫的德軍軍官搭乘飛機在比利時上空經過的時候，因為其座機在航行中迷失方向，不得不在比利時機場迫降，德軍的西線作戰計畫落入英、法手中。

消息傳回德國，德軍「Ａ」集團軍群參謀長曼斯泰因認為，由於該計畫已經被敵人截獲，如果再執行這個計畫，勢必難以達成戰略突然性，建議改向阿登山區實施主要突擊。他的這個建議遭到陸軍總參謀長哈爾德等高級將領的反對，不過希特勒在仔細權衡利弊以後，認為曼斯泰因的建議有道理。

一九四〇年二月二十四日，德軍最高統帥部發佈一道指令，正式採納曼斯泰因的建議。經過修改以後，德軍的主要進攻方向為阿登山區，作戰安排為：首先攻佔荷蘭、比利時、盧森堡和法國的北部，然後從西、北兩個方向，進攻法國的巴黎；在法國馬其諾防線的正面以佯動進行牽制，等到主力攻佔巴黎繞至該防線側背的時候，再進行前後夾擊，圍殲該地法軍。

德軍佔領丹麥並且在挪威取得決定性勝利以後，德國最高統帥部認為進攻西歐的時機基本成熟。到一九四〇年五月初，德軍已經在從北海到瑞士一線集中和展開一百三十六個師、三千多輛坦克、四千五百架飛機。

德軍「Ａ」集團軍群共四十四個師，配置在亞琛到摩澤爾河一線，其任務是經由盧森堡和比利時的阿登山地區，向聖康坦、阿布維爾和英吉利海峽沿岸方向實施突擊，割裂在法國北部和比利時境內的英、法軍；「Ｂ」集團軍群共二十八個師，集結在戰線北翼荷蘭、比利時國境線至亞琛地區，其任務是突破德、荷邊境上的防線，佔領荷蘭全境和比利時北部；「Ｃ」集團軍群共十七個師，配置在馬其諾防線正面，其任務是牽制馬其諾防線上的法軍；德軍預備隊共四十七個師，配置在萊茵河地區。

英、法等西歐國家對當時的戰略形勢判斷失誤，荷蘭、比利時和盧森堡三國自以為只要嚴守中立，就可以避免捲入戰爭；法國統治集團認為德國打敗波蘭以後，可能會繼續東進攻打蘇聯，即使進攻法國，也要在四、五年之後；英國則指望地面作戰由其盟國承擔，自己只以海上封鎖和戰略轟炸來消耗德國。因此，這些國家都沒有發現德軍的戰略企圖，戰前也沒有做好充份準備。直到一九四〇年三月十二日，盟軍的作戰計畫才最後確定下來。

這個代號為「Ｄ」的作戰計畫規定：如果德軍向比利時實施主要突擊，盟軍則以兩個法國集團軍和一個英國集團軍的兵力，在比利時集團軍的掩護下，將德軍阻止在代爾河一線；如果德軍向馬其諾防線實施正面進攻，則以一個集團軍群進行堅守防禦，並且以一個集團軍群為第二梯隊增援；英國在海上擔負封鎖德國的任務。

法國、英國、荷蘭、比利時和盧森堡的遠征軍，共有一百三十五個師、三千多輛坦克、一千三百多架飛機，並且可以利用英倫三島上的一千多架飛機支援戰鬥。荷蘭的十個師、比利時的二十二個師，部署在本國東部國境線上。法國和英軍共一百零三個師，編為三個集團軍群：第一集團軍群共五十一個師，配置在法、比邊境和法國北方各省；第二集團軍群共二十五個軍，配置在從瑞士到盧森堡的馬其諾防線上；第三集團軍群共十八個師，配置在瑞士邊境的馬其諾防線之後。法軍的戰略預備隊為九個師，也在本國內整裝待發。

經過

一九四〇年五月十日清晨，德軍在荷蘭海岸至馬其諾防線，向盟軍展開全線進攻，三千多架飛機突然襲擊荷蘭、比利時和法國北部的七十二個機場，一舉摧毀盟軍的幾百架飛機。同時，德軍的「Ｂ」集團軍群向荷蘭和比利時北部展開進攻，空降兵在其後方著陸，奪佔對方的機場、橋樑、渡口和防禦支撐點。

在德國的前後夾擊中，荷蘭一下子陷入混亂和驚恐之中，荷蘭女王及其大臣見敗局已定，就乘驅逐艦逃往英國避難。女王臨行前授權荷軍總司令溫克爾將軍，要他「在認為適當的時機，即宣佈投降」。一九四〇年五月十五日，荷蘭經過五天的抵抗以後，宣佈投降。五月十一日，德軍地面部隊在空降兵的配合下，攻佔比利時列日防線上的埃本・埃馬爾要塞；五月十七日，佔領比利時首都布魯塞爾。德軍「A」集團軍群向盧森堡和比利時的阿登山地區實施主要突擊的時候，只有三十萬人的盧森堡不戰而降。

五月十四日，德軍的坦克師和摩托化師編成的第一梯隊通過阿登山地區以後，在法國第二和第九集團軍會合於色當地區強渡馬斯河，並且重創盟軍。德軍佔領色當以後，以每晝夜二十至四十公里的速度向西挺進。五月二十日，佔領阿布維爾；五月二十一日，德軍先頭部隊到達英吉利海峽，分割英法聯軍的戰略正面，並且以荷、比兩國作為空軍和潛艇基地，封鎖加萊海峽，阻止英軍增援，英法聯軍大約四十個師被包圍在比、法邊境的敦克爾克地區。五月二十三日布倫淪陷，二十七日加萊被佔，盟軍在海邊陷入重圍。退守在敦克爾克的盟軍三面受敵、一面瀕海，處境極為危急。就在危在旦夕之際，希特勒卻下令坦克部隊停止追擊。對於希特勒的這個決定，西方分析家認為可能是希特勒想保存坦克部隊的實力，以便南下進攻法國、進而迫使英國言和。不管怎麼說，希特勒這個命令給盟軍一個喘息的機會。五月二十六日，英國海軍開始執行從敦克爾克撤退的「發電機計畫」。在敦克爾克大撤退中，盟軍雖然遭受重大損失，但是總算保存戰力。德軍佔領法國北部以後，為了不讓退至松姆河、瓦茲河、埃納河一線的法軍設防固守，立即向巴黎和法國內地發起進攻。六月三日和四日，德軍先以大量飛機襲擊法國各機場和重要目標，摧毀法軍飛機九百多架，奪取制空權。接著，德軍「A」集團軍群和「B」集團軍群分兩路發起進攻，很快的攻破馬其諾防線。六月二十二日，法國被迫簽署停戰協定。至此，德國閃擊西歐的計畫實現了。

BC
— 0
— 100
— 200
— 300
羅馬統一
羅馬帝國分裂
— 400
— 500
倫巴底王國
— 600
回教建立
— 700
— 800
凡爾登條約
— 900
神聖羅馬帝國
— 1000
十字軍東征
— 1100
— 1200
蒙古西征
— 1300
英法百年戰爭
— 1400
哥倫布啟航
— 1500
中日朝鮮之役
— 1600
— 1700
發明蒸汽機
美國獨立戰爭
— 1800
美國南北戰爭
— 1900
一次世界大戰
二次世界大戰
— 2000

結果與影響

在德國閃擊西歐的整個過程中，德軍只用了四十四天的時間，就使荷蘭、比利時、盧森堡和法國相繼淪亡，英國退守本島、堅守陣地。德國的「閃擊戰」獲得巨大成功，預定的戰略目標圓滿的實現。德軍閃擊西歐的目標之所以可以這麼容易的實現，主要是因為以下幾個方面的原因。

第一，德國竭力進行戰略欺騙和偽裝，隱蔽戰爭企圖，達到戰略的突然性。在閃擊西歐五國之前，希特勒一再向荷蘭、比利時、盧森堡保證，德國將尊重他們的中立，不會向他們發起進攻。並且，希特勒還一再向英、法兩國聲稱，德國對法國沒有任何要求，德國不願與法國打仗，德國和英國可以實現「體面的和平」。希特勒的這些狡詐手段，使得英、法喪失應有的警惕，沒有察覺到德國的戰略企圖。

第二，德國可以及時修改作戰計畫，主要突擊方向選擇得當，確保首次突擊的勝利。作戰計畫落入盟軍手中以後，德國及時修改作戰計畫，改變主要突擊方向。為了隱蔽主要突擊方向，德軍採取一連串偽裝措施，例如：製造假情報，散佈「史里芬計畫」的作戰方針，具有永恆的意義；擔任第一梯隊進攻的師，配置在遠離國境線的位置，直到進攻前夕才前進至出發陣地。這些措施使德軍一開始就突破對方的防禦，達到首次突擊的目的。

第三，集中使用空軍、空降兵的作用，充份發揮坦克和機械化部隊快速閃擊的威力。在德軍的空軍奪取制空權以後，盟軍就失去行動的自由，防禦能力大為削弱。德軍的坦克部隊在空軍的支援下，行動十分迅速，集中使用於主要突擊方向上。這大大出乎盟軍的意料，使墨守成規的盟軍驚慌失措，迅速潰敗。

日本偷襲珍珠港

太平洋戰爭爆發的前奏

一九四一年十二月七日，日本出動以六艘航空母艦為主體的聯合艦隊，遠離日本南下，秘密航行四千多海浬，對美國在太平洋的最大海軍基地——珍珠港，採取一次規模巨大的突擊行動，這就是第二次世界大戰中著名的珍珠港海戰。這次偷襲使美國太平洋艦隊遭受慘重損失，半年之內不能作戰。

上古時期 BC
漢
0
100
200
三國
晉
300
400
南北朝
500
隋朝
600
唐朝
700
800
五代十國
900
宋
1000
1100
1200
元朝
1300
明朝
1400
1500
1600
清朝
1700
1800
1900
中華民國
2000

起因

日本製造全面侵華戰爭的盧溝橋事變以後，在很短的時間內佔領中國的華北、華中和華南大片領土，妄圖把中國大陸作為北進蘇聯、南下東南亞以及西南太平洋地區的基地，以便實現其「大東亞共榮圈」的美夢。但是由於遭到中國軍民的奮力抵抗，日本侵略軍深陷於長期戰爭的泥淖中不能自拔，北進蘇聯的兩次作戰行動又受挫，日本深感同時實行「北進」、「南進」的計畫力不從心。於是，日本決定利用英、法忙於歐洲戰事而無法兼顧亞洲局勢的有利時機，轉而採取南攻北守的方針。

一九四一年六月二十二日，蘇、德戰爭爆發，進而解除日軍南進的後顧之憂。日本大本營於七月初召開御前會議，決心在年初侵佔法屬印度支那（中南半島）的基礎上，進一步擴大在東南亞的進攻行動，同時發動太平洋戰爭。由於日本南下進攻的行動，直接威脅到美國在太平洋的利益和特權，美國政府採取一些經濟制裁措施，例如：凍結日本在美國的資產、實行全面石油禁運……日、美之間的問題，變得日益尖銳。美國為了保衛其在亞洲以及太平洋地區的既得利益，以珍珠港為主要基地和活動中心，組建一支上百艘的龐大艦隊，也嚴重威脅到日本的利益。

珍珠港位於夏威夷群島歐胡島南端，東距美國舊金山二千一百海浬，西距日本橫濱三千四百海浬，港內水深十六～二十公尺，是太平洋上交通的總樞紐，素有「太平洋心臟」之稱。珍珠港是美國通往亞洲和澳洲的交通樞紐，也是美國在太平洋上的主要海軍基地。該基地設施完備，並且有大型修船廠和油庫。珍珠港與關島、馬尼拉灣呈錐形，指向西太平洋，成為日本南進行動的主要障礙。為了遏止日本擴張，美國太平洋艦隊自一九四〇年夏季開始，就以珍珠港為基地，活動於太平洋上。

一九四一年初，日、美之間問題重重，日本海軍就提出偷襲珍珠港的設想。八月，日本聯合艦隊司令官山本五十六大將制定代號為「Ｚ」的偷襲珍珠港的作戰計畫，並且於十月得到日本大本營的正式批准。這個計畫的企圖是突然襲擊、摧毀美國太平洋艦隊，奪取制海、制空權，以消除其對日本南進的威脅。

作戰部署為：以聯合艦隊第一航空艦隊六艘航空母艦（艦載機約四百架）為核心、由十四艘作戰艦隻（二艘戰艦、三艘巡洋艦、九艘驅逐艦）掩護、三艘潛艇作先導、七艘油船提供補給，編成機動部隊，由第一航空艦隊司令南雲忠一海軍中將直接指揮，在突擊日日出前一～二小時，抵達歐胡島以北約二百海浬海域，然後出動航空母艦戰機，襲擊珍珠港內的美國艦船和岸上航空基地，以消滅美國太平洋艦隊主力。突擊結束以後，立即撤離，返回日本內海。為了監視美國艦船行動，並且防止其逃逸，另外以二十七艘潛艇組成先遣部隊，事先潛入夏威夷海域，擔任偵察、監視和截擊任務。此外還使用五艘特種潛艇，由母艇攜載到作戰海域，配合艦載機攻擊港內美軍艦船。

日本為了讓這次偷襲行動成功，進行充份而周密的準備。在軍事上，反覆進行圖上作業和沙盤演練，並且對突擊部隊進行嚴格訓練：魚雷機編隊在九州鹿兒島進行低空淺水魚雷攻擊訓練，轟炸機編隊在九州有明灣進行空中投彈訓練，特種潛艇在四國中城灣進行夜襲訓練等。與此同時，還對航空魚雷進行改裝，使之適於在珍珠港空投。

為了達成突擊性，日本加強保密措施，嚴格限制作戰計畫、命令等機密文件的傳閱範圍，控制參戰官兵的書信往來；以假亂真，突擊艦隊保持無線電靜默，其他在日本內海的艦船和飛機卻頻繁進行無線電聯絡，還安排大批水兵到東京遊覽；在中國東北邊境地區，集結關東軍七十多萬人，進行一次準備北進的軍事演習；派遣間諜收集珍珠港和太平洋艦隊的情報，指令日本駐夏威夷總領事要利用武官、領事、日僑以及各種偵察身份，從地面、空中、海上、水下對歐胡島特別是珍珠港基地進行偵察活動；機動部隊選擇航程比較遠而且冬季多風暴、船隻往來較少的北航線隱蔽航渡；襲擊日期確定在星期日。

在政治外交上，日本利用談判掩護其作戰準備，近衛首相親自寫信給美國總統羅斯福，建議舉行和談，並且任命與羅斯福素有交情的海軍上將野村為日本駐美大使；東條英機上台以後，也玩弄和談騙局，表示要消除雙方的敵意，阻止歐戰蔓延遠東。這些措施為日軍偷襲珍珠港創造有利條件，使美軍完全處於被動挨打的境地。

美國受到孤立主義的影響，並且大力推行「先歐後亞」戰略，因此希望透過談判，舒緩美、日之間的矛盾，並且認為本國國力雄厚，日本不敢貿然發動戰爭。歐胡島駐軍低估日本海軍遠洋作戰的能力，缺乏警惕、疏於戒備，儘管美、日關係日趨緊張，仍然照例週末放假。美國太平洋艦隊認為珍珠港水淺，日軍不可能從空中實施魚雷攻擊，因此大型艦船未設置防魚雷網。美軍的這些疏忽大意和草率輕敵，也為日軍成功的偷襲珍珠港，創造有利條件。

經過

一九四一年十一月中旬，偷襲珍珠港的各項準備工作基本就緒以後，日本先遣部隊偽裝日常巡邏，分別由佐伯灣和橫須賀等地出發，沿中航線和南航線駛向夏威夷。十一月二十三日，根據山本五十六的命令，擔負偷襲任務的南雲聯合艦隊，詭秘的在千島群島南端擇捉島的單冠灣集結，並且做好出發前的最後準備。二十六日凌晨，南雲聯合艦隊在三艘潛艇的引導下，消失在波濤洶湧的北太平洋上，進而揭開偷襲珍珠港作戰行動的序幕。

南雲聯合艦隊沿著阿留申群島和中途島之間的航線，經過十二天的秘密航行，於十二月七日清晨抵達歐胡島以北二百三十海浬的海域。機動部隊先出動兩架水上飛機對歐胡島及其附近海面偵察，發現港內艦船密集，島上各機場飛機成排，高炮陣地只有少數人值勤，艦艇沒有防空準備。八時整，由淵田美津雄率領的第一批飛機一百八十三架（四十架魚雷機、五十一架俯衝轟炸機、四十九架轟炸機、四十三架戰鬥機）起飛，從歐胡島西部開始攻擊。

由於當天是星期天，美國大部份官兵離開戰鬥崗位，整個珍珠港基地呈現假日的景象。就在這個時候，炸彈像傾盆大雨般瀉落下來，霎時間火光沖天、水柱四起、濃煙滾滾，爆炸聲震耳欲聾。在不到一小時的時間裡，美軍的數百架飛機幾乎全部被擊毀，大量艦船被擊沉和炸傷。日軍第一批機群順利完成首次攻擊任務，安然返航以後，第二批攻擊機群又飛臨珍珠港上空。這批飛機一百七十一架（五十四架水平轟炸機、八十一架俯衝轟炸機和三十六架戰鬥機），從歐胡島東部進入珍珠港上空，對機場和艦船輪番轟炸、瘋狂掃射，進一步擴大美軍的損失。與此同時，潛入珍珠港內的日本小型潛艇，施放水雷，發射魚雷，攻擊美國艦隊，封鎖港口。

在歷時僅約一百分鐘的偷襲過程中，日軍總共投擲炸彈一百多噸，發射魚雷大約五十枚，以損失飛機二十九架、潛艇一艘和特種潛艇五艘的微小代價，擊毀、擊傷美國太平洋艦隊停泊在港內的全部八艘戰艦和十餘艘其他主要艦隻，炸毀或擊落美國飛機三百架，斃傷美國官兵四千五百多人，使美國太平洋艦隊遭受毀滅性打擊。值得慶幸的是，美

上古時期 BC
漢
0
100
200
三國
晉
300
400
南北朝
500
隋朝
600
唐朝
700
800
五代十國
900
宋
1000
1100
1200
元朝
1300
明朝
1400
1500
1600
清朝
1700
1800
1900
中華民國
2000

國太平洋艦隊的三艘航空母艦，因為出海執勤而免遭襲擊，岸上油庫和重要設施也未被擊中。

日軍成功偷襲珍珠港以後兩小時，日本政府才向美國正式宣戰。珍珠港事件發生後的第二天，美國總統羅斯福要求國會宣佈美國與日本處於戰爭狀態。

結果與影響

日本偷襲珍珠港，宣告太平洋戰爭的爆發。十二月八日，美、英對日宣戰，接著又有二十幾個國家對日宣戰。十二月十一日，德、義對美宣戰。就這樣，第二次世界大戰進一步擴大。日本在襲擊美國太平洋艦隊的同時，還出動大批軍隊向東南亞和西太平洋島嶼大舉進攻。因此，在開戰後前五個月中，美、英、法、荷四國在這個地區的殖民地、島嶼和軍事基地，幾乎全部落入日軍之手。

日本偷襲珍珠港之所以可以取得成功，原因是多方面的，除了日本本身在軍事上進行充份準備、精心計畫、嚴密組織和在政治外交上進行欺詐以外，還與美國政府長期實行綏靖政策、戰略判斷失誤、臨戰麻痺大意、戰備工作懈怠密切相關。戰前，美軍曾經多次截獲有關日軍準備襲擊珍珠港的情報，但是領導人卻充耳不聞、視而不見，很多美國將領自恃兵力強大而盲目樂觀，認為日本不敢冒犯美國。美國在戰略判斷上出現這種偏差，主要是在於想坐收漁翁之利。第二次世界大戰爆發以後，美國趁機大做軍火生意，大發戰爭橫財；竭力逃避戰爭，姑息日本，並且以犧牲中國和解除經濟制裁為誘餌，緩和與日本的緊張關係，一廂情願的指望日本向北進攻蘇聯。正因為如此，美軍上下思想懈怠、喪失警惕、無所防範，最終落得艦隊沉沒珍珠港的悲慘下場。太平洋戰爭爆發以後，美國總統羅斯福憂傷的說：「要牢記珍珠港事件！」

日本經過長期的周密準備，取得偷襲珍珠港以及太平洋戰爭初期的軍事勝利。但是從戰略上看，擴大戰爭對日本這個島國不利，因為這樣使得日本戰線拉長、兵力分散、兵員枯竭、保障困難、樹敵太多。被侵佔國家和地區的人民，同仇敵愾、奮起抗戰，極大的牽制和消耗日軍戰力，為美、英在太平洋上組織力量進行反攻，創造有利的條件和態勢。

資訊補給站：山本五十六

一八八四年四月四日，日本長岡市武士高野貞吉家的第六個兒子呱呱墜地。因為這一年，高野貞吉五十六歲，所以給兒子取名為「高野五十六」。十七歲那年，他考入江田島海軍學校，一九〇四年畢業以後，擔任「日進」號裝甲巡洋艦上的少尉見習槍炮官，參加日本海軍名將東鄉平八郎指揮的一九〇四～一九〇五年的日俄海戰。在戰鬥中，他身負重傷，左手的食指、中指被炸飛，下半身被炸得血肉模糊，留下累累彈痕和終身殘疾。

由於他只剩下八個手指，同僚們給他取了一個「八毛錢」的綽號。一九一四年，他以上尉軍銜進入海軍大學深造，一九一五年晉升為少佐。一九一六年，他從海軍大學畢業以後，登記為山本帶刀之養孫，改姓「山本」，由高野五十六成為山本五十六。

一九二四年，山本五十六剛調到霞浦航空隊任副隊長。一九二六年，山本五十六調任赴美。一九二八年，山本五十六從美國歸國，先後在巡洋艦「五十鈴」號、航空母艦「赤城」號上擔任艦長和海軍航空部技術處長、第一航空隊司令官等職。一九三〇、一九三四年兩次赴倫敦參加海軍裁軍會議。一九三四年晉升中將，就任航空部部長。一九三九年九月一日，在德國入侵波蘭的當天，山本五十六當上聯合艦隊司令

上古時期 BC
漢
0
100
200
三國
晉
300
400
南北朝
500
隋朝
600
唐朝
700
800
五代十國
900
宋
1000
1100
1200
元朝
1300
明朝
1400
1500
1600
清朝
1700
1800
1900
中華民國
2000

官。在一九四〇年的一次春季演習中，他看到空軍在訓練中取得理想成績的時候，轉身對他的參謀長說：「訓練很成功。我想，進攻夏威夷是可能的。」從這個時候開始，山本五十六著手準備珍珠港之戰。珍珠港事件發生以後，美國總統羅斯福把十二月七日宣佈為「國恥日」，大洋另一邊的日本卻舉國歡慶。山本五十六立即成為日本家喻戶曉、婦孺皆知的大英雄。由於山本五十六策劃和創造世界海戰史上遠距離偷襲的奇蹟，使他威名大震，顯赫一時。山本五十六想對美國再進行一次偷襲，進攻珍珠港西北近一千三百英里的中途島。但是，這次山本五十六輸了。由於美軍破譯日軍的密碼，贏得作戰準備時間，調兵遣將，佈下伏擊日軍的陷阱，以劣勢兵力重創日軍，擊沉日本的四艘航空母艦，一艦重巡洋艦，重傷一載重巡洋艦和二艘驅逐艦，擊毀日機三百三十多架，數千名日本軍官兵包括許多富有經驗的艦載機飛行員喪生。美軍僅損失航空母艦一艘、驅逐艦一艘，飛機一百四十七架。這個挫折，沉重的打擊山本五十六的自尊心，日本海軍也從此開始走下坡。一九四三年四月，美軍情報人員再次破譯日軍的密碼，獲悉山本五十六將於四月十八日搭乘中型轟炸機，由六架零式戰鬥機護航，到前方視察的消息。羅斯福總統親自做出決定：「截擊山本五十六。」美國人從容部署，派出戰鬥機空中伏擊，擊落山本五十六的座機。第二天，日軍找到座機殘骸。山本五十六依然被皮帶綁在座椅上，他頭部中彈，仍然挺著胸，握著佩刀，但是垂著頭。

中途島海戰

一場扭轉太平洋戰略局勢的戰爭

一九四二年六月四日—六日的第二次世界大戰期間，美國和日本的海軍在太平洋的中途島附近海域，進行一次大海戰，被稱為中途島海戰。

起因

中途島位於太平洋中部，是一個環狀的珊瑚島，是北美和亞洲之間的海上和空中交通要道，由周長二十四公里的環礁組成，陸地面積約五・二平方公里。中途島距離東京二千五百英里，距離美國夏威夷群島不到一千英里，一八六七年被美國佔領以後，成為美國的重要海軍基地，以及夏威夷群島的西北屏障。

一九四二年四月十八日，美軍杜立德率領空軍空襲東京以後，日本認為威脅來自中途島，遂決心實施中途島、阿留申群島戰役。日軍企圖奪取中途島，迫使美軍退守夏威夷以及美國西海岸；把美國在珍珠港事件以後殘存的太平洋艦隊引誘到中途島，然後一舉加以殲滅，以保障日本本土的安全。戰役的主要突擊方向是中途島，阿留申群島為次要方向。五月五日，日軍大本營批准日本聯合艦隊總司令山本五十六海軍大將進攻中途島和阿留申群島西部島嶼的計畫。日本聯合艦隊為了實施這次戰役，動用艦艇（包括運輸艦、補給艦在內）共二百餘艘，其中航空母艦八艘（艦載機四百多架）、主力艦十一艘、巡洋艦二十三艘、驅逐艦五十六艘、潛艇二十四艘。但是，山本五十六在偷襲珍珠港成功之後，有些得意忘形。在這次進攻中途島戰役部署中，忘記海軍應該集中力量的原則，把艦隊分成六支小艦隊，削弱了自己的優勢。其主力編隊轄中途島進攻編隊和第一機動編隊；北方編隊轄第二機動編隊和阿留申群島進攻編隊；另外還編有潛艇部隊和岸基航空部隊，由總司令山本五十六海軍上將統一指揮。二十六日～二十九日，各編隊先後由本土啟航，預定於六月四日對中途島發起進攻。

這次海戰對日軍更不利的因素，是美軍破譯日本海軍密碼電報，掌握日本進攻中途島的企圖。早在五月中旬，美國太平洋艦隊總部作戰情報處在截獲日本的電報中，發現「AF」一詞，引起情報人員的注意。到了五月二十日，他們又截收到一份電報，內容是日本聯合艦隊給各部隊下達的作戰計畫，裡面多次提到「AF」。作戰情報處認為「AF」指的是一個地方，經過分析，認為可能是指中途島。

作戰情報處的羅徹福特海軍中校苦思苦想，最後想出一個可以證明「AF」指的就是中途島的計策。他透過潛艇電報系統向中途島發出指示，要守島的指揮官用普通英文發出緊急無線電報，謊稱中途島上的供水蒸餾塔壞了。這個計策果然奏效，不出二十四小時，作戰情報處就截獲日本從威台島的電台發出的密電，上面說「AF」顯然缺水，日方還在密電中發出命令，要部隊多帶水。

美國太平洋戰區總司令尼米茲海軍上將立即制定對付山本五十六的作戰計畫，要求以消耗戰來削弱優勢之敵的兵力，用潛艇和轟炸機襲擊各個孤立之敵。尼米茲下令，利用情報優勢來彌補數量上的劣勢，以便集中力量挫敗日本突擊進攻部隊。羅徹福特經過三天三夜的緊急破譯，終於在五月二十四日知道日本偷襲中途島的時間和方位。根據這些情報，尼米茲海軍上將制定具體的作戰部署：調集航空母艦三艘（艦載機二百三十多架）以及其他作戰艦艇大約四十多艘，組成第十六聯合艦隊（由斯普魯恩斯少將指揮）和第十七聯合艦隊（由弗萊徹少將指揮），在中途島東北海域展開，隱蔽待機；同時，十九艘潛艇部署在中途島附近海域，密切監視日本艦隊的行動。

一九四二年六月一日，日本聯合艦隊全部出發。從塞班島起航的士兵深信他們一定會佔領中途島，他們囑咐留在塞班島上的人，如果收到他們的家信，就請轉寄「日出之島」（這是日本給即將佔領的中途島取的新名字）。山本五十六在出發前曾經寫信給他的情婦，說「現在已經到了關鍵時刻」，至於他一手策劃的這場決戰，他卻含糊其詞的說「我對它並不抱多大的期望」。這種情形下，和他在部下面前那種信心十足的樣子，形成鮮明對照。

山本五十六的決戰計畫，一開始就亂了方寸。前往珍珠港攔截美國艦隊的十三艘潛艇晚到一天，兩支美國特快艦隊根據日方密電中進攻的時間表，早就已經從珍珠港出動，正悄悄駛往中途島海域，進入有利的位置。六月三日，日本各艦隊進入進攻位置，山本五十六所得的情報是這個海域裡沒有美國航空母艦，它們都遠在南太平洋的所羅門群島。其實，這是美國人為日本人設的圈套。六月三日，日本海軍中將細萱戍子郎率領北方編隊（航空母艦二艘、艦載機八十二架、其他作戰艦艇二十九艘）對阿留申群島的荷蘭港發起突擊，揭開中途島海戰的序幕。

經過

一九四二年六月四日清晨，負責主攻的海軍中將南雲忠一率領第一機動編隊（航空母艦四艘、艦載機二百六十多架、其他作戰艦艇十七艘）進至中途島西北二百四十海浬海域。四時三十分，南雲忠一命令「赤誠」、「加賀」、「飛龍」、「蒼龍」四艘航空母艦上的一百零八架飛機立即出動，前去襲擊中途島。島上美軍發出警報，一百一十九架美國飛機由於事先得到情報，都升空迎戰或逃避轟炸。日軍轟炸機襲擊機場，炸毀部份地面設施。由於島上防禦加強，機場跑道未被摧毀。其間，日軍機動編隊多次受到美國岸基飛機的偵察、襲擾和攻擊，南雲忠一決定再次攻擊中途島。

第一批飛機離開母艦以後，南雲忠一命令第二批飛機升到甲板，裝上魚雷，準備襲擊美軍軍艦。這個時候，第一批轟炸中途島的日機指揮官返航，要求對中途島進行第二次轟炸。於是，南雲忠一又命令士兵卸下魚雷，換上炸彈。就在此時，日本偵察機報告發現十艘美艦正位於東北二百英里處。這個消息使南雲忠一大吃一驚，因為他知道這麼大的艦隊至少擁有一艘航空母艦，於是又下令甲板上的飛機改去襲擊美艦。這樣一來，又要卸下炸彈，裝上魚雷。八時二十分，日本偵察機報告美國艦隊似乎有一艘航空母艦。於是，南雲忠一命令攻擊中途島的第一批飛機和擔任空中戰鬥巡邏任務的戰鬥機返航，隨後率領艦隊北駛，以免遭到襲擊，並且重新部署對敵軍艦隊的攻擊。此時，在中途島東北海域待機的美國聯合艦隊，正在向日本機動編隊接近，並且已經派出第一、第二批飛機二百多架。

戰機貽誤，時間一分一秒的過去。從美國航空母艦上起飛的轟炸機直撲「赤誠」、「加賀」和「蒼龍」，炸彈呼嘯而下。這三艘大型航空母艦中彈以後，立即引起艦上飛機起火和堆在甲板上的炸彈連續爆炸。霎時間，彈片穿過甲板，又在艦體深處引起爆炸，機艙破壞，艦舵失靈。甲板上許多飛機不是燒毀，就是落海。

不久，這三隻龐然大物就變成一堆廢鐵，沉入到太平洋中。南雲忠一正在指揮艦「赤誠」號上指揮，眼前這一切使他呆若木雞，在部下的催促下，他離開正在燃燒的指揮艦，轉移到一艘巡洋艦上，向山本五十六報告。這個時候，山本五十六正在世界上最大的戰艦——「大和」號上休息。聽到這個消息，他馬上命令所有的艦隊向他集中，企圖誘使美國艦隊繼續西進，想用他的艦隊的猛烈炮火，摧毀美國艦隊。但是美國艦隊指揮官識破山本五十六的計畫，沒有上當。

六月四日中午，倖存的「飛龍」號航空母艦派出飛機，把美國航空母艦「約克頓」號炸成重傷，但是美國艦隊的飛機很快的報仇，把「飛龍號」炸沉。

在短短的時間裡，日軍四艘航空母艦「赤城」號、「加賀」號、「蒼龍」號和「飛龍」號全部被炸毀，損失重巡洋艦一艘、飛機二百八十五架、人員三千五百名。美軍僅損失航空母艦「約克敦」號、驅逐艦一艘、飛機大約一百五十架、人員三百零七名。鑑於第一機動編隊損失慘重，六月五日凌晨，山本五十六發出命令：「取消佔領中途島的行動！」然後匆忙率聯合艦隊西撤。美軍趁勢追擊，於六日派出艦載機三次出擊，又擊沉日軍重巡洋艦一艘，擊傷巡洋艦、驅逐艦數艘。

結果與影響

在中途島海戰中，日本慘遭失敗，喪失四艘航空母艦、一艘重巡洋艦、三百餘架飛機、幾百名海軍飛行員和二千二百名水兵。這次海戰改變太平洋地區日、美航空母艦的實力對比，日軍僅剩重型航空母艦一艘、輕型航空母艦四艘。

東京參謀本部為了掩蓋他們慘重的失敗，六月十日在電台播放響亮的海軍進行曲之後，宣稱這次戰鬥以後，日本已經「成為太平洋上的最強國」。聯合艦隊返回駐地的時候，東京還舉行燈籠遊行，慶祝這次「勝利」。

中途島海戰是太平洋戰爭中的一個轉捩點，美國海軍總司令歐內斯特・金說：「中途島戰鬥是日本海軍三百五十年以來的第一次決定性的敗仗，它結束日本的長期攻勢，恢復太平洋海軍力量的均勢。」從此，日本在太平洋戰場開始喪失戰略主動權，戰局出現有利於盟軍的轉折。

史達林格勒會戰

第二次世界大戰的轉捩點

西元一九四二年七月十七日～西元一九四三年二月二日的第二次世界大戰中，蘇軍為了保衛史達林格勒（今稱伏爾加格勒），並且消滅頓河與伏爾加河之間德軍重兵集團的會戰。這場戰爭是蘇聯軍隊在衛國戰爭中對德國軍隊的一場決定性戰役，戰爭的勝利具有巨大的戰略意義，不僅扭轉蘇、德戰場的整個形勢，而且成為第二次世界大戰的重要轉捩點。

起因

一九四一年六月二十二日拂曉，德國背信棄義的撕毀德蘇互不侵犯條約，突然入侵蘇聯國境。德軍沿列寧格勒、莫斯科和基輔三個方向大舉進攻，蘇軍進行英勇頑強的防禦作戰。在莫斯科會戰失敗以後，德軍被迫放棄全面進攻，趁歐洲尚未開闢第二戰場之機，繼續增強蘇、德戰場上的德軍兵力，並且於一九四二年夏天，在蘇、德戰場南翼實施重點進攻，企圖迅速攻佔高加索和史達林格勒，切斷蘇軍的戰略補給線。在夏季戰局中，蘇軍失利，七月中，德軍進抵頓河大彎曲部，威逼伏爾加河和高加索地區，在史達林格勒方向形成複雜局勢。

史達林格勒位於伏爾加河下游西岸、頓河大彎曲部以東的六十公里處，是蘇聯歐洲部份東南部的政治、經濟和文化中心，也是重要的水陸交通樞紐、歐亞兩洲的咽喉，還是重要的軍事工業基地，在軍事上具有重要的戰略意義。負責攻佔史達林格勒的是保盧斯上將指揮的德國第六集團軍，該集團軍轄十三個師大約二十七萬人，火炮和迫擊炮大約三千門、坦克大約五百輛，由第四航空隊（作戰飛機近一千二百架）負責支援。會戰中，德軍統帥部不斷增加這個方向的兵力，先後參加會戰的還有第四裝甲集團軍、第二集團軍，匈牙利第二集團軍，羅馬尼亞第三、第四集團軍和義大利第八集團軍。

針對德軍的企圖，蘇軍最高統帥部於七月十二日組建史達林格勒集團軍（司令鐵木辛哥元帥，七月二十三日改為戈爾多夫中將），轄第六十二、第六十三、第六十四、第二十一集團軍和空軍第八集團軍，後來第五十七、第五十一集團軍和第一、第四坦克集團軍，相繼編入該集團軍。史達林格勒集團軍的任務，是在巴甫洛夫斯克至上庫爾莫亞爾斯卡亞五百二十公里正面上組織防禦，力量主要集中於頓河大彎曲部。集團軍在史達林格勒州人民的支援下，在城市遠接近地構築兩道防禦地帶，在近接近地構築外層、中層、內層和市區四道防禦圍廓。

經過

按照蘇軍的行動性質，史達林格勒會戰可以分為兩個階段，即防禦階段和反攻階段。

第一階段，防禦階段（西元一九四二年七月十七日～西元一九四二年十一月十八日）

在這個階段中，蘇軍的主要任務是保衛陣地，防禦德軍的進攻。

七月十七日，德國第六集團軍向蘇軍發起猛烈進攻。史達林格勒集團軍第六十二、第六十四集團軍各前進支隊在奇爾河、齊姆拉河一線英勇抗擊德軍，經過六個晝夜的激戰，使德軍僅展開部份主力，進而贏得改善基本地區防禦的時間。

二十三日，德軍開始爭奪第六十二、第六十四集團軍主要防禦地帶，企圖對頓河大彎曲部的蘇軍兩翼實施包圍突擊，進至卡拉奇地域，從西面向史達林格勒突圍。但是史達林格勒集團軍第六十二、第六十四集團軍的頑強防禦和第一、第四坦克集團軍各兵團的反突擊，打破德軍的企圖。至八月十日，這一部份的蘇軍退到頓河東岸，在史達林格勒外層圍廓佔領防禦陣地，阻止德軍前進。

早在七月三十一日，德軍統帥部就將第四裝甲集團軍從高加索方向調到史達林格勒方向。八月二日，第四裝甲集團軍的先頭部隊進逼科捷利尼科夫斯基鎮（今科捷利尼科沃市），形成從西南方向直接威脅史達林格勒。為了防守這個方向，史達林格勒集團軍的部份兵力於七日組建東南集團軍（轄第六十四、第五十七、第五十一集團軍，近衛第一集團軍，空軍第八集團軍，三十日起增加第六十二集團軍，司令為葉雷曼柯上將），於九日～十日實施反突擊，迫使德國第四裝甲集團軍暫時轉入防禦。至八月十七日前，該部德軍也被阻止於外層防禦圍廓南部地區。

八月十九日，德軍再度發起進攻，從西面和西南面同時實施向心突擊，力圖攻佔史達林格勒，並且出動幾千架次的飛機，對市區進行密集的轟炸。二十三日，德國第六集團軍第十四裝甲軍在史達林格勒以北突至伏爾加河，企圖從北面沿伏爾加河實施突擊並且奪取該市。蘇軍統帥部從預備隊中抽調援軍，會同史達林格勒集團軍從北面對德軍側翼實施反突擊，牽制德國第六集團軍部份兵力，阻敵於西北市郊。

九月十三日，德軍攻入市區，次日攻佔市中心的馬馬耶夫崗。蘇軍崔可夫中將指揮的第六十二集團軍和舒米洛夫少將指揮的第六十四集團軍，受領保衛史達林格勒市區的任務。巷戰中，雙方逐街、逐樓、逐屋反覆爭奪，僅對火車站的反覆爭奪就達十三次之多。九月份，蘇軍近衛第一集團軍和第二十四、第六十六集團軍，在史達林格勒以北幾乎不停頓的實施反突擊，有力的支援史達林格勒市區的保衛戰。蘇軍第五十七、第五十一集團軍在史達林格勒以南發動局部進攻，也牽制德軍的重兵集團。

九月二十八日，史達林格勒集團軍改稱頓河集團軍，東南集團軍改稱史達林格勒集團軍。十月中旬，德軍第三次企圖攻佔史達林格勒，向牽引機廠、街壘工廠和紅十月工廠實施突擊，最終沒有達到目的。十一月十一日，他們最後一次企圖攻佔該市，並且在「街壘」工廠以南衝到伏爾加河岸。但是此時蘇軍已經做好充份的反攻準備，德軍雖然已經突入市中七個區中的六個區，但是最後一次強攻仍然未能佔領整個城市。

十八日，德軍的進攻力已經消耗殆盡。

在這個階段，德軍死傷大約七十萬人，損失火炮和迫擊炮二千餘門、坦克和強擊火炮一千餘輛、作戰飛機和運輸機一千四百餘架。德軍統帥部企圖攻佔史達林格勒的計畫宣告失敗，從此德軍進入防禦階段。

第二階段，反攻階段（一九四二年十一月十九日～一九四三年二月二日）

在這個階段，蘇軍由防禦轉為反攻，開始把德軍從自己的陣地上趕走。

蘇軍統帥部在防禦階段就制定反攻計畫，內容是：從綏拉菲莫維奇、克列茲卡亞兩地域的頓河登陸場，以及從史達林格勒以南的薩爾帕湖至巴爾曼察克湖地域分別實施突擊，粉碎德軍各突擊集團兩翼的掩護軍隊，並且沿卡拉奇、蘇維埃茲基向心方向發動進攻，圍殲直接在史達林格勒附近作戰的德軍主力。

十一月十九日，經過猛烈的炮火準備，西南集團軍和頓河集團軍發起進攻，揭開反攻的序幕。這一天，西南集團軍前進二十五～三十五公里，第六十五集團軍因為遭到猛烈抵抗，僅前進三～五公里。經過兩天戰鬥，蘇軍各集團軍都突破德軍防禦。二十三日，西南集團軍坦克第四軍和史達林格勒集團軍機械化第四軍在蘇維埃農社會合，封閉頓河和伏爾加河中間地區，完成對德國第六集團軍以及坦克第四集團軍一部的合圍。西南集團軍和史達林格勒集團軍一方面逐步壓縮包圍圈，另一方面建立合圍的對外正面工事，以保障順利的肅清被圍之敵。

十二月十二日，德軍統帥部集中第五十七裝甲軍另外四個步兵師和二個騎兵師，從科捷利尼科夫斯基鎮地域向蘇軍發起進攻，以解救其被圍軍隊。蘇軍隨即發起科捷利尼科夫斯基戰役，將這股援軍全部擊潰。

十六日，西南集團軍和配屬部隊發起進攻，粉碎頓河中游地域的德軍，並且進到托爾莫辛集團的後方。德軍統帥部為了制止西南集團軍的迅速突破，被迫耗盡用於進攻史達林格勒的預備隊，最後放棄解救被圍集團的企圖。

一九四三年一月初，壓縮在包圍圈中的德軍態勢急劇惡化，已經沒有任何回轉的希望。為了避免更多的傷亡，蘇軍最高統帥命令頓河集團軍領導人向德國第六集團軍發出最後通牒，要求德軍投降，但是遭到拒絕。一月十日，頓河集團軍開始旨在分割並且各個消滅被圍德軍的進攻，德軍被分割成兩部份。

十二日，蘇軍把德軍逼到位於羅索什卡河的第二防禦地帶。

一月二十六日晚上，蘇軍第二十一集團軍在馬馬耶夫崗西北坡與從史達林格勒迎面進攻的第六十二集團軍會師，德軍集團被分割成南、北兩部份。

三十一日，德軍南集群被消滅，以第六集團軍司令保盧斯為首的殘部投降。二月二日，德軍北集群殘部投降，史達林格勒會戰結束。

結果與影響

在史達林格勒會戰中，德國第六集團軍和第四裝甲集團軍、羅馬尼亞第三、第四集團軍、義大利第八集團軍被殲滅，法西斯集團損失官兵近一百五十萬人，大約佔蘇、德戰場總兵力的四分之一。史達林格勒大戰的勝利，不僅成為蘇、德戰爭的轉捩點，也是第二次世界大戰的偉大轉折。蘇軍從此基本上掌握戰略主動權，開始從戰略防禦轉入戰略反攻，陸續收復失地，並且攻入德國本土。蘇聯人民和全世界人民都從史達林格勒會戰的勝利中，看到勝利的希望，也堅定徹底打敗德國的信心，鞏固並且擴大國際反法西斯統一戰線。法西斯集團在史達林格勒的失敗，震撼德國，也動搖僕從國對它的信任。這次戰爭給希特勒致命的打擊，德軍再也無力進行大規模的反攻，他們開始一步步後退，逐漸走向失敗的道路。

蘇軍之所以會在史達林格勒會戰中取得勝利，是因為：

第一，蘇軍最高統帥部進行卓有成效的戰略指導和戰役指揮，適時制定周密的反攻計畫，隱蔽實施反攻準備，正確選擇主要突擊方向和確定反攻時間；

第二，各集團軍和集團軍之間密切合作，並且以坦克軍和機械化軍組成快速集群，同時迅速的構成合圍的對內、對外正面，並且在對外正面發展反攻；

第三，空軍第一次採取進攻模式，並且和高射炮兵成功的實施對被圍德軍集團的空中封鎖，進而保證蘇軍在史達林格勒的勝利。

資訊補給站：「本台停止發報」

一九四三年一月初，天氣更惡劣，溫度已經降到攝氏零下四十五度。德國第六集團軍的空運補給越來越少。它每日需要七百噸的補給量，實際運到的，平均每天不到一百噸，一月六日只運來四十五噸。德國第六集團軍瀕於彈盡糧絕的境地：口糧的分配已經減到可以維持生活的標準之下；炮兵的彈藥開始感到缺乏；醫藥品和燃料都已經用盡；數千人染上傷寒和痢疾，凍傷的人越來越多。

一月八日，蘇聯頓河集團軍司令官羅科索夫斯基中將向德國第六集團軍司令保盧斯上將發出最後通牒，敦促其投降。保盧斯電告希特勒，要求准予他見機行事，但是希特勒駁回他的請求。十日，羅科索夫斯基

上古時期 BC
漢
0
100
200
三國
晉
300
400
南北朝
500
隋朝
600
唐朝
700
800
五代十國
900
宋
1000
1100
1200
元朝
1300
明朝
1400
1500
1600
清朝
1700
1800
1900
中華民國
2000

的頓河集團軍向被圍的德國第六集團軍發起代號為「指環」的進攻。一月二十二日，蘇軍佔領古門拉克機場，德國第六集團軍的空運補給完全中斷。保盧斯向希特勒報告：「部隊已經無法支持，繼續抵抗已經毫無意義，請准允我們投降。」他得到的答覆是：「投降是不可能的，第六集團軍應該在史達林格勒盡到其英勇的責任，直到最後一人為止。」曼斯坦力勸希特勒批准第六集團軍殘部投降，他說：「是該結束這個英勇戰鬥的時候了，我的元首！我認為第六集團軍為了牽制俄軍，已經盡了最後的努力，繼續抵抗已經沒有意義。」希特勒向曼斯坦解釋，不允許投降，「一來，即使包圍圈中的德軍分成幾個較小的單位，也還可以抵抗相當長的時間；二來，俄國人根本不會遵守對第六集團軍投降以後所許下的諾言。」

一月三十日，希特勒授予保盧斯元帥節杖，以鼓勵其繼續抵抗。他對約德爾說：「在德國歷史上，從來沒有元帥被生俘。」

一月三十一日，保盧斯向總部發出最後一份電報：「第六集團軍忠於自己的誓言，並且認識到自己所負的極為重大的使命，為了元首和祖國，已經堅守自己的崗位，打到最後一兵一卒，一槍一彈。」同日，蘇軍第六十四集團軍的第三十八摩步旅打到保盧斯的司令部，第六集團軍司令部發報員自己決定發出最後一封電報：「俄國人已經到了我們地下室的門口，我們正在搗毀器材。」最後用國際電碼寫上「CL」，表示「本台停止發報」。

諾曼第登陸戰

二次世界大戰中，最大的一次登陸戰役

第二次世界大戰後期，美、英軍在法國西北部的諾曼第半島，對德軍發動一次大規模的登陸戰役，被稱為諾曼第登陸戰役。美、英軍在一九四四年六月六日開始登陸，七月二十四日登陸成功，八月二十五日佔領巴黎以及塞納河沿線，整個戰爭歷時兩個多月。在這場戰爭中，盟軍採用「明修棧道，暗渡陳倉」的戰法，取得大勝，對聯軍在西歐開闢第二戰場，有決定性的意義。

起因

一九四三年初，蘇軍在史達林格勒會戰中，已經取得決定性勝利，開始轉入反攻；日軍在太平洋戰區遭到挫敗；德軍隆美爾軍團在北非也受到嚴重打擊，整個世界戰局對美、英軍在西線開闢第二戰場極為有利。一九四三年一月，美、英卡薩布蘭加最高級軍事會議決定在法國北部實施登陸戰役，開闢第二戰場。但是，美、英軍除了組成聯合參謀部進行戰役的計畫以外，對戰役的組織、準備未採取積極行動。一九四三年十一月德黑蘭會議決定，在一九四四年五月一日前，在法國開闢第二戰場。隨後，美國總統羅斯福任命陸軍上將艾森豪為盟國遠征軍最高司令，全權指揮登陸戰役。

一九四四年初，德軍在東線開始全線潰退，蘇軍的反攻矛頭已經指向柏林。為了加速德國法西斯的滅亡，英、美、法同盟軍決定在諾曼第登陸，開闢第二戰場。諾曼第是最理想的登陸地點，因為它距離英國空軍基地近，可以得到空軍的掩護，而且附近又有比較大的海港，運輸後勤物資和後續部隊比較有利。盟軍開闢第二戰場的意圖是：先在法國西北部登陸，建立登陸場，保障主力登陸和後勤供應；再向德國內地發動進攻，協助蘇軍最後戰勝德國。

為了隱蔽登陸意圖，英、美盟軍在戰役準備期間，猛烈轟炸加萊地區德軍陣地，還在英國東南沿海港口設置大量假登陸艇和作戰物資堆積場，製造從加萊地區登陸的假象。在盟軍的欺騙下，德軍錯誤的判斷盟軍的主要登陸方向，遂集中主力機動部隊於加萊方向，準備等到盟軍登陸以後，用決定性的反突擊擊敗盟軍。因此，德軍在諾曼第的防守兵力比較薄弱。

美、英軍參戰兵力為：陸軍第二集團軍群轄美國第一、英國第二和加拿大第一集團軍；另外有美國第三集團軍登陸以後，與美第一集團軍合編為第十二集團軍群，共計三十九個師、十個裝甲旅、十個突擊隊；海軍由東部和西部兩個直接護航艦隊編成，共計大小艦隻五千餘艘，另有商船二千餘艘；空軍有美國第八、第九集團軍，英國第二集團軍，共計各型飛機一萬二千八百餘架。

德軍參戰兵力為：陸軍B集團軍群四十三個師，另外有G集團軍群十七個師分佈在法國南部和西南部地區；海軍西線有各種艦隻三百餘艘，以及輔助船隻六十餘艘；空軍第三集團軍飛機大約五百架。德軍在東線遭到慘敗，寄希望於西線。德軍統帥部認為，美、英軍在西線的登陸可能迫使德軍崩潰，也可能是使德軍轉敗為勝的絕好時機。如果可以將登陸部隊一舉殲滅，不僅美英軍在今後很長的時期內難以發起另一次登陸戰役，還有可能從西線抽調五十個師到東線去抗擊蘇軍進攻。據此，德軍企圖集中一切兵力、兵器於敵人可能登陸的主要方向，以便在敵軍一登陸就發起決定性的反擊。

經過

整個登陸戰役經歷三個階段：突擊上陸、鞏固與擴大登陸場、縱深作戰。

第一階段（一九四四年六月六日～十一日），突擊上陸階段

一九四四年六月一日，聯軍登陸部隊第一梯隊完成上船準備。三日拂曉，各突擊輸送大隊自各港口啟航，至南側海域會合，編成突擊艦隊，待命向登陸地區開進。四日清晨，因為天氣不斷惡化，最高戰役司

令官宣佈突擊上陸日期由原定的五日推遲二十四小時，並且召回已經出海的艦隊。五日清晨，天氣仍然沒有好轉，但是為了避免因為一再推遲而喪失戰術上的突擊性和影響軍隊士氣，最後決定登陸部隊在六月六日不利的天氣條件下，突擊上陸。各突擊艦隊再度在維特島南側海域集中，中午十二時開始向預定目標地區開進。掃雷艦隊在突擊艦隊之前航行，開闢十條航道。在整個航渡過程中，艦隊不間斷的得到戰鬥機群的掩護。

一九四四年六月六日凌晨，盟軍利用漲潮時機和剛剛出現的短暫好天氣，開始在諾曼第登陸。登陸前四～五小時在空軍密集突擊的掩護下，美國空降第八十二師和第一〇一師、英軍第六師分別在登陸地域兩翼距離海岸十～十五公里的縱深處實施空降，佔領登陸地附近的交通樞紐和橋樑、渡口等重地。凌晨五時，盟軍開始航空火力準備，輪番轟炸登陸地區的德軍十個炮兵陣地。美國空軍第八、第九集團軍的轟炸機集中一千五百餘架轟炸機，分批對德軍海岸炮兵陣地和海岸防禦設施，進行最後的航空火力準備。

六日六時三十分，美國第七軍步兵第四師在德軍防禦薄弱的「猶旦」海灘二公里寬的正面上突擊上陸，並且初步建立團的登陸場。當日，該師三個團全部上陸完畢，並且與空降一〇一師取得聯繫，鞏固正面四公里、縱深九公里的登陸場。六時三十四分，美國第五軍在「奧瑪哈」海灘突擊上陸，遇到德軍步兵第三五二師較大兵力的頑強抵抗，被阻於海灘上，數小時內未獲進展。六時三十分至七時四十五分，第一批登陸部隊分別在五個登陸地段突擊上陸。九時，基本突破德軍防禦陣地，奪取並且建立比較穩固的立足點。在這一天，盟軍共十三萬二千人上陸，奪取數個縱深為八～十公里的登陸場。

後來，盟軍經過六天的激戰，初步在八十公里的正面上，建立縱深約十～十五公里的灘頭陣地，並且同時輸送三十二萬六千名士兵、五萬四千輛車和十萬四千噸物資上陸。

盟軍在諾曼第海岸登陸完全出乎德軍的意外，對德軍指揮和行動造成極大混亂。德軍未能及時向裝甲預備隊下達向登陸場開進的命令，預備隊開進時又受到盟軍空軍阻撓，喪失有利時機，無法組織強有力的反擊。六月十二日，諾曼第德軍認為已經無力奪回被佔領的海灘陣地、恢復原本態勢的時候，就全面轉入防禦，限制盟軍擴大登陸場，以等待更多的預備隊反突擊。六月六日至十二日，德軍調來七個師，加上原來在登陸場的五個師共有十二個師，比聯軍預先估計的少八個。

第二階段（一九四四年六月十二日～七月二十四日），鞏固與擴大登陸場階段

在這個階段，盟軍的意圖是攔腰切斷康坦丁半島，阻止德軍向瑟堡增援；然後集中兵力奪取瑟堡，堅守卡朗坦，擊退德軍可能的反撲；奪取卡昂，進一步擴大登陸場。

六月十二日，美國第七軍從聖曼伊格利斯地域向西發起進攻，十七日前到達德律特海峽沿岸。然後，該軍以部份兵力向南面進展，以其餘兵力向北發動進攻，二十二日前到達瑟堡港區和市區的防禦外廓；二十三日佔領瑟堡東側八公里處的德軍機場及其附近的制高點；二十七日攻佔瑟堡；六月底肅清康坦丁半島的德軍殘部。

六月二十六日，英、加軍向勞雷地區的德軍發動進攻，迅速佔領勞雷和奧登河上兩個橋頭陣地。德軍被迫將準備實施反突擊的四個裝甲師投入戰鬥，阻止英、加軍的進一步攻勢。與此同時，英國第二集團軍集中力量攻打卡昂。七月八日，英軍在空軍的支援下，以三個步兵師和三個裝甲旅的兵力，向卡昂發起進攻，戰鬥到九日佔領該城的西北部。七

上古時期 BC
漢
0
100
200
三國
晉
300
400
南北朝
500
隋朝
600
唐朝
700
800
五代十國
900
宋
1000
1100
1200
元朝
1300
明朝
1400
1500
1600
清朝
1700
1800
1900
中華民國
2000

月十八日，英、加軍在卡昂以東展開新的進攻，經過三天激戰，完全佔領卡昂。

到了七月二十四日，盟軍在諾曼第佔領正面寬一百公里、縱深三十至四十公里的登陸場，基本上具備向德國西北部大舉進攻的條件。

第三階段（一九四四年八月一日～二十五日），縱深作戰階段

在這個階段，盟軍的計畫是英、加軍隊在卡昂西南牽制德軍，美軍則在聖羅城以西地區向南實施主要突擊，並且向阿夫朗含和勒恩發動進攻，佔領布列塔尼半島；然後回師東進，將德軍驅向塞納河，佔領德國西北部。為此，盟軍編成兩個集團軍群，即美國一、三集團軍編成第十二集團軍群，英國第一集團軍、加國第一集團軍編成第二十一集團軍群。

八月一日，美國第三集團軍在西冷河地區投入交戰。美國第三集團軍向南發動進攻的時候，德軍已經得到由加萊方向調來的步兵師的增援。八月六日，德軍抽出四個裝甲師自維爾、莫日丹向艾弗蘭齊斯發動反突擊，企圖切斷美國第三集團軍的補給線，遭到美軍的抵抗。美國第三集團軍第十五軍實施進攻，於八月六日攻佔拉瓦，九日佔領勒芒，進而使德國第七集團軍的左翼和後方受到威脅。與此同時，美國第八軍也攻佔除了聖馬洛、布勒斯特等港口以外的整個布列塔尼半島。

八月六日，英國第二集團軍、加國第一集團軍佔領平松山，威脅德軍右翼。美國第十五軍從勒芒發起進攻，於十三日佔領阿爾讓坦。加國第二軍向法累茲方向進攻，進展遲緩，未能在同一時間與美軍合圍法累茲的德軍。位於合圍圈內的德軍，大部份跳出聯軍的合圍圈，向塞納河方向退卻。八月十九日，盟軍完成對法累茲的合圍，在合圍圈內殲滅德軍六萬餘人。

殲滅法累茲德軍以後，盟軍各集團軍立即向塞納河方向追擊。八月二十五日，盟軍佔領巴黎，基本上佔領德國的整個西北部。

結果與影響

整個登陸戰役，美、英軍是在掌握絕對制空、制海權的條件下實施的，在登陸前四～五小時，美、英軍使用三個空降師在諾曼第縱深空降，開創大規模空降的先例。此次戰役美、英軍傷亡十二萬二千人，德軍傷亡和被俘十一萬四千人。

諾曼第登陸戰役是第二次世界大戰中最大的一次登陸戰役，也是人類戰爭史上規模空前的一次登陸戰役。它的勝利對美、英軍在西歐展開大規模進攻，以及決定歐洲戰後形勢，產生重大作用，並且為組織和實施大規模登陸作戰，提供有益的經驗。可以說，諾曼第登陸象徵著反法西斯第二戰場的正式開闢，使納粹德國陷入盟軍兩面夾擊的困境，加速德軍的失敗。

資訊補給站：規模宏大的電子戰

在著名的諾曼第登陸大戰中，盟軍大約動用二百八十七萬軍隊，一萬多架飛機，其中電子戰行動尤為壯觀，堪稱是歷史上規模最宏大的一幕。

諾曼第登陸是盟軍開闢歐洲第二戰場的重大戰役行動。德軍在法國北部六十個師的部隊，海岸有堅固的防禦工事，有一百二十部雷達形成的雷達網。希特勒聲稱「每架敵機都在它的嚴密監控之下」，大肆宣揚是如何堅不可摧。所以，盟軍登陸冒著很大的風險。此戰勝敗事關全局，所以藉助電子戰取勝，意義十分重大。

上古時期 BC
漢
0
100
200
三國
晉
300
400
南北朝
500
隋朝
600
唐朝
700
800
五代十國
900
宋
1000
1100
1200
元朝
1300
明朝
1400
1500
1600
清朝
1700
1800
1900
中華民國
2000

根據大戰需要，盟軍統帥部門請電子戰專家羅伯特・科伯恩出山，他領導的技術團隊很快的提出四項目標和措施的方案。

第一，防止敵方獲得盟軍艦艇出發登陸的早期警報和精確的艦艇航跡。措施是組建一支電子干擾航空大隊，配有各種型號的干擾機和電子偵察接收機，適時施放干擾，使德軍雷達系統致盲，或是只能發現假目標。

第二，防止敵方海岸炮兵使用雷達瞄準、控制的火炮射擊海面的艦艇。措施是在艦艇上加裝干擾機，在指揮登陸的巡洋艦上裝備新型全波段偵察接收機，以便及時發現敵方雷達訊號，並且施放干擾。

第三，擾亂敵軍坦克和飛機的行動，以及防止敵方發現盟軍傘兵降落區，並且施放干擾波，使敵機無法聽清楚攔截航向指令。

第四，令敵軍對登陸地做出錯誤判斷。使敵軍雷達螢光屏上顯示出兩支巨大的「幽靈艦隊」向加萊進發，以轉移敵注意力，掩護真的登陸艦隊。他們還精心設計投放金屬箔條的航線，使箔條干擾的運動速度與艦隊相同，波形的大小與艦隊回波相似；同時還施放雜波干擾。登陸前一個月，盟軍曾經用繳獲的德軍雷達進行試驗，達到預期的目的。羅伯特・科伯恩為了使敵軍巡邏飛機及早發現「幽靈艦隊」，在海軍汽艇上分別安裝「月光」回答式干擾機和「棒子」氣球式雷達反射器，都收到奇效。

邱吉爾對登陸的電子戰作用進行評價的時候，說：「我們在總攻開始之前和總攻開始之後進行的種種欺騙措施，都有計畫的引起敵方的思想混亂，其成就令人讚美，其影響將十分深遠。」

孟良崮戰役

一場大挫國民黨士氣的戰爭

一九四七年五月十一日～五月十六日，中國人民解放軍華東野戰軍在山東省蒙陽縣東南孟良崮地區，對國民黨發動一場進攻作戰，被稱為孟良崮戰役。

起因

從一九四七年三月開始，國民政府軍放棄對解放區的全面進攻，縮短戰線，集中兵力對陝北和山東實施重點進攻，企圖首先佔領這兩個地區。

在山東戰場，由陸軍總司令顧祝同在徐州設立司令部統一指揮，集中二十四個整編師，編成三個機動兵團，採取加強縱深、密集靠近、穩紮穩打、逐步推進的戰法，由南向北向魯中山區推進。其中第一兵團八個整編師，共二十個旅二十萬人，由司令官湯恩伯指揮，是進攻的主要集團，該兵團企圖首先佔領沂水、坦埠一線，然後與第二、第三兵團通力向北、向東進攻，迫使華東野戰軍主力決戰或是北渡黃河。第二「綏靖」區五個軍部署在膠濟鐵路（青島至濟南）和津浦鐵路（天津至浦口）泰安以北地區，策應三個兵團作戰；第三「綏靖」區二個整編師在嶧縣（今屬棗莊）、棗莊為二線部隊。三月下旬至四月中旬，國民政府軍打通津浦鐵路徐州至濟南段，佔領魯南，接著向魯中山區發動進攻。

面對國民政府軍的重點進攻，華東野戰軍積極尋找戰機。但是由於國民政府軍接受以往的教訓，改變戰法，集中兵力、行動謹慎，華東野戰軍除了四月下旬在泰安殲其整編第七十二師主力以外，幾次作戰部署都沒有實現。五月四日，中共中央軍委向華東野戰軍發出指示：「敵軍密集不好打，忍耐待機，處置甚妥。只要有耐心，總有對戰的機會。」五月六日又指示：「第一不要性急，第二不要分兵，只要主力在手，總有殲敵機會。」根據這些情況，華東野戰軍司令員兼政治委員陳毅、副司令員粟裕於五月上旬調整部署，將主力後撤一步，向東移進，並且命令準備南下華中的第二、第七縱隊，隱蔽集結於莒縣地區，以進入魯南的第六縱隊隱蔽在平邑附近地區，待機配合主力作戰。

蔣介石以為華東野戰軍後撤是攻勢疲憊、無力決戰，遂於五月十日下令跟蹤剿滅，顧祝同轉令三個兵團放膽向博山、沂水一線疾進。右翼第一兵團改變原定的穩紮穩打戰法，不待第二、第三兵團統一行動，即以整編第七十四師為骨幹，在整編第二十五、第八十三師的配合下，於五月十一日自垛莊、桃墟地區進攻坦埠，企圖乘隙佔領沂水至蒙陰公路。另外，以第七軍以及整編第四十八、第六十五師，在左右兩側擔任掩護。

五月十一日，陳毅、粟裕獲悉第七軍、整編第四十八師由河陽出動，先頭部隊已經佔領苗家曲、界湖，正在向沂水推進，準備與國民政府軍展開戰鬥。作戰命令下達以後，又得知湯恩伯兵團的行動計畫以及整編第七十四師正在向坦埠推進，認為先與整編第七十四師展開戰鬥更有利。

之所以做出這樣的決定，是因為：第一，整編第七十四師下轄的第五十一、第五十七、第五十八旅全部是美軍裝備，經過美軍訓練，屬於國民政府軍甲種裝備師，號稱「五大主力」之一，可以打敗該師，將會震撼國民政府軍，沮喪其士氣；第二，師長張靈甫自恃作戰有功，驕橫跋扈，與其他部隊隔閡較深，如果攻擊該部，其他部隊不會積極援助；第三，該師處於比較突出的地位，與左右鄰之間空隙較大，便於分割、圍攻；第四，華東野戰軍主力位於該師進攻正面，不需要做大的調動就可以出其不意的迅速集中五倍於該師的兵力，加以攻擊；第五，蒙陰、沂水地區多為岩石山區，地形複雜，便於華東野戰軍隱蔽集結和尋隙穿插。

陳毅、粟裕等人毅然改變決心，十二日早晨命令正在東移的各部隊立即西返蒙陰以東、坦埠以南地區，並且做出在國民政府軍重兵集團密

BC
0
100
200
300
羅馬統一
羅馬帝國分裂
400
500
倫巴底王國
600
回教建立
700
800
凡爾登條約
900
神聖羅馬帝國
1000
十字軍東征
1100
1200
蒙古西征
1300
英法百年戰爭
1400
哥倫布啟航
1500
中日朝鮮之役
1600
1700
發明蒸汽機
美國獨立戰爭
1800
美國南北戰爭
1900
一次世界大戰
二次世界大戰
2000

集靠近的態勢下，從其戰線中央割殲整編第七十四師的部署。實際的作戰安排是：以第一、第四、第六、第八、第九縱隊和特種兵縱隊擔任主攻；以第二、第三、第七、第十縱隊擔任阻援；另外以地方武裝牽制各路國民政府軍，並且在臨沂以及臨泰公路沿線敵之後方襲擾與破壞。此後，孟良崮戰役爆發。

經過

五月十一日～十三日，國民政府軍整編第七十四師在整編第八十三、第二十五師的掩護下，自垛莊北進，先後佔領楊家寨、佛山角、馬牧池等地，準備十四日攻佔坦埠。十三日晚上，人民解放軍華東野戰軍擔任迂迴穿插任務的第一、第八縱隊，以一部份兵力在整編第七十四師正面實施阻擊，主力從其兩翼尋隙向縱深鍥入。

第一縱隊第三師攻佔曹莊及其以北高地，逼近蒙陰，在正面阻擊整編第六十五師。縱隊主力攻佔黃斗頂山、堯山、天馬山、界牌等要點，切斷整編第七十四師與整編第二十五師的聯繫，並且攻擊整編第二十五師一部，該師大部份縮回桃墟。第八縱隊主力攻佔桃花山、磊石山、鼻子山等要點，切斷整編第七十四師與整編第八十三師的聯繫，佔領孟良崮東南的橫山、老貓窩。同時，第四、第九縱隊從正面發起攻擊，佔領黃鹿寨、佛山，以及馬牧池、隋家店一線，扼制整編第七十四師的進攻。位於魯南敵後的第六縱隊由銅石地區急速北上，於十四日清晨抵達垛莊西南觀上、白埠地區。

十三日晚上，整編第七十四師前端據點遭到攻擊的時候，張靈甫仍然準備於十四日執行攻佔坦埠的計畫。十四日，他得知天馬山、馬牧池、磊石山等地失守以後，預感到有被圍攻的危險，即向孟良崮、垛莊方向撤退，並且安排一部份兵力進行反擊。

整編第七十四師南撤的時候，立即遭到華東野戰軍的猛攻。擔任正面攻擊的第四、第九縱隊，經過徹夜攻擊，進佔唐家峪子、趙家城子一線；第六縱隊在第一縱隊的協同下，於十五日拂曉攻佔垛莊，截斷整編第七十四師的退路；第八縱隊攻佔萬泉山，與第一、第六縱隊打通聯繫。在蘆山、孟良崮地區，整編第七十四師立即受到四面的包圍。

整編第七十四師被包圍，蔣介石、顧祝同雖然感到吃驚，但是認為該師戰鬥力強，所處地形有利，必能堅守，如果左右鄰加速增援，可以造成與華東野戰軍主力決戰的機會。因此，除了命令整編第七十四師固守待援、牽制華東野戰軍主力以外，嚴令新泰的整編第十一師、蒙陰的整編第六十五師、桃墟的整編第二十五師、青駝寺的整編第八十三師，以及河陽、湯頭的第七軍、整編第四十八師等部迅速向整編第七十四師靠近，並且調第五軍自萊蕪南下，整編第二師自大汶口向蒙陰前進，企圖用十個整編師的兵力在蒙陰、青駝寺地區殲滅華東野戰軍主力。張靈甫也自恃建制完整、部隊戰鬥力強，並且居於戰線中央，容易得到左右鄰的積極增援，因此一面請求空投糧彈，一面積極調整部署，固守待援。

華東野戰軍指揮部鑑於蔣介石調動十個整編師的兵力來援，而且多數已經距離孟良崮僅一至兩天路程，有些只有十幾公里，情況十分緊急，如果不能在短時間內殲滅整編第七十四師，將陷入十個整編師的圍攻之中。

為此，指揮部在十五日命令阻援部隊堅決阻擊各路援敵，命令主攻部隊不惜任何代價加速猛攻，一定要在援敵趕到之前，迅速殲滅整編第七十四師。各部隊積極進行戰場鼓動工作，人民解放軍雖然連日苦戰、饑餓疲勞，但是看到整編第七十四師已經陷於絕境，紛紛表示要堅決完

上古時期 BC
漢
0
100
200
三國
晉
300
400
南北朝
500
隋朝
600
唐朝
700
800
五代十國
900
宋
1000
1100
1200
元朝
1300
明朝
1400
1500
1600
清朝
1700
1800
1900
中華民國
2000

成打敗敵人的任務，戰鬥情緒極為高昂。

五月十五日十三時，華東野戰軍發起總攻，各部隊從四面八方多路突擊，整編第七十四師竭力頑抗。每個陣地均經反覆爭奪，有些陣地得而復失，幾次易手。激戰至十六日上午，華東野戰軍攻佔雕窩、蘆山，整編第七十四師主陣地全部丟失。下午天陰雲低，能見度很差，華東野戰軍指戰員擠滿各個山頭，以為整編第七十四師已經被全部殲滅，但是在核算俘虜人數的時候，發現殲敵數量與該師編制數量相差一萬餘人。各部隊隨即嚴密搜索，將整編第七十四師以及整編第八十三師一個團餘部全部殲滅。張靈甫被子彈打中，當場犧牲。

在華東野戰軍主力圍殲整編第七十四師的過程中，擔任阻援任務的第二、第三、第七、第十縱隊，以及魯南、濱海等軍區部隊，積極牽制和阻擊各路援敵。國民政府軍各路援軍在蔣介石、顧祝同的再三嚴令下，雖然拚力前進，有些進至距離孟良崮五公里處，炮彈已經可以打到孟良崮，但是由於遇到頑強阻擊，不僅未能挽救整編第七十四師，而且本身也遭到重大傷亡。

結果與影響

在孟良崮戰役中，魯中地區人民在國民政府軍進攻的時候，實行堅壁清野，使其無法得到糧草和情報。

在這場戰役中，華東野戰軍在國民政府軍重兵集團密集前進的態勢下，從戰線中央割殲其精銳整編第七十四師以及整編第八十三師一個團共三萬二千餘人。

進軍大別山

解放軍由戰略防禦轉為戰略進攻的開始

西元一九四七年六月三十日～十二月二十六日，人民解放軍晉冀魯豫野戰軍向國民政府統治區的大別山地區實施戰略進攻，這就是著名的進軍大別山。

起因

從一九四六年七月到一九四七年六月，國共內戰整整打了一年。在這一年中，兩大軍事集團的實力對比，發生很大的變化。國民政府軍由四百三十萬人，下降為三百七十餘萬；人民解放軍由一百二十餘萬人，上升到近二百萬人。國民政府軍雖然在兵力上仍然佔優勢，在戰略全局上也仍然保持進攻態勢，但是因為機動兵力不足，除了對陝北、山東兩解放軍區實行重點進攻以外，其他各戰場已經逐步轉為守勢。並且，國民黨在魯西南、豫皖蘇邊界直至大別山地區兵力薄弱，形成兩頭重、中間輕的「啞鈴形」態勢。

中共看透形勢的發展，果斷的制定「由戰略防禦轉入戰略進攻，以主力打到外線，將戰爭引向國民政府控制的區域，在外線攻擊敵人」的戰略方針，並且決定將戰略進攻的主要方向，置於既是敵人要害又是敵人防禦薄弱的中原地區。晉冀魯豫野戰軍司令員劉伯承、政委鄧小平接到中央軍委的攻擊大別山的指示以後，分析形勢，著手準備。一九四七年六月三十日晚上，經過充份準備的劉鄧大軍在冀魯豫軍區獨立第一、第二旅的接應下，從山東省陽谷以東張秋鎮至菏澤以北臨濮集間，一舉突破國民政府軍的黃河防線。接著發起魯西南戰役，打敗國民政府軍四個整編師師部、九個半旅約六萬人，打亂國民政府軍在南部戰線的戰略部署，開闢挺進大別山的道路，揭開人民解放軍戰略進攻的序幕。

經過

在魯西南戰役結束以後，劉、鄧決定就地休整半月，於八月十五日南進大別山。當時連日降雨，河水猛漲，黃河南岸老堤有決口的危險，加上蔣介石仍然企圖以調往魯西南的重兵實施分進合擊，並且準備掘開黃河堤壩，以水助戰，為了擺脫困境，劉、鄧決心提前南進。八月七日，劉鄧野戰軍趁國民政府軍合圍將攏未攏的時候，自鄆城及以南地區南下，於十一日越過隴海鐵路，擺脫國民政府軍的合圍陣勢，向南疾馳。

這個行動完全出乎國民政府軍的意料，蔣介石認為劉鄧野戰軍是「北渡不成而南竄」，迅速調集二十個旅分路尾追，又調了第四十六師一部在太和縣城及沙河沿岸佈防，以四個旅在平漢線方面側擊劉鄧野戰軍，企圖把晉冀魯豫野戰軍主力殲滅在黃泛區。劉鄧野戰軍為了和敵軍搶時間、爭速度，不顧疲勞和敵機的輪番襲擊，用人推車和牛拉車運輸重型裝備，在泥水中頑強奮進，於八月十七日越過近二十公里寬的黃泛區。接著，派出先遣部隊奪取船隻，保障主力渡過潁河，使國民政府軍的追堵計畫再次落空。這個時候，蔣介石才發覺劉鄧野戰軍不是「流竄」，而是有計畫的向南進軍，急忙命令整編第八五師和整編第十五師第六十四旅沿平漢鐵路南下，趕到汝河南岸佈防，企圖實施南北夾擊。

晉冀魯豫野戰軍為了戰勝敵軍的追堵，埋藏和炸毀一些不便攜行的重型裝備，以更快的速度南進。二十三日，第一、第二縱隊渡過汝河、第三縱隊抵近淮河、中共中央與野戰軍指揮部以及第六縱隊先頭到達汝河北岸的時候，國民政府軍已經抵達汝河南岸，控制汝南埠等渡口。在前有阻師、後有追兵的嚴峻形勢下，劉伯承、鄧小平親臨渡口佈置強渡，要求部隊堅決打過河。當日下午，第六縱隊先頭部隊冒著敵機的轟炸掃射，在汝河上架起浮橋。當晚縱隊主力開始渡河，二十四日拂曉前渡過汝河，二十七日全軍渡過淮河，進入大別山地區，完成挺進任務。

晉冀魯豫野戰軍主力進入大別山以後，趁國民政府軍尾追部隊尚在淮河以北、大別山區，兵力空虛之際，採取北面箝制、東西展開的方針，以第一、第二縱隊和中原獨立旅，以及第六縱隊第十六旅部署在大別山北麓的商城、羅山地區做掩護，吸引箝制敵人，就地進行地方工作；以第三縱隊和第六縱隊主力分別向皖西和鄂東地區展開，迅速搶佔以大別山為中心的數十縣，組建地方武裝，建立根據地；同時，將大別山地區劃分為豫東南、鄂皖、皖西、鄂東四個區域，組成中國共產黨的工作委員會。

九月上旬，尾追的國民政府軍二十餘個旅先後越過淮河，整編第四十六、第五十八師分別進到六安、霍山和固始、商城地區；整編第八十五師進到羅山、信陽地區；整編第十、第四十師經宣化店向黃安、麻城前進；整編第六十五師進至黃安；整編第五十二、第五十六師分別進至平漢鐵路信陽至漢口段和武漢周邊；對大別山區情況比較熟悉而且戰鬥力較強的桂系整編第七、第四十八師，沿經扶、麻城公路向南尋找劉鄧野戰軍主力作戰。劉鄧野戰軍集中一部份兵力於商城、光山地區，接連打了三仗，打敗整編第五十八師一部，將國民政府軍大部份機動兵力吸引到大別山北麓，讓進入豫東南、皖南、鄂東地區的部隊迅速展開。截止九月底，劉鄧野戰軍先後攻克縣城二十三座，殲滅國民政府正規軍和其他武裝軍近七千人。

十月初，國民政府軍從鄂東和皖西抽調四個師，與原本在大別山北部的三個師一起，對光山、經扶地區進行合圍，大別山南部僅留少量正規軍守備。晉冀魯豫野戰軍主力為了繼續完成戰略展開任務，以第一縱隊第二旅和第二縱隊第五旅留置羅山、商城地區偽裝主力，迷惑、箝制敵人。野戰軍指揮部率領第一、第二縱隊主力出鄂東，會同第六縱隊，以突然的動作向南發展，在岐亭、李家集殲滅國民政府軍新編第十七旅大部和整編第五十二師一個營。與此同時，第三縱隊向皖西進擊。整編第七、第四十八師尾隨至六安以西，企圖與該地區的整編第四十六師和整編第八十八師第六十二旅一起，對第三縱隊進行合擊。十月八日，第三縱隊趁其合擊尚未形成的時候，集中主力在六安以南張家店地區，在運動中的第六十二旅四千餘人被消滅。

十月中旬，晉冀魯豫野戰軍四個縱隊分別沿長江北岸的黃岡、蘄春、黃梅、廬江地區發動群眾，籌措糧食被服，擴大根據地。此時，蔣介石認為逼近長江的人民解放軍即將渡江，遂令青年軍第二〇三師從九江進抵蘄春、黃梅，以整編第五十六師的新編第十七旅進到武穴，整編第四十師和第五十二師第八十二旅由浠水向廣濟進擊。

對此，劉、鄧集中十個旅的兵力，埋伏在蘄春縣高山鋪東側國民政府軍必經之狹谷地帶。十月二十六日九時，整編第四十師和第八十二旅在中原獨立旅的引誘下進至高山鋪以東，遭到猛烈的攻擊，於黃昏退守清水河、高山鋪地區。晉冀魯豫野戰軍立即調整部署，於次日發起總攻，殲滅這兩部一萬二千餘人，擊落飛機一架。

蔣介石為了保住中原，以三個整編師在淮河以北箝制華東野戰軍外線兵團，以一個兵團在豫西箝制陳謝集團，又從豫皖蘇和山東戰場抽調五個整編師加上原本在大別山的部隊共三十三個旅，由國防部長白崇禧在九江設立的指揮部統一指揮，對大別山展開全面圍攻。

大別山根據地的鞏固是中原解放區能否最後確立與鞏固的關鍵，為此，鄧小平率領第二、第三、第六縱隊留置大別山，與地方武裝互相結合，採取內線堅持、外線機動的方針，積極分散、拖住敵人；劉伯承率領野戰軍指揮部及第一縱隊向淮西地區推進；新近到達大別山的第十、第十二縱隊分別在桐柏、江漢地區創建新的根據地，配合大別山的反圍攻作戰。十一月底，國民政府軍開始圍攻。十二月三日，第六縱隊趁整編第八十五師西移的時候，集中一部份兵力突然圍攻宋埠，殲其二千餘人，二十四日又以一部份兵力遠程奔襲廣濟，青年軍一千八百餘人被消滅。整編第七師向廣濟增援的時候，第三縱隊即轉兵向北攻擊術子店。經月餘作戰，第六縱隊共殲國民政府軍一萬一千餘人，再度攻克太湖、立煌、岳西、禮山等十餘座縣城。第一縱隊於十二月中旬進入淮西，攻克汝南。第十縱隊、第十二縱隊和中原獨立旅分別組成桐柏軍區、江漢軍區領導機關，於十二月上中旬向桐柏、江漢地區展開，攻克縣城十餘座，直接威脅到國民政府軍的長江與大巴山防線，迫使其從大別山抽調一個師到江漢地區。

華東野戰軍外線兵團和陳賡集團於十二月十三日在平漢、隴海鐵路發起破擊戰，至十二月二十二日，四百二十餘公里防線被突破，守軍二萬餘人被消滅，縣城二十三座先後被攻佔。十二月二十六日，西平以南的國民政府軍第五兵團部和整編第三師被消滅，整編第二師被包圍在確山，迫使國民政府軍從大別山調出三個師回援。至此，三路大軍在平漢鐵路確山地區會師，國民政府軍對大別山的全面圍攻徹底被粉碎。

結果與影響

到一九四七年十月，解放軍三支強大的部隊即劉鄧大軍、陳粟大軍、陳謝大軍，分別在長江和黃河之間有自己的地盤，並且形成「品」字形陣勢。這種直逼長江、威脅南京的態勢，迫使蔣介石不得不從其他戰場調兵進入中原，為國、共兩黨兩軍「逐鹿中原」創造條件。

進軍大別山是人民解放軍由戰略防禦轉為戰略進攻的開始，是國共內戰的一個轉捩點。在此次戰爭中，中共中央軍委以晉冀魯豫野戰軍主力組成戰略突擊隊，在各解放區軍的策應和後面兩路大軍的配合下，進攻國民政府統治的大別山區，威脅首都南京和武漢兩大重鎮，國民政府逐漸失去國共內戰的優勢。

中東戰爭

發生在兩個民族之間的衝突

「中東」是西方國家對西亞和北非的埃及等離歐洲較近的東方國家的習慣稱呼，第二次世界大戰後的西元一九四八年～西元一九八二年之間，在中東巴勒斯坦及其周圍地區與阿拉伯國家之間，進行五次大規模的戰爭，統稱為中東戰爭，又稱為以阿戰爭。

起因

巴勒斯坦位於亞洲西部，在地中海與死海、約旦河之間，面積約二萬七千平方公里。北鄰黎巴嫩，東北接敘利亞的戈蘭高地，東鄰約旦，南端一角臨紅海亞喀巴灣，西南與埃及的西奈半島接壤。巴勒斯坦地處亞、歐、非三大洲會合處，扼兩洋、三洲、四海的交通要塞，戰略地位非常重要。蘇伊士運河是波斯灣各主要產油國經阿拉伯海、紅海、地中海，通往歐美各國的主要通道。巴勒斯坦在早期歷史上是猶太人、阿拉伯人和其他民族混居的地方，西元前一世紀，羅馬帝國入侵巴勒斯坦，猶太人或被屠殺，或流落各地，受到歧視和迫害。中世紀末期以後，歐洲掀起了狂熱的排猶太人運動，猶太人為了尋找出路，發起猶太復國主義運動，不斷呼籲猶太人返遷巴勒斯坦。第二次世界大戰期間，德國法西斯屠殺猶太人達六百萬人，使得猶太人在戰後更強烈的要求復國。新殖民主義、帝國主義國家出於向中東地區擴張的需要，支持猶太人復國。但是，他們利用阿、猶民族衝突製造事端，致使阿、猶之間的武裝衝突時有發生。

一九四七年二月，英國宣佈把巴勒斯坦問題提交聯合國，一九四七年十一月，第二屆聯合國大會通過巴勒斯坦分治決議，規定在該地區建立阿拉伯和猶太兩個國家，耶路撒冷市由聯合國託管。但是，這個地區的阿拉伯人口較多，而劃給阿拉伯國的版圖較小，而且多為丘陵和土地貧瘠地區，因此阿拉伯國家堅決抵制分治決議，反對建立猶太國家。阿、猶民族衝突進一步加深，再加上新殖民主義、帝國主義、霸權主義國家對這個地區的爭奪，使得中東戰爭一觸即發。一九四八年五月十五日，以色列強佔劃給阿拉伯人的地區，挑起了中東戰火。

經過

第一次中東戰爭（一九四八年五月～一九四九年三月），又稱巴勒斯坦戰爭。

一九四八年五月十四日，英國結束對巴勒斯坦的委任統治以後，猶太民族委員會宣佈建立以色列國。以色列趁英軍撤出之機，搶佔劃給阿拉伯人的地區。十五日凌晨，約旦、伊拉克、敘利亞、黎巴嫩、埃及和沙烏地阿拉伯等阿拉伯國家，為了扼殺剛建立的以色列國，出動四萬軍隊從三面向以色列發起進攻。埃及、沙烏地阿拉伯軍隊在南面攻佔貝爾謝巴以後，進逼以色列臨時首都特拉維夫和耶路撒冷；約旦和伊拉克軍隊在東面攻佔耶路撒冷東城區，幾乎把以色列佔領區攔腰切斷；敘利亞和黎巴嫩軍隊在東北和北面的進攻，受到以軍頑強阻擊。以色列國防軍等武裝部隊雖然頑強抵抗，但是由於剛剛建國，各項準備都不充份，戰爭初期極為被動。以軍加緊擴編、調整部署、統一指揮，財政上得到美國的援助，並且從捷克斯洛伐克轉運西歐國家的武器，於五月、七月、十月和十二月先後展開反攻和進攻。阿拉伯國家因為受到帝國主義國家掣肘，缺乏統一的作戰指揮，再加上武器裝備和部隊素質較差，結果戰敗。一九四九年二月～七月，埃、約、黎、敘分別和以色列簽定停戰協定，第一次中東戰爭以以色列勝利而告終。在這場戰爭中，阿方死亡約一萬五千人，以軍陣亡約六千人。以色列佔領除了加薩和約旦河西岸部份地區以外的巴勒斯坦大部份地區，其中包括聯合國劃歸阿拉伯國大約六千七百平方公里的土地，使近百萬巴勒斯坦人被趕出家園，淪為難民。

第二次中東戰爭（一九五六年十月～一九五七年三月），又稱英法以侵埃戰爭或蘇伊士運河戰爭。

上古時期 BC
漢
0
100
200
三國
晉
300
400
南北朝
500
隋朝
600
唐朝
700
800
五代十國
900
宋
1000
1100
1200
元朝
1300
明朝
1400
1500
1600
清朝
1700
1800
1900
中華民國
2000

長期以來，在戰略和經濟上都具有重要價值的蘇伊士運河歸英、法控制，一九五六年七月，埃及宣佈將其收歸國有。英、法為了奪回對運河的控制權，並且推翻埃及總統納賽爾領導的民族進步政府，鎮壓阿拉伯民族解放運動，夥同以色列發動第二次中東戰爭。一九五六年十月二十九日晚上，以軍分四路入侵埃及西奈半島，埃及在西奈半島只有六個營的兵力。以軍在法國海、空軍的掩護下，與埃軍展開激戰，五天內佔領西奈和加薩地區。英、法兩國為了進行戰爭，動員十六萬兵力，並且出動各型艦艇一百餘艘、飛機二百餘架襲擊埃及海、空軍基地。十月三十一日下午，英、法空軍出動大批轟炸機，猛烈轟炸埃及的城市和機場。十一月六日，英、法海軍陸戰隊在埃及塞得港登陸，但是遭到埃及軍民的抗擊。埃及在只有十五萬兵力的劣勢情況下，軍民聯合作戰，對入侵者進行英勇頑強的抵抗。塞得港武裝起來的人民勇敢戰鬥，配合正規軍抗擊英、法軍隊的進攻。戰爭期間，世界掀起反對英、法、以侵略，支持埃及抵抗的浪潮，並且侵略戰爭也使英、法的財政經濟狀況惡化。一九五六年十一月六日午夜，英、法被迫停火，以色列五日就已經宣佈停火。十二月，英法聯軍撤兵，一九五七年三月，以軍撤出加薩地區和西奈半島。在這場戰爭中，埃軍陣亡約一千六百人，損失飛機二百一十架，以軍陣亡約二百人，損失飛機約二十架，英、法軍隊損失很小。這次戰爭宣告英、法在中東殖民統治的崩潰，但是以色列卻從中取得好處，得到通過蒂朗海峽的航行權。

第三次中東戰爭（一九六七年六月五日～十一日），又稱「六日戰爭」。

一九六七年，美、蘇對中東的爭奪加劇，阿拉伯國家反控制、反侵略抵抗日益加劇。以色列為了向外擴張，並且壓制阿拉伯民族解放運動，在超級大國的支持和慫恿下，以埃及封鎖亞喀巴灣為藉口，對埃及發動突然襲擊。戰前，以色列為了隱蔽對阿方發動全面進攻，而且首先對埃及空軍實施突然襲擊的戰略企圖，對阿方成功的實施一連串的戰略欺騙，麻痹對方。五月上旬，蘇聯向阿拉伯國家提供以軍在邊境集結的情報。中旬，埃及要求聯合國部隊撤離加薩地區和西奈半島，並且封鎖蒂朗海峽，同時命令進駐西奈半島的七個師約十萬人和近千輛坦克集結備戰。六月五日凌晨，以色列經過周密細緻的準備，首先出動空軍，在不到三小時的時間裡，突襲埃及空軍十四個機場，還擊毀許多地對空飛彈基地和雷達站，埃及空軍遭到毀滅性打擊。隨後，以軍又突襲敘利亞、約旦和伊拉克的一些機場，順利的奪得制空權。以軍掌握制空權以後，陸軍實施多方向快速突擊，四天內在西線佔領西奈半島和加薩地區，東線佔領耶路撒冷東城區和約旦河西岸全部地區。九日，以軍將大量兵力轉移集結到敘、以戰線，兵分三路向敘利亞具有重要戰略地位的戈蘭高地進攻。付出極大的代價以後，以軍佔領戈蘭高地大片地區。八日到十一日，埃、約、敘先後同意與以國停火，第三次中東戰爭結束。在這場戰爭中，阿方陣亡四千三百人，損失坦克約千輛、作戰飛機四百四十餘架。至此，以色列共侵佔阿拉伯國家領土約六萬五千平方公里，把聯合國分治決議規定的猶太國版圖擴大五倍多。數十萬巴勒斯坦人被趕出家園，以、阿衝突更加尖銳。

第四次中東戰爭（一九七三年十月六日～二十四日），又稱十月戰爭。

第三次中東戰爭以後，埃、敘為了收復失地，進行長達六年的軍事準備，以色列也沒有停止為戰爭做準備。以、阿雙方分別從美、蘇得到新式飛機、坦克、火炮，以及各種戰術飛彈和電子對抗設備等武器裝

上古時期 BC
漢 •
0 —
100 —
200 —
三國 •
晉 •
300 —
400 —
南北朝 •
500 —
隋朝 •
600 —
唐朝 •
700 —
800 —
五代十國 •
900 —
宋 •
1000 —
1100 —
1200 —
元朝 •
1300 —
明朝 •
1400 —
1500 —
1600 —
清朝 •
1700 —
1800 —
1900 —
中華民國 •
2000 —

備。美、蘇為了控制中東國家，都竭力維持以、阿之間「不戰不和」的局面，埃、敘軍民對此十分不滿。埃、敘領導集團為了解脫內外困境，並且看到戰爭條件已經成熟，決定向以色列開戰，進而爆發第四次中東戰爭。埃及總統沙達特和國防部長伊斯梅爾、總參謀長沙茲利等精心制定作戰計畫，企圖以突然襲擊強渡運河，收復西奈半島部份失地，為以後透過政治談判收復全部失地創造條件。敘利亞在總統阿薩德和國防部長塔拉斯的領導下，也為戰爭進行大量準備，企圖一舉收復戈蘭高地。埃、敘為了達成進攻突擊性，採取一連串戰略、戰術偽裝欺騙措施：開戰前幾個月對預備役人員多次徵召和復員；埃軍反覆前調和後撤，前調一個旅，後撤一個營，逐次向運河集結兵力；頻繁舉行軍事演習，隱蔽作戰企圖；採取嚴格的保密措施，作戰文件不准列印和無線電傳遞；開戰當日讓士兵在運河游泳，顯示平靜假象；把開戰日選定在伊斯蘭教齋月和猶太教贖罪日，以隱蔽進攻時機。一九七三年十月六日下午，埃、敘兩軍趁著以軍過贖罪節，集結五十一萬地面部隊和海、空軍的主力，分別向被以色列侵佔的西奈半島（西線）、戈蘭高地（北線）同時突然發起進攻。北線敘軍當日即突破以軍防線，次日，進抵距離以本土數公里的地區。西線埃及陸、海、空軍共同強渡運河，陸軍迅速突破巴列夫防線。以色列在損失慘重的情況下，迅速動員預備役部隊，使總兵力增至近四十萬人。以軍先以北線為重點，集中使用空軍主力對敘軍陣地和後方城市進行空襲，以三個師轉入進攻，越過一九六七年停火線，構成威脅敘國首都大馬士革之勢，並且打擊伊拉克、約旦的援敘部隊。然後，以軍將重點轉向西線，與埃及展開坦克大戰，陸軍進抵蘇伊士灣，佔領阿達比亞港，對蘇伊士城和埃國第三集團軍構成合圍態勢。這樣，北線和西線的戰場主動權都被以軍奪得。十月二十四日，埃、以雙方按照聯合國安理會的決議，同意停戰議和。次年五月，敘利亞也與以色列簽署脫離軍事接觸協議。在這場戰爭中，陣亡人數為：以色列二千八百人、埃及五千人、敘利亞三千人、其他阿拉伯國家五百人，坦克損失為：以色列八百五十輛、埃及一千輛、敘利亞一千輛、其他阿拉伯國家二百輛，飛機損失為：以色列一百一十架、埃及二百六十架、敘利亞一百三十餘架、其他阿拉伯國家五十餘架，艦艇損失為：以色列一艘、埃及和敘利亞共十艘。由於在短時間內消耗巨大，雙方不得不在戰爭期間分別請求美、蘇供應武器裝備。其間，阿拉伯國家使用「石油武器」，採取提高油價、限制輸出等手段，力圖遏制美國和西歐一些國家對以色列的支持，從經濟上給以色列和美國等國家打擊。戰後，埃及控制運河東岸縱深約十公里的狹長地帶，基本達到戰略目的，北線以軍撤至一九六七年停火線以西。一九八二年四月，根據一九七九年三月埃、以和平條約，以色列完全撤出西奈半島。這場戰爭是第二次世界大戰以後最具現代化特點的戰爭之一，雙方分別使用美、蘇先進的武器裝備，並且透過美、蘇戰略空運及時得到補充。同時，雙方利用美、蘇偵察衛星，獲取對方軍事情報，使廣泛的戰場成為美、蘇新式武器的實驗場。雙方均大量使用新式飛機和對空飛彈爭奪制空權，使用艦對艦飛彈爭奪制海權，使用新式坦克和反坦克飛彈以及武裝直升機發射空對地飛彈和精確炸彈對付坦克，並且透過電子對抗等手段爭奪地面戰場的主動權。地面、空中、海上作戰與電磁戰場相互滲透，電子技術得到廣泛運用並且取得顯著效果。這些都對戰略籌劃、部隊素質、作戰指揮、後勤支援與動員體制提出更高要求，進而推動各國對軍事學術和未來戰爭的研究。

第五次中東戰爭（一九八二年六月～八月）。

一九八二年六月四日，以色列趁阿拉伯國家之間關係處於不和之機，在美國的支持下，以摧毀巴勒斯坦解放組織的武裝力量為戰略目標，發動對黎巴嫩大規模入侵的第五次中東戰爭。五日，以軍連續空襲黎國境內南部多處巴勒斯坦解放組織的目標和貝魯特機場，六日，以軍大批地面部隊入侵黎巴嫩，攻佔在長達五十三公里的戰線上的多處巴勒斯坦解放組織的部隊據點。不久，以軍推至距離貝魯特二十四公里處，駐黎敘軍與以軍很快也發生交火，並且在貝魯特上空進行空戰。九日，九十架以軍飛機空襲貝卡谷地，敘軍的地對空飛彈基地接連被摧毀。經過一連串的戰鬥以後，敘軍被迫撤至距離以色列北部邊界炮火射程之外的地區，敘、以雙方宣佈停火，但是巴勒斯坦解放組織仍然在戰鬥。十二日在貝魯特遭到一天的猛烈轟炸以後，以色列和巴勒斯坦解放組織同意停火。但是，巴勒斯坦解放組織游擊隊仍然與以軍發生大規模的戰鬥。自七月二十四日以後，以軍開始對貝魯特西區巴勒斯坦解放組織進行大規模重點進攻。巴勒斯坦解放組織的總部遭到空襲，巴勒斯坦解放組織的部隊遭受重大損失，雙方再次同意停火。八月二十一日，在聯合國部隊的監護下，巴勒斯坦解放組織的部隊從貝魯特分散撤往八個阿拉伯國家。

結果與影響

透過五次大規模戰爭，以色列幾乎佔有巴勒斯坦的全部領土和其他阿拉伯國家的部份領土，但是，始終沒有辦法使其阿拉伯鄰國承認它在中東的永久合法地位。世界各國人民都希望以、阿衝突早日和平解決。冷戰結束以來，以、阿關係趨向緩和，和平過程已經出現不可阻擋的情勢。

遼瀋戰役

國共內戰中第一個決戰性戰役

西元一九四八年九月十二日～十一月二日，中國人民解放軍東北野戰軍和東北軍區部隊在遼寧省西部和瀋陽、長春地區，對國民政府發動戰爭，是中國人民解放戰爭中具有決定意義的三大戰役之一，史稱遼瀋戰役。

起因

一九四八年八月，東北戰場人民解放軍的總兵力已經達到一百多萬人，其中野戰軍有十二個步兵縱隊、一個炮兵縱隊、一個鐵道縱隊、三個騎兵師，各部隊進行大練兵和整軍運動。

此時，東北地區九十七%的土地和八十六%的人口，已經被人民解放軍佔領。

國民政府軍東北「剿匪」總司令衛立煌所部遭到人民解放軍連續打擊以後，其總兵力雖然尚有約五十五萬人，但是被分割、壓縮在瀋陽、長春、錦州三個互不相連的地區內。

由於北寧鐵路若干段以及營口被人民解放軍控制，長春、瀋陽通往山海關內的陸上交通已經被切斷，補給只能全靠空運。

整個形勢顯示，東北戰場作戰雙方的力量對比，發生根本的變化，人民解放軍的軍力和經濟實力都已經超過國民政府軍，國共決戰條件已經成熟。

中共中央軍事委員會根據全國軍事形勢，決定首先在東北戰場與國民政府軍展開大規模會戰。

一九四八年九月七日，中央軍委針對東北的作戰方針發出指示，強調必須確立攻克錦（州）、榆（山海關）、唐（山）三點，並且全部控制該線的決心，置長春、瀋陽兩敵於不顧，在衛立煌集團來援的時候，敢與其作戰。

國民政府軍統帥部判斷東北人民解放軍主力可能入關作戰，因此決定對東北採取「暫取守勢」，「北寧路暫不打通」，集中兵力確保遼東、熱河，牽制東北人民解放軍不能迅速入關。

據此，衛立煌決心採取「集中兵力，重點守備，確保瀋陽、錦州、長春，伺機打通北寧路」的方針。

九月十日，東北野戰軍司令員林彪、政治委員羅榮桓根據中央軍委制定的作戰方針和東北國民政府軍的態勢，擬定作戰計畫：

第一步以奔襲動作殲滅北寧鐵路除了山海關、錦州、錦西以外各點之敵，切斷關內外國民政府軍的聯繫；第二步集中兵力攻取錦州和打擊增援之敵。

九月十二日，東北野戰軍第二兵團司令員程子華、政治委員黃克誠指揮部隊由建昌營等地向北寧鐵路灤縣至興城段出擊，到十七日昌黎、北戴河被人民解放軍攻克，二十八日綏中被攻克，興城被包圍，此時錦西國民政府軍向南增援。

東北野戰軍第四、第九縱隊分別從台安、北鎮出發，十六日義縣被包圍，至此，國共內戰的三大戰役之一——遼瀋戰役開打了。

經過

九月二十五日，第九縱隊配合第八縱隊攻佔錦州以北的葛文碑、帽兒山等要地，第九十三軍暫編第二十二師二個團大部份被消滅。

二十七日，第七縱隊在第九縱隊的配合下，攻佔錦州以南高橋和西海口，第四縱隊第十二師進佔塔山，將錦州與錦西守軍隔開。

二十八日，炮兵縱隊以炮火封鎖錦州機場，切斷國民政府軍的空運。

二十九日，第四縱隊繞過錦州攻克興城。

十月一日，第三縱隊、第二縱隊第五師在炮兵縱隊主力協同下，義縣被攻陷，第九十三軍暫編第二十師被消滅。至此，國民政府軍東北、華北兩大戰略集團的陸上聯繫被切斷，戰略要地錦州成為一座孤城。

與此同時，監視瀋陽、長春守軍的東北野戰軍自九台、四平、清原、開原等地南下，於九月中旬相繼進至新民西北、錦州以北地區待機。

直到此時，蔣介石和衛立煌才明白東北野戰軍有在北寧線發動攻勢並且強攻錦州的可能。

為了解除錦州之危，十月二日，蔣介石在瀋陽做了以下部署：從關內急調第十七兵團指揮的七個師，連同原本在錦西地區的四個師共十一個師，組成「東進兵團」，由第十七兵團司令官侯鏡如指揮，增援錦州。

以瀋陽地區新編十一個師另三個騎兵旅組成「西進兵團」，由第九兵團司令官廖耀湘指揮，先截斷東北野戰軍的後方補給線，然後協同「東進兵團」對進攻錦州的東北野戰軍主力進行夾擊。

十月三日，林彪、羅榮桓調整部署，準備集中二十五萬人的兵力攻殲錦州之敵。錦州是山海關陸上交通的咽喉，地勢險要，市區周圍環山，南傍小淩河、女兒河。

國民政府軍憑藉市郊高地，以鋼筋混凝土為防禦工事，構成若干支撐點式的獨立堅守據點作為周邊陣地，依託小淩河、女兒河和城垣構成主陣地，以城內建築物構成核心據點。

十月四日晚上，東北野戰軍攻錦州部隊編成三個突擊集團，北突擊集團從城北和西北向南實施主要突擊，南突擊集團和東突擊集團分別由南向北和由東向西實施輔助突擊。另有一部份部隊扼守塔山一帶陣地，控制錦州至錦西的瀕海走廊，阻擊「東進兵團」，一部份部隊位於彰武東南地區，引誘「西進兵團」北進。

十月八日，「西進兵團」開始由新民和遼中分路西進，至十三日進佔彰武和新立屯以東地區，炸毀彰武鐵橋，切斷東北野戰軍的後方補給線。

十月十日，「東進兵團」在海、空軍火力掩護下，開始向塔山連續猛攻，企圖打通增援錦州的通道。東北野戰軍依託野戰陣地，與國民政府軍隊激戰六晝夜，「東進兵團」數十次衝擊仍然未能攻克，東北野戰軍守住塔山陣地。

十月十四日十時，東北野戰軍攻錦州部隊向錦州城發起總攻。十一時左右，南、北兩個突擊集團在炮火的掩護和坦克的支援下，發起猛烈衝擊，迅速突入城內，與守城軍隊展開激烈的巷戰。接著，後續部隊源源跟進，向守軍縱深發動進攻。

十五日拂曉前，各路攻城部隊在錦州城內會師，錦州之戰結束。錦州之戰完全封閉東北國民政府軍從陸上撤向關內的道路。

十月十八日，蔣介石飛抵瀋陽部署：令「西進兵團」由彰武等地經黑山、大虎山向南，在「東進兵團」策應下奪回錦州，然後掩護瀋陽守軍經北寧鐵路撤入關內；令杜聿明擔任東北「剿匪」副總司令，指揮撤退行動。

十月二十日，林彪、羅榮桓根據當前的形勢，做出舉行遼西會戰的決定，以攔住先頭、拖住後尾、夾擊中間、分割包圍的戰法，殲滅「西進兵團」。

十月二十三日，「西進兵團」在黑山、大虎山地區遭到野戰軍的阻擊。

二十四日，「西進兵團」在重炮和飛機的支援下，猛攻黑山、大虎山陣地，企圖打開通道。第十縱隊等部進行黑山阻擊戰，國民政府軍的多次猛烈衝擊仍然未能攻克，「西進兵團」的前進受阻。

二十五日，「西進兵團」先頭部隊在台安西北遭到截擊，同時，南向通路被堵住，向新民、瀋陽的出路也被堵死。此時，「西進兵團」被完全分割，其中九個師被包圍於黑山以東沿公路兩側地區，另三個師被包圍於大虎山以東地區。

二十六日，東北野戰軍突擊「西進兵團」；二十八日清晨，戰爭結束。「西進兵團」基本上已經被殲滅，遼瀋戰役國民政府軍以失敗告終。

十一月一日凌晨，東北野戰軍向瀋陽市區國民政府軍發起總攻。拂曉，各部隊突破守軍第一道陣地。

十一月二日，東北野戰軍佔領東北最大工業城市瀋陽市，國民政府軍十三萬四千人被消滅。

在攻擊瀋陽的同時，一部份野戰軍於十月三十一日進抵營口周邊，對營口構成半圓形包圍，十一月二日清晨發起攻擊，經過三小時激戰攻佔營口，守軍一萬四千餘人被消滅。

十日，東北野戰軍佔領錦西、葫蘆島。

十二日，承德淪陷。至此，遼瀋戰役結束，東北全部淪陷。

結果與影響

在遼瀋戰役中，東北野戰軍和東北軍區部隊經過五十二天的激烈戰鬥，國民政府軍東北「剿匪」總司令部和所屬四個兵團部、十一個軍部、三十六個師，以及地方保安團隊共四十七萬餘人投降。

遼瀋戰役將大規模的運動戰與大規模的城市攻防戰、陣地戰結合起來，國民政府軍的戰略集團被封閉在東北境內，被各個消滅。遼瀋戰役的失敗，顯露出國民政府的疲態、陣腳失穩與指揮的不當。

徐蚌會戰

國共內戰中，第二個戰略決戰性戰役

西元一九四八年十一月六日～西元一九四九年一月十日，華東野戰軍和中原野戰軍在華東、中原區，以及華北軍區所屬晉冀魯豫軍區部隊的配合下，以徐州為中心、東起江蘇省海州（今屬連雲港）、西迄河南省商丘、北至山東省臨城（今薛城），南達淮河的廣大地區，對國民政府軍進行的一次戰略性決戰，是國共內戰的三大戰役之一。

上古時期 BC
漢
0
100
200
三國
晉
300
400
南北朝
500
隋朝
600
唐朝
700
800
五代十國
900
宋
1000
1100
1200
元朝
1300
明朝
1400
1500
1600
清朝
1700
1800
1900
中華民國
2000

起因

遼瀋戰役以後，國、共雙方的力量對比，已經發生根本的變化。人民解放軍的總兵力，由戰爭初期的一百二十七萬人，增至三百餘萬人；國民政府軍則由四百三十萬人，下降至二百九十萬人。人民解放軍在黃河以南、長江以北的南部戰線上，經過與國民政府軍一年的激烈交戰，使形勢越來越不利於國民政府軍。

由白崇禧任總司令的華中「剿匪」總司令部共三十五萬餘人，主力分佈在以漢口為中心的平漢鐵路確山至漢口段、長江北岸宜昌至安慶段。由劉峙任總司令的徐州「剿匪」總司令部共六十萬人，主力集結於以徐州為中心的隴海鐵路商丘至海州段、津浦鐵路徐州至蚌埠段，這是國民政府軍兵力最多、戰鬥力最強的一個戰略集團。由桂系將領控制的華中「剿匪」總司令部和由蔣介石嫡系將領控制的徐州「剿匪」總司令部之間出現矛盾，難以協同作戰。劉峙集團雖然裝備優良，背靠南京、上海，交通方便，但其後方補給線脆弱，唯一的補給線就是津浦鐵路。

遼瀋戰役結束以後，劉峙集團為了避免重蹈東北衛立煌集團全軍覆滅的覆轍，確定採取「備戰退守」方針，一方面向徐州、蚌埠之間收縮兵力，準備應戰，一方面從徐州撤退物資和非戰鬥人員，以備在形勢不利的時候，全軍南撤淮河以南。十一月六日，蔣介石下達命令，確定「華東戰場方面暫取戰略守勢」，並且聲稱徐蚌會戰是政權「存亡最大之關鍵」。

一九四八年十一月七日～九日，中央軍委根據遼瀋戰役以後全國軍事形勢的重大變化，以及中原野戰軍攻克鄭州以後迅速東進、正在和華東野戰軍會合等情況，再加上劉峙集團有向南撤退的徵候，批准前線指揮員的建議，決定擴大徐蚌會戰的原定規模，由華東、中原兩野戰軍共同與這個龐大的集團進行決戰。

十一月十六日，中共中央軍委決定由劉伯承、陳毅、鄧小平、粟裕及譚震林五人組成總前委，劉、陳、鄧為常委，鄧小平為書記，統籌淮海地區作戰等一切事宜。一九四八年十一月六日晚上，華東野戰軍向新安鎮地區國民政府軍發起進攻，徐蚌會戰開始。

經過

一九四八年十一月七日凌晨，第七兵團部自新安鎮地區沿隴海鐵路西撤，經堰頭、窯灣西渡運河。華東野戰軍查明以後，立即改變部署，展開猛烈追擊、截擊。

華東野戰軍副政治委員兼山東兵團政治委員譚震林、山東兵團副司令員王建安，率領部隊迅速越過第三「綏靖」區防地，於十日到達徐州以東、大許家以西地區，控制阻援陣地。華東野戰軍參謀長指揮的部隊向西追擊，在第七兵團剛剛到達碾莊圩地區時，即從北、東、南三面逼近。到十一月十一日，華東野戰軍將第七兵團部和四個軍合圍於碾莊圩及其周圍。

十一月七日，中原野戰軍在華東野戰軍的配合下，對第四「綏靖」區部隊發起攻擊，因為該區已經向永城、宿縣轉移，沒有激烈的戰鬥。十一日晚上，中原野戰軍開始在徐蚌線作戰。十二日，第四縱隊在徐州以南夾溝與第十六兵團後尾一部發生激戰。十四日，第三「綏靖」區餘部在三堡被消滅，華東野戰軍一部份兵力從南面、西南面逼近徐州。十六日凌晨，中原野戰軍攻克宿縣，至此，徐蚌鐵路被截斷，劉峙集團陷於孤立。

BC
— 0
— 100
— 200
— 300
羅馬統一
羅馬帝國分裂
— 400
— 500
倫巴底王國
— 600
回教建立
— 700
— 800
凡爾登條約
— 900
神聖羅馬帝國
— 1000
十字軍東征
— 1100
— 1200
蒙古西征
— 1300
英法百年戰爭
— 1400
哥倫布啟航
— 1500
中日朝鮮之役
— 1600
— 1700
發明蒸汽機
美國獨立戰爭
— 1800
美國南北戰爭
— 1900
一次世界大戰
二次世界大戰
— 2000

上古時期 BC
漢
0
100
200
三國
晉
300
400
南北朝
500
隋朝
600
唐朝
700
800
五代十國
900
宋
1000
1100
1200
元朝
1300
明朝
1400
1500
1600
清朝
1700
1800
1900
中華民國
2000

蔣介石得知第七兵團被圍，立即命令該兵團就地修築工事固守待援，並且命令第二、第十三兵團全力由徐州東援，以第十六兵團守徐州；任命剛從東北撤退的杜聿明為徐州「剿匪」副總司令兼前進指揮部主任，協助劉峙指揮作戰。

針對上述形勢，華東野戰軍決定以五個縱隊和炮兵主力舉行碾莊圩戰役，圍攻第七兵團；以三個縱隊在大許家一帶，從正面阻擊由徐州東援的第二、第十三兵團；以七個縱隊自徐州東南向徐州進逼，威脅第二、第十三兵團側翼，讓主攻集團與第七兵團的作戰。中原野戰軍決定在固鎮、宿縣之間佈防，阻擊第六、第八兵團北進；以三個縱隊在蒙城、渦陽沿渦河、淝河佈防，準備阻擊第十二兵團；以二個縱隊進至宿縣西南地區待機。

十一月十一日，華東野戰軍擔任圍攻第七兵團任務的各縱隊發起猛攻。在第七兵團由空軍掩護逐村頑抗的情況下，各縱隊倉促轉入村落攻堅，攻擊進展緩慢，連續攻擊三天未果。華東野戰軍隨即調整部署，採取「先打弱敵、後打強敵、攻其首腦、亂其部署」的戰法，攻擊進展迅速。至二十日拂曉，攻佔第七兵團部所在地碾莊圩；二十二日黃昏，第七兵團被消滅，兵團總指揮黃百韜自殺。從十一月十二日開始，國民政府軍第二、第十三兵團在飛機、坦克的掩護下，由徐州沿隴海鐵路兩側並肩東援。華東野戰軍堅決進行阻擊與側擊，至二十二日，國民政府軍萬餘人被消滅，使其前進不及二十公里。與此同時，中原野戰軍分別將第六、第八、第十二兵團阻滯在固鎮以北任橋、花莊集一線和淝河以北趙集地區。這些阻擊戰，有力的抗擊第七兵團的作戰。

第七兵團被消滅以後，蔣介石決定以收縮到徐州的第二、第十六兵團沿津浦路向南，第六、第八兵團由蚌埠、固鎮沿鐵路向北，第十二兵團由趙集向宿縣方向進攻，三路會師宿縣，打通津浦路徐蚌段。

十一月二十三日，徐州、蚌埠兩路國民政府軍尚未行動，第十二兵團即向澮河南岸南坪集地區發起進攻，形成孤軍冒進之勢。劉伯承、陳毅、鄧小平立即決定抓住這個有利戰機，以中原野戰軍全部和華東野戰軍一部抗擊第十二兵團，以華東野戰軍主力阻擊徐州和固鎮地區增援之敵。十一月二十四日上午，第十二兵團鑽進中原野戰軍預設的口袋。總指揮黃維發覺處境危險，立刻命令部隊向固鎮方向轉進，企圖會同第六兵團沿津浦鐵路向北進攻。中原野戰軍各縱隊當晚全線出擊，發起雙堆集戰役，至次日將其合圍於以雙堆集為中心的區域內。二十七日以後，黃維由突圍轉入固守。

從十二月六日開始，中原野戰軍全線發起攻擊，陳賡、謝富治指揮東集團，攻擊雙堆集以東第十軍和第十四軍殘部；陳錫聯、彭濤指揮西集團，攻擊雙堆集西北第十、第八十五軍各一部；王近山、杜義德指揮南集團，攻擊雙堆集以南第八十五軍等部。激戰至十二日，將第十二兵團進一步壓縮。與此同時，華東野戰軍在徐州以南夾溝至符離集之間正面寬五十公里、縱深三十公里的地域內，設置三道阻擊線，將國民政府軍第二、第十六兵團阻止在孤山集、褚蘭一帶。

蔣介石精心策劃的打通津浦鐵路的計畫失敗以後，決定由杜聿明率第二、第十三、第十六兵團經蕭縣、永城南下渦陽、蒙城，先解救第十二兵團，然後一起撤到淮河以南。正當杜聿明集團向永城撤退的時候，蔣介石命令其協同第六兵團南北夾擊中原野戰軍，以解第十二兵團之圍。華東野戰軍則實行北、東、西三面攻擊，南面阻擊；至四日拂曉，將杜聿明集團合圍於陳官莊、青龍集地區，六日向西突圍的第十六兵團被消滅。中原、華東野戰軍經過近二十天的戰鬥，在相距六十公里的地區內，分別包圍第十二兵團和杜聿明集團，但是要一舉打敗尚需時間和兵力，由華中增援徐州的國民政府軍二個軍已經到達浦口。針對這

上古時期 BC
漢
0
100
200
三國
晉
300
400
南北朝
500
隋朝
600
唐朝
700
800
五代十國
900
宋
1000
1100
1200
元朝
1300
明朝
1400
1500
1600
清朝
1700
1800
1900
中華民國
2000

個情況，總前委決定從華東野戰軍抽調第三縱隊、魯中南縱隊南下，會同中原野戰軍集中兵力首先攻擊第十二兵團；以華東野戰軍十個縱隊繼續包圍杜聿明集團，防其突圍；以二個縱隊在蚌埠以北地區阻擊第六、第八兵團北援。

十二月十二日，劉伯承、陳毅發出《促黃維立即投降書》，同時以華東野戰軍第三、第十三縱隊加入南集團，並改由華東野戰軍參謀長指揮，準備以南集團為主，結合東、西兩集團直搗雙堆集核心陣地。十三日，人民解放軍各攻擊集團發起攻擊；十五日，第十二兵團被消滅，黃維被俘虜。

國民政府軍第十二兵團被打敗以後，杜聿明集團處於外無援兵、內缺糧彈的絕境。一九四九年一月六日，華東野戰軍舉行陳官莊戰役，對杜聿明集團發起全線總攻。司令員宋時輪、政治委員劉培善指揮軍隊由東向西攻擊，譚震林、王建安指揮軍隊由北向西南攻擊，韋國清、吉洛指揮軍隊由南向東北攻擊。七日，華東野戰軍攻佔包括青龍集在內的二十餘處據點，打亂杜聿明集團的防禦體系。九日，華東野戰軍從四面八方向心突擊，迅速攻佔陳官莊敵軍核心陣地。十日，杜聿明被俘虜。至此，徐蚌會戰結束。

結果與影響

在徐蚌會戰中，國民政府軍無法及時把握決戰時機、選擇主要突擊方向、實行大規模運動戰與大規模陣地戰互相結合的方法，進而形成局部劣勢，終於戰敗。

平津戰役

國共內戰中，第三個戰略決戰性戰役

西元一九四八年十一月二十九日～西元一九四九年一月三十一日，中國人民解放軍東北野戰軍和華北軍區第二、第三兵團以及地方武裝一部，在北平、天津、張家口地區，對國民政府軍進行戰略性決戰。是國共內戰中，具有決定意義的三大戰役之一。

起因

在平津戰役爆發之前，遼瀋戰役已經經取得勝利，徐蚌會戰也正在緊張的進行，全國軍事形勢發生根本的轉折，人民解放軍的優勢越來越明顯。此時，人民解放軍第三兵團位於綏遠東部，準備圍攻國民政府軍華北「剿匪」總司令傅作義所部的後方基地歸綏（今呼和浩特）。東北野戰軍主力位於瀋陽、營口、錦州地區休整，準備向山海關內開進，與華北軍區部隊協力攻擊傅作義集團。

在這種形勢下，傅作義和蔣介石從各自的利害出發，對華北作戰有不同的打算。蔣介石考慮放棄北平（今北京）、天津等地，要傅作義率部南撤，以確保長江防線，但是又怕南撤以後產生不利的政治影響，故徘徊不定。傅作義是長期活動於綏遠地區的地方實力派，深怕南撤以後其主力為蔣介石嫡系併吞，西逃綏遠又怕勢孤力單難以生存。因此，蔣介石和傅作義都左右徘徊，難下決心。十一月初，傅作義赴南京與蔣介石商談華北作戰方針，認為華北軍區部隊在兵力上不佔優勢，東北野戰軍需要經過三個月到半年的休整才可以入關。基於上述判斷，決定讓傅作義部暫守北平、天津、張家口，並且確保塘沽海口。

傅作義於十一月中、下旬調整兵力部署，除了歸綏、大同兩個孤立地區以外，以五十餘萬人部署於東起灤縣、西至柴溝堡長達五百公里的鐵路沿線。其中，以蔣系的二十五個師防守北平及其以東廊坊、天津、塘沽、唐山一線，以傅系的十七個師防守北平及其以西懷來、宣化、張家口、柴溝堡、張北一線。這種部署反映蔣介石和傅作義雖然在方針上已經統一於暫守平津，但是仍然各有打算，如果戰局不利的時候，蔣介石、傅作義兩系部隊分別向南和向西撤退。

十一月十七日，中央軍委明確提出打擊傅作義集團於華北地區的作戰方針：命令華北軍區第一兵團停攻太原，第三兵團撤圍歸綏，以穩定傅作義集團，不使其早日撤出；命令華北軍區第三兵團首先包圍張家口，切斷傅作義集團西撤綏遠的道路，吸引傅作義派兵西援；命令北軍區第二兵團和東北野戰軍先遣兵團出擊北平至張家口一線，隔斷北平與張家口的聯繫；命令東北野戰軍主力立即結束休整，迅速隔斷北平、天津、塘沽、唐山之間的聯繫，切斷傅作義集團南逃的道路，以便以後逐次加以圍殲。一九四九年一月十日，中共中央決定以林彪、羅榮桓和華北軍區司令員聶榮臻組成中共總前委，林彪為書記，統一領導北平、天津、張家口、唐山地區的作戰和接管城市等一切工作。

一九四八年十一月二十三日，東北野戰軍主力向北平、天津、唐山、塘沽地區隱蔽開進。二十五日，華北軍區第三兵團司令員楊成武、政治委員李井泉率領第一、第二、第六縱隊由集寧地區東進。二十九日，華北軍區第三兵團首先向張家口周邊國民政府軍發起攻擊，平津戰役開始。十二月二日，野戰軍對張家口形成包圍態勢。

經過

傅作義認為華北軍區部隊對張家口的進攻是一次局部行動，決心趁東北野戰軍尚未入關之際，集中主力首先擊破華北軍區部隊的進攻，然後以逸待勞，迎擊東北野戰軍的攻勢。於是，他命令第三十五軍以及第一〇四軍第二五八師分別由豐台、懷來出發，向張家口馳援；第一〇四軍移至懷來，第十六軍移至南口、昌平，以確保北平與張家口之間的交通暢通。至此，東北野戰軍吸引傅系主力西援的目的已經達成。

十二月二日，中共中央軍委命令司令員楊得志、政治委員羅瑞卿率領三個縱隊由易縣、紫荊關向涿鹿、下花園急進，切斷懷來、宣化之間的聯繫；命令司令員程子華率領先遣兵團由薊縣向懷來、南口急進，切斷北平、懷來之間的聯繫。這兩個兵團協同華北軍區第三兵團抓住平張線上的守軍與援軍，使其既不能西撤，也不能東撤。五日，東北野戰軍先遣兵團在行進途中攻克密雲，然後主力繼續南進。傅作義得知密雲失守以後，感到北平受到威脅，急令第三十五軍星夜東返；令第一〇四軍主力以及第十六軍由懷來、南口向西接應；令第九十四軍以及第九十二、第六十二軍由楊村、崔黃口、蘆台地區開往北平，加強防禦。

十二月六日，國民政府軍第三十五軍東撤，華北軍區解放軍節節阻擊，將其滯留於新保安地區。華北軍區第二兵團主力趕到新保安以東，並且於八、九兩日打退第三十五軍以及第一〇四軍主力的東西夾擊，將第三十五軍包圍於新保安。進至康莊的國民政府軍，於是掉頭向北平撤出，十日被東北野戰軍先遣兵團抗擊於康莊東南地區。國民政府軍第一〇四軍主力發現腹背受到威脅，放棄接應第三十五軍的計畫，由新保安以東地區經懷來向北平撤退。東北野戰軍先遣兵團立即展開追擊和堵擊，於十一日在懷來縣城以南的橫嶺、白羊城一帶，將其全部消滅。與此同時，華北軍區第三兵團解放宣化，八日完成對張家口的包圍。隨後，華北軍區第三兵團攻克張北，攻擊守軍一部，孤立張家口。此時，人民解放軍已經切斷傅作義集團西逃的道路。

為了斷絕傅作義的撤退路線，華北軍區第二、第三兵團以防止新保安、張家口之敵向東、向西突圍為重點，構築多道阻擊陣地，待命攻擊；東北野戰軍主力向北平、天津、唐山、塘沽等地急進。傅作義匆忙放棄南口、涿縣、盧溝橋、蘆台、廊坊等地，向北平、天津、塘沽收縮兵力，將第六十二軍、第八十六軍開往天津，將第八十七軍開往塘沽，並且將北平和天津、塘沽劃為兩個防區，實行分區防禦。

十二月十五日，東北野戰軍先遣兵團佔領南口、豐台、盧溝橋，從北面和西南面包圍北平。東北野戰軍第一兵團以及華北軍區第七縱隊佔領通縣、采育鎮、廊坊、黃村，從東北面和東南面包圍北平，十七日又攻佔南苑機場。至二十日，東北野戰軍一部份軍隊佔領唐山、軍糧城、咸水沽、楊柳青、楊村等地，切斷天津、塘沽之間的聯繫，東北野戰軍第三十八、第三十九、第四十九軍以及特種兵部隊正由寶坻、漢沽、山海關向平津疾進。至此，人民解放軍已經將傅作義集團全部分割包圍於張家口、新保安、北平、天津、塘沽等地，封閉其西撤和南撤的一切道路。

十二月二十一日，華北軍區第二兵團共九個旅發起新保安戰役，二十二日凌晨開始攻城，經過九個小時的激戰，第三十五軍軍部和二個師以及保安部隊被消滅。十二月二十三日拂曉，張家口國民政府軍全力向北突圍，華北軍區第三兵團指揮十一個師在北岳、內蒙古軍區部隊的配合下，展開堵擊和追擊，當晚張家口淪陷。

在津、塘方向，前線指揮員決定以少數兵力監視塘沽，集中兵力先打天津。天津市是華北最大的工商業城市，戰略地位十分重要，國民政府軍長期設防，工事堅固。天津警備司令陳長捷指揮十個師及非正規軍共十三萬人，附山炮、野炮、榴彈炮六十餘門，企圖憑恃「大天津堡壘化」的防禦體系固守。

一九四九年一月二日，各攻擊部隊進至天津周圍，至十三日基本肅清周邊據點。東北野戰軍決定採取東西對進、攔腰斬斷的作戰方針，發起天津戰役。一月十四日十時，各部隊對天津發起總攻，迅速在東、西、南三面九個地段突破城防；十五日清晨，主攻集團在金湯橋會師，將守軍分割成數塊。後來經過激烈戰鬥，至十五時天津淪陷。

新保安、張家口、天津相繼淪陷以後，駐北平的國民政府軍華北「剿匪」總司令部陷於絕境。中共中央軍委決定透過談判和平接管，以避免造成太大的平民傷亡。傅作義在抗日戰爭時期主張抗日，和共產黨有過友好往來，並且隨著國民政府軍的不斷失敗，對蔣介石的統治失去信心。一九四八年十二月十五日，傅作義派代表到平津前線司令部進行談判。平津前線司令部參謀長劉亞樓表示，希望傅作義集團自動放下武器，人民解放軍可以保證其生命財產的安全。但是傅作義認為尚有實力，可以再堅持三個月，以致談判未獲結果。

一九四九年一月七日，傅作義派代表到平津前線司令部進行第二次談判。林彪、聶榮臻向其指出：北平、天津、塘沽、歸綏各點守軍應該開出城外，按照人民解放軍的制度進行改編。但是由於傅作義仍然抱持觀望態度，也未能達成協定。一月十三日，傅作義派與中共素有交往的鄧寶珊到平津前線司令部進行第三次談判。在談判中，林彪、羅榮桓、聶榮臻向其指出：各點守軍出城以後，應該一律投降。這一次，傅作義終於選擇交出軍隊。

一月二十二日～三十一日，駐北平的國民政府軍撤出城外，並且收編為人民解放軍。一九四九年一月三十一日，人民解放軍在北平人民的歡呼聲中開入城內，進行接管工作。最後，北平淪陷，平津戰役結束。

結果與影響

北平的淪陷，國民政府軍改編為人民解放軍，讓大批國民政府軍高級將領和建制部隊投降。

在平津戰役中，東北野戰軍和華北軍區部隊成功的將國民政府軍傅作義集團抑留於華北地區，進行戰略包圍和戰役分割，予以各個消滅，打贏這場戰爭。遼瀋戰役、徐蚌會戰和平津戰役的失敗，為國民政府撤退台灣，埋下伏筆。

兩伊戰爭

一場導致波斯灣局勢受國際關注的戰爭

西元一九八〇年九月～一九八八年八月二十日，伊拉克和伊朗為了爭奪邊界領土、打擊對方政權而進行一場戰爭，簡稱兩伊戰爭。這場戰爭是第二次世界大戰後持續時間較長、損失消耗最大的局部戰爭。兩伊戰火的蔓延，曾經導致美、蘇兩個超級大國在波斯灣地區的嚴重對立，致使波斯灣局勢一度緊張，成為國際社會廣泛關注的焦點。

起因

兩伊戰爭的起因非常複雜，既有長期的領土爭端、宗教派系對立，又有民族糾紛和領導者個人之間的恩怨。其中，宗教和領土問題是導致兩伊戰爭的主要原因。

伊朗和伊拉克同是伊斯蘭教國家，兩國的穆斯林多數屬於激進的什葉派，但是兩國什葉派穆斯林在國家政治生活中的地位迥然不同。一九七九年二月，伊朗伊斯蘭革命成功，什葉派宗教領袖柯梅尼建立以什葉派高級教士集團為核心的政教合一的伊斯蘭共和國。伊拉克復興黨政府在政治生活中卻努力使政教分離，削弱宗教勢力，將宗教活動納入政府控制的軌道。伊拉克是什葉派發源地，佔人口五十五％的什葉派穆斯林反政府勢力活躍，進而成為伊朗輸出革命的首要目標。

領土問題主要包括兩個方面。第一，阿拉伯河的邊界劃分問題。長約一百公里的阿拉伯河是伊朗和伊拉克南部的自然邊界，這段邊界原本以該河伊朗一側的淺水線為界，河流主權歸屬伊拉克。一九七五年三月，兩國領導人針對邊界問題舉行會談，並且簽署《阿爾及爾協定》，當時處境困難的伊拉克同意按照阿拉伯河主航道中心線劃定兩國河界，伊朗也答應歸還扎因高斯等四個地區約三百平方公里的原屬伊拉克的領土。事後，伊朗遲遲不交割土地，伊拉克認為《阿爾及爾協議》是「奇恥大辱」，多次要求重劃邊界，均遭伊朗拒絕。第二，波斯灣入口處三個小島的主權歸屬問題。一九七一年，伊朗佔領波斯灣入口處的阿布穆沙、大通布和小通布三個小島，並且使之成為可以控制波斯灣出入航道的軍事基地。伊朗的這個行動遭到波斯灣阿拉伯國家的反對，伊拉克的反對最激烈。

民族問題主要表現在伊拉克和伊朗兩國都有的一個少數民族——庫德族上，兩國圍繞這個民族大做文章。伊朗支持伊拉克境內二百萬庫德人的自治要求，伊拉克也支持伊朗境內的庫德人進行反對伊朗政府的鬥爭。此外，伊朗的領袖柯梅尼一度受到伊朗國王的迫害，在伊拉克的納賈夫附近流亡傳教。一九七八年初，海珊以「煽動伊拉克境內什葉派叛亂」的罪名，將柯梅尼驅逐出境。柯梅尼一直對此耿耿於懷，並且發誓要復仇。

兩伊戰爭爆發以前，伊拉克國富兵強，積極謀求波斯灣地區霸權，企圖趁柯梅尼政權立足未穩之際，對其進行打擊，以消除所面臨的威脅，並且徹底解決邊界爭端。因此，兩國關係日趨緊張，邊境衝突加劇。

經過

兩伊戰爭之前，伊朗總兵力二十四萬人，陸軍一百零四個旅約十五萬人，空軍七萬人，海軍二萬人，坦克二千輛，作戰飛機四百四十五架，各型艦艇五十一艘，另有革命衛隊約九萬人。伊拉克總兵力二十四萬二千人，陸軍十二個師又三個旅約二十萬人，空軍三萬八千人、海軍四千人，坦克近三萬輛，作戰飛機三百四十架，各型艦艇四十八艘，另有民兵約十萬人。伊朗經濟困難，政局動盪，國際處境孤立，並且武器裝備不足，軍隊與革命衛隊之間不夠協調，戰鬥力不能充份發揮。伊拉克雖然在經濟上有阿拉伯富國作為後盾，武器裝備供應充足，但是國土只有伊朗的四分之一強，人口約為三分之一，兵員嚴重短缺。

戰爭大致可以分為四個階段。

第一階段（一九八〇年九月～一九八二年六月），在這個階段，伊拉克全面進攻。

為了奪取有爭議的邊境領土，攻佔伊朗南部的阿巴丹等重要經濟地區，一九八〇年九月二十二日午夜，伊拉克出動大批飛機空襲伊朗。隨後，以五個師又二個旅近七萬人和一千二百輛坦克的地面部隊，在北起席林堡、南至阿巴丹約六百九十公里的邊界上，分北、中、南三路向伊朗境內推進，佔領席林堡、梅赫蘭、富凱和博斯坦等十個城鎮。十月二十四日，伊拉克又奪取霍拉姆沙赫爾西區，包圍蘇桑蓋爾德、阿巴丹，控制近二萬平方公里的伊朗領土。

伊朗倉促應戰，駐邊境地區的四個師退守重要城市，並且急調增援部隊阻滯對方進攻。同時，伊朗出動大批飛機轟炸伊拉克重要軍事目標與石油設施。十一月，伊拉克因為阿巴丹等城鎮久攻不克，進攻氣勢銳減，伊朗趁機開始局部反攻。一九八一年九月二十七日，伊朗轉入全面反攻，經由阿巴丹、博斯坦、胡齊斯坦和「聖城」等戰役，逐步收復失地，取得戰場主動權。一九八二年六月，伊拉克單方面宣佈停火，並且從伊朗撤軍。

第二階段（一九八二年七月～一九八四年二月），在這個階段，伊朗發動反攻。

為了奪取伊拉克領土，消耗伊拉克軍隊戰力，推翻或動搖海珊政權，一九八二年七月十三日～十八日，伊朗出動十萬兵力發起「齋月」戰役，首次進入伊拉克境內作戰，佔領巴斯拉地區約一百平方公里土地。後來，伊朗又先後發動「穆斯林・本・阿格勒」、「回曆一月」、「曙光」和「曙光」一～六號等九次戰役。到一九八四年二月，佔領伊拉克北部和南部共約三百多平方公里領土。二月二十二日，伊朗發起

「海巴爾」戰役，攻佔伊拉克南部盛產石油的馬季農島及其周圍地區共約一千平方公里土地。伊拉克消極防禦，被動挨打，多次要求停戰均遭拒絕。

第三階段（一九八四年二月～一九八八年三月），在這個階段，雙方展開地面拉鋸戰。

一九八四年二月，伊朗企圖迫使海珊下台，建立伊拉克伊斯蘭共和國，不顧伊拉克停戰要求和國際調停，繼續發動進攻，先後發動「巴德爾」、「曙光」八～九號、「聖城」一～九號和「佐法爾」一～六號等五十多次戰役。在一九八六年二月的「曙光」八號戰役中，伊朗攻佔伊拉克南部主要出海口法奧地區；在一九八八年一月的「聖城」二號戰役中，奪取伊拉克北部約一百一十平方公里土地；在一九八八年三月的「曙光」十號戰役中，佔領伊拉克北部重鎮哈萊卜傑，奪地一千多平方公里。

伊拉克則守中有攻，先後在中線和南線多次發起進攻，並且利用伊朗反政府武裝配合作戰。為了改變戰場態勢，阻止伊朗進攻並且削弱其戰爭潛力，伊拉克除了在地面戰鬥中使用化學武器以外，還於一九八四年二月和一九八五年三月率先進行「襲船戰」和「襲城戰」，攻擊對方石油輸出終端和軍事、經濟目標。伊朗針鋒相對、予以還擊，在空軍力量不足的情況下，率先使用地對地彈道飛彈，引起雙方「飛彈戰」。

由於伊朗使用飛彈襲擊科威特，並且威脅到波斯灣其他國家的石油輸出，自一九八七年七月開始，美、蘇、英、法等國先後出動八十多艘軍艦在波斯灣為油輪護航。在這個期間，美國海軍曾經多次和伊朗發生衝突，戰火由兩伊邊境蔓延到波斯灣地區。

第四階段（一九八八年三月～一九八八年八月），在這個階段，伊拉克重新掌握戰場主動權。

一九八八年是兩伊戰爭出現重大轉折的一年，上半年，伊朗經濟危機加劇，國際壓力增大，戰場形勢惡化，伊拉克採取以戰迫和方針，繼續對伊朗縱深目標實施飛彈襲擊。在二月到四月，雙方使用數百枚飛彈襲擊對方的城鎮，掀起一場空前規模的「襲城戰」。在此後的相持中，伊拉克逐漸佔上風。

四月十七日，伊拉克軍隊對法奧地區的伊朗守軍發動代號為「齋月」的攻勢，經過兩天激戰，全部收復被伊朗佔領兩年之久的法奧地區，並且攻佔伊朗的代赫洛蘭及其周圍地區，隨後主動撤離。在其他地區，伊拉克共佔領伊朗二千多平方公里土地。外國軍事專家評論，這是「兩伊戰爭的轉捩點」，它「打開結束兩伊戰爭的大門，為兩伊通向和平開闢道路」。

一九八八年七月十四日，伊朗政府在欲戰不能、欲罷不忍的境況下，宣佈接受聯合國安理會關於和平解決爭端的五九八號決議。八月二十日，雙方在聯合國軍事觀察團的監督下，全面停火。伊拉克於一九九〇年八月十五日宣佈五天內從伊朗撤軍，接受一九七五年簽定的阿爾及爾協定並且開始釋放戰俘。至此，長達八年的兩伊戰爭，終於落下帷幕。

結果與影響

在這場戰爭中，伊拉克方面死亡十八萬人、傷二十五萬人、被俘五萬多人，損失作戰飛機二百五十架、坦克二千多輛、火炮一千五百門、艦艇十五艘。伊朗方面戰死三十五萬人、傷七十萬人、被俘三萬多人，損失作戰飛機一百五十架、坦克一千五百輛、火炮一千二百門、艦艇十六艘。兩國軍費開支近二千億美元，經濟損失約五千四百億美元。在雙方「襲船戰」中，航行於波斯灣的各國油輪共五百四十六艘被擊中，四百餘名船員喪生。不僅給這些國家帶來經濟損失，還使海洋受到污染，很多生物面臨滅頂之災，嚴重破壞地球環境。此外，巨額的軍費開支，使兩國原來靠石油出口累積的巨額財富耗費殆盡，並且各自欠下幾百億美元的外債。

戰爭使雙方的綜合國力受到很大削弱，削弱伊朗輸出伊斯蘭革命的態勢，推遲中東地區主要焦點問題以、阿爭端和平解決的過程，刺激中東地區各國對地對地飛彈、化學武器等大規模殺傷性兵器的需求，引起新的軍備競賽。伊拉克在這場競賽中略佔上風，以至很快忘卻戰爭教訓，停火兩年以後貿然武裝入侵科威特，釀成規模空前、給伊拉克帶來災難性打擊的波斯灣戰爭。

此次戰爭是雙方大量使用先進或是比較先進的武器，人力、物力、財力消耗巨大，最終結局無明顯勝負的現代局部戰爭，戰爭久拖不決的主要原因是：雙方對彼此的政治、經濟和軍事形勢缺乏全面認識，戰爭指導帶有盲目性，戰略決策失當；美、蘇等國不願兩伊決一雌雄，竭力維持雙方實力平衡，使戰爭過程和結局受到制約。但是此次戰爭顯示現代局部戰爭中，裝備與物資損耗巨大、彈道飛彈和化學武器具有一定威懾作用等特點，為軍事科學的研究，提出新課題。

兩伊戰爭給人們留下一些有益的啟示。

第一，巨額資金可以買到現代化武器裝備，但是買不到軍隊的現代化水準。因此，引進外國先進的武器裝備，一定要與本國實際互相結合。自一九七三年以來，伊拉克和伊朗耗資數千億美元，從國外競相引進大量先進的武器裝備。但是兩伊的工業基礎薄弱，許多先進武器的零配件本國無力配修，彈藥主要靠國外供給，再加上兩國士兵的文化程度很低，很難掌握新式武器。因此，這種靠錢買「現代化」的做法，非但沒有改變他們對現代戰爭「外行」的狀況，反而導致「消化不良」。因此，武器裝備的程度不能代表軍隊現代化的程度，只有具有與先進的技術和武器裝備互相適應的戰略戰術思想，才可以充份發揮武器效能，贏得作戰的勝利。

第二，現代局部戰爭中，仍然應該以殲敵為主要目標，不應該過份糾纏於一城、一地的得失。兩伊戰爭中，幾乎所有的戰役都是以城市為目標的攻防戰，雙方滿足於攻城掠地的表面「勝利」，忽視大量殲滅敵人戰力。因此，雙方軍隊都沒有受到重創，使戰爭久拖不決，形成「拉鋸戰」。儘管攻城奪地是戰爭中的重要作戰行動，但是如果不殲滅對方戰力，就可能使敵人獲得喘息的機會，進而使自己前功盡棄，甚至會導致局勢逆轉。

第三，現代條件下的局部戰爭，固然應該重視速戰速決，但是也應該有長期作戰的準備。戰爭初期，伊拉克採取突然襲擊的閃電行動，旨在實現速戰速決的戰略企圖，並且取得一定的效果。但是由於把戰爭賭注完全押在這一點上，在思想上和物資上缺乏長期作戰的準備，因此，在速戰速決的企圖被對方粉碎以後，就逐漸由主動轉為被動。伊朗仗著國大人多的優勢，採取「持久戰」的戰略，在持久中消耗對方的實力，磨垮對方的意志，進而一舉將伊拉克軍隊逐出國境，取得重大勝利。

福克蘭群島戰爭

精確武器被成功使用的戰爭

西元一九八二年三月～六月，英國和阿根廷圍繞福克蘭群島等三個群島的主權問題，爆發戰爭，稱為福克蘭群島戰爭。這場戰爭是第二次世界大戰結束以後，南大西洋首次爆發的一場規模較大的海上衝突。雖然它的規模不大，持續時間不長，但是為現代條件下的局部戰爭，特別是海上作戰，創造新經驗，提出值得重視的新問題，因而引起全世界的關注。

起因

福克蘭群島也稱馬爾維納斯群島，位於靠近南美洲的大西洋海面上，扼大西洋通往太平洋航道的要衝，有重要戰略價值。它由三百四十六個大小島嶼組成，面積一萬二千一百平方公里。此外，另有兩個群島與福克蘭群島在地理上相隔較遠，但是在地緣上幾乎融為一體，它們是南喬治亞群島和南桑威奇群島。英國認為福克蘭群島最先由英國人發現，理應歸英國所有。

阿根廷認為福克蘭群島在一七七〇年已經歸西班牙所有，在此之前，英國缺乏有效先佔行為，阿根廷在一八二〇年從西班牙手中接管福克蘭群島，因此擁有合法佔有權。一八三三年，英國以武力奪取福克蘭群島，一九四三年，向島上派出第一位總督。阿根廷保留對福克蘭群島的主權要求，兩國紛爭一直延續下來。一九六四年，聯合國非殖民化特別委員會邀請兩國舉行談判，以求和平解決爭端。從此，英、阿雙方曾經多次進行關於該群島主權的談判，但是成效甚微。一九八一年底，加爾鐵里就任阿根廷總統。不久，阿軍制定旨在武力收復福克蘭群島的「羅薩里奧行動」計畫。

一九八二年三月十九日，阿根廷根據和英國的協定，由商人達維多夫率領斯科蒂斯公司的六十人，乘海軍運輸船來到南喬治亞島利斯港拆除一個舊鯨魚加工廠。上島工人不僅沒有拆除這個加工廠，還在島上升起阿根廷國旗。三月二十二日，英國外交部針對此事向阿根廷政府提出抗議。三月二十三日，阿根廷軍人執政委員會舉行會議，討論此事的解決方案。透過討論，會議做出將「羅薩里奧行動」計畫付諸執行的決策。三月二十六日，阿根廷出動三支海軍聯合艦隊，分別於四月二日和三日實施登陸突擊行動，一舉奪取福克蘭群島等三個群島，福克蘭群島戰爭因此爆發。

經過

在這次戰爭中，阿根廷出動地面部隊一萬三千人、作戰艦艇二十二艘、飛機約三百七十架（其中有約二百架戰鬥機）。英國出動地面部隊九千人、艦船一百一十八艘（其中有作戰艦艇四十餘艘）、飛機約二百七十架（含戰鬥機六十架）。整個戰爭過程，大致可以分為三個階段。

第一階段（一九八二年四月二日～十一日）

英國對阿根廷的行動迅速做出反應，福克蘭群島被佔當日下午，英國政府立即召開內閣會議，做出和阿根廷斷交、並且派出聯合特遣艦隊收復失地的決定。四月三日，英國成立以柴契爾夫人為主席的戰時內閣，戰時內閣決定成立聯合作戰司令部，並且在其下建立第三一七聯合特遣艦隊司令部、登陸部隊司令部和第三二四潛艇聯合部隊司令部，負責收復福克蘭群島的作戰行動。五十歲的海軍少將伍德沃德擔任聯合特遣艦隊司令，五十四歲的海軍陸戰隊少將摩爾擔任登陸部隊司令官。英國的整體意圖是透過對福克蘭群島的封鎖，迫使阿根廷從島上撤軍，如果不能奏效，則以此對阿根廷造成壓力，增強英國在外交談判中的地位，同時為聯合特遣艦隊的展開和必要時在福克蘭群島的登陸創造條件。英國國防部和海軍出動各型海軍艦艇六十一艘，運送軍隊，取得制海權。同時，為了滿足從英國本土到福克蘭群島長途補給的需要，還制定徵用商船的計畫。經過三天的緊急作業，四月五日，聯合特遣艦隊第

上古時期 BC
漢
0
100
200
三國
晉
300
400
南北朝
500
隋朝
600
唐朝
700
800
五代十國
900
宋
1000
1100
1200
元朝
1300
明朝
1400
1500
1600
清朝
1700
1800
1900
中華民國
2000

一梯隊由英國本土各港口和直布羅陀出航。國防部於同日發佈經英國女王簽署的徵用商船的命令，被徵用各類商船達六十七艘。在完成上述步驟之後，四月七日，英國宣佈自四月十二日格林威治時間四時開始，對福克蘭群島周圍二百海浬海域實行軍事封鎖。

阿根廷佔領福克蘭群島以後，也展開一連串的戰略部署。阿根廷的整體指導思想是透過戰爭動員和一連串備戰措施，做好抗擊英軍的準備，以堅決的迎戰姿態，迫使英國放棄軍事行動，接受既成事實，同時配合外交手段，希望在談判中解決福克蘭群島的主權歸屬問題。為此，阿根廷完善準備島上的行政和作戰指揮機構，成立南大西洋戰區司令部。從四月二日到十二日，阿根廷從海上和空中向福克蘭群島緊急空運人員和物資，使島上兵力達到一萬三千人。阿軍將防守的重點放在福克蘭群島最東面的首府史坦利港，根據這個原則，建立防禦部署。英、阿兩國的軍事行動，引起國際社會的強烈反應，許多國家紛紛表明自己的立場，並且做出援助行動。同時，國際調停和斡旋活動也開始積極進行。但是，由於雙方在先撤兵或先承認主權問題上相持不讓，國際調停沒有取得成功。隨著英國宣佈的封鎖日期的到來，戰爭進入封鎖與反封鎖階段。

第二階段（一九八二年四月十二日～五月二十日）

四月十二日，英國開始對福克蘭群島周圍二百海浬海域實施封鎖。在封鎖的初期，阿軍繼續完善防禦部署，英軍則經阿森松島向福克蘭群島開進，並且使之成為下一步作戰行動的臨時後方基地。四月二十三日，英軍奪佔阿軍防守薄弱的南喬治亞島。二十九日，英軍聯合特遣艦隊抵達福克蘭群島水域，開始按照計畫對福克蘭群島海域實施嚴密封鎖，並且將封鎖圈從海上擴展到空中。

五月四日上午，阿根廷海軍三架「超級軍旗」式戰鬥機以法國製「飛魚」反艦飛彈，擊沉英國的「雪菲爾」號驅逐艦。五月七日，英國聯合特遣艦隊指揮部通過「薩頓」兩棲登陸計畫。五月十二日，聯合特遣艦隊後續部隊第五步兵旅乘「伊莉莎白二世女王」號客輪，從南安普敦啟程開赴戰區。五月十一至十四日，英軍特種部隊的突擊隊員，摧毀英國選定登陸點附近的貝卜爾島上的機場等目標。阿根廷對這些情況未能做出準確判斷，誤認為英軍是企圖打一場持久的消耗戰，因此在軍事上陷入被動。

英軍選定的登陸點位於與福克蘭群島首府史坦利港相反的福克蘭群島最西端，想要從這裡登陸，先要進入福克蘭群島東、西兩島間的福克蘭海峽，上島以後還要向東前進八十多公里，才可以抵近史坦利港。這樣做雖然困難較大，但是可以達成突擊性。五月二十日，英國登陸突擊編隊完成集結；二十一日凌晨，登陸行動全面展開。上午十時許，第一批二千八百名官兵和大部份裝備已經登陸完畢。這些部隊登陸以後，立即構築防禦陣地，並且用艦炮和各種防空飛彈以及高射機槍，組成密集的防空火力網。

第三階段（一九八二年五月二十一日～六月十四日）

五月二十一日，阿根廷軍隊在查明英軍登陸情況以後，立即進行大規模空中反擊。當天，阿軍出動各型飛機三十餘架七十多架次，擊沉英軍「熱情」號護衛艦，擊傷四艘其他艦船。五月二十二日～二十五日，阿軍平均每天出動飛機約一百二十餘架次，先後炸沉英軍「羚羊」號護衛艦、「科芬特里」號驅逐艦和「大西洋運送者」號大型運輸船。阿根廷空軍的反擊給英軍造成嚴重損失，但是由於實力的限制和英軍的抗擊，並沒有產生完全破壞英軍登陸計畫的作用。五月二十五日晚上，英軍第一梯隊五千多人連同三萬二千多噸的作戰物資全部登陸完畢，登陸場面積達到一百五十平方公里。英軍登陸以後，根據地形和阿軍防禦態勢，決定從南、北兩路分進合擊，向史坦利港周邊發動鉗形攻勢，等到後援部隊第五步兵旅登陸以後，向史坦利港發起總攻。從這個時候開始，激烈的戰鬥就從海上移到陸地。

阿軍在史坦利港周邊共設有三道防線，最後一道以無線嶺、欲墜山、威廉山、工兵山等高地為依託，被稱為「加爾鐵里防線」。五月二十九日，英軍北路到達史坦利港周邊指定地域。五月三十一日，英軍南路也到達史坦利港周邊指定地域。五月三十日，後續部隊第五步兵旅在登陸點上陸，並且於六月十日輾轉進入總攻陣地。六月十一日黃昏，英軍二個旅共八個營向阿軍主陣地發起總攻。經過三天激戰，十四日早晨，英軍突破阿軍的最後一道防線。當日下午，英軍登陸部隊司令官摩爾少將與阿根廷守島部隊司令官梅南德茲少將舉行會晤，同意自格林威治時間當日十九時開始，實行正式停火。六月十九日，英國聯合特遣艦隊的一支特遣部隊又奪取南桑威奇島，至此，歷時七十四天的福克蘭群島戰爭，宣告結束。

結果與影響

在福克蘭群島戰爭中，英國傷亡和被俘人員達一千二百餘人，被擊沉艦船六艘，被擊傷二十一艘，損失飛機三十餘架。阿根廷傷亡和被俘人員達一萬三千七百人，被擊沉艦船五艘，被擊傷六艘，損失飛機一百餘架。戰爭的結果是，英軍重新佔領福克蘭群島，取得這個島嶼的佔領權。福克蘭群島戰爭是一場領土主權的爭奪戰，它在戰爭指導、戰爭動員等方面，都給予人們深刻啟示。

波斯灣戰爭

一場充份展示現代高科技的戰爭

波斯灣位於西亞中部，周圍國家是世界石油主要產區，戰略地位特別。西元一九九一年一月十七日～二月二十八日，這個地區爆發第二次世界大戰以後，區域較大的局部戰爭——波斯灣戰爭。它是以美國為首的多國聯盟，在聯合國安理會的授權下，為了恢復科威特領土完整而對伊拉克進行的戰爭。

起因

由於種種的歷史原因，伊、科兩國圍繞主權和邊界問題存有爭端。伊拉克對科威特覬覦已久，一九六一年拒不承認科威特獨立，並且企圖以武力將其併吞，因為遭到英國干預和其他阿拉伯國家反對，才於一九六三年承認其獨立。此後，伊拉克和科威特因為邊界問題，多次發生糾紛和衝突。

八〇年代末，隨著兩伊戰爭的結束和美、蘇關係的緩和，伊、科潛在的問題逐漸明顯。

兩伊戰爭以後，伊拉克陷於經濟困境，要求科威特減免其在兩伊戰爭中欠下的巨額債務，並且指控科威特超產石油和偷採邊境石油，導致伊拉克石油收入銳減，要求科威特賠款和道歉；同時還向科威特提出重劃邊界和租用布比延島與沃爾拜島九十九年的要求。

一九九〇年七月，伊拉克的一連串無理要求遭到科威特的強烈拒絕以後，遂定下以武力併吞科威特的決心。

一九九〇年八月二日科威特時間凌晨一時，在經過周密準備之後，伊拉克共和衛隊三個師越過伊、科邊界，向科威特發起突襲。

同時，一支特種作戰部隊從海上對科威特市實施直升機突擊。黎明時分，東、西對進的兩支部隊開始攻打市內目標。倉促中，科威特國王薩巴赫攜部份王室成員逃到附近的美國軍艦上避難，薩巴赫的胞弟法赫德親王在保衛王宮的戰鬥中陣亡。下午四時，伊拉克軍隊佔領科威特全境。八月八日，伊拉克宣佈科威特為自己領土的一部份，並且將其定為第十九省。

伊拉克的侵略行徑，引起全世界極大震驚，聯合國先後多次通過反對伊拉克入侵科威特並且對伊實施制裁的決議。同時，這個侵略事件也衝擊美國的霸權主義政策，為以美國為首的西方國家出兵波斯灣提供藉口。

美國出兵波斯灣的戰略目的有三點：

第一，控制波斯灣石油資源，掌握西方經濟命脈，鞏固其在西方世界的「領導」地位；

第二，長期駐足波斯灣，在中東建立以美國為主導的「新秩序」；

第三，制服強國伊拉克，保持波斯灣地區的力量均衡，維護美國全球利益。

伊拉克佔領科威特當天，美國「獨立號」航空母艦即奉命駛往波斯灣。八月二日和三日，美國總統布希主持召開國家安全委員會全體會議研究對策，最終決定採取大規模軍事部署行動，迫使伊拉克撤軍，並且為必要時採取軍事打擊行動做好準備。八月六日，負責中東地區防務的美軍中央總部擬定「沙漠風暴」行動計畫，八月七日，布希總統正式批准這個計畫。與此同時，聯合國安理會也通過要求伊拉克無條件撤出科威特並且對伊拉克實施貿易禁運等決議。

美國以執行聯合國決議的名義，建立多國聯盟，英、法等三十八個國家出於不同目的，派遣二十餘萬人的戰鬥部隊或支援部隊，日本等十多個國家向美國捐款五百四十餘億美元，作為戰略經費。

一九九〇年十一月二十九日，聯合國安理會通過第六七八號決議，限定伊拉克在一九九一年一月十五日前撤出科威特，並且授權聯合國成員國在一月十五日以後，可以使用武力將伊拉克逐出科威特。

一九九一年一月十七日，當地時間凌晨二時，在伊拉克拒不執行聯合國安理會第六七八號決議的情況下，多國部隊空襲伊拉克，發起「沙漠風暴」行動，波斯灣戰爭因此爆發。

經過

開戰前夕，多國部隊總兵力為六十九萬人（美軍四十五萬人）、裝甲車三千餘輛（其中美軍二千二百輛）、坦克三千五百餘輛（美軍二千餘輛）、作戰飛機五千餘架（美軍二千餘架）、艦艇二百五十餘艘（美軍一百四十艘），部署在伊拉克與科威特周圍地區，對伊拉克呈現包圍態勢。

其中，美、英、法三國的地面部隊主力位於縱深，埃及、敘利亞以及波斯灣六國的陸軍部隊部署在沙烏地阿拉伯與科威特邊境前端；空軍部署在沙烏地阿拉伯、卡達、阿曼、巴林、阿拉伯聯合大公國、土耳其和美軍迪戈加西亞空軍基地；海軍部署在波斯灣、阿曼灣、地中海和紅海。其中，在紅海和波斯灣各有三個航空母艦戰鬥群。戰區內所有部隊均接受沙烏地阿拉伯武裝部隊司令哈立德中將和美軍中央總部司令史瓦茲科夫上將的統一指揮，各國部隊又分別接受本國最高當局的命令和指示。

多國部隊的作戰目的，是以連續不斷的高強度空襲，摧毀伊拉克的戰爭潛力和戰略反擊能力，震撼其士氣民心，重創其地面部隊，癱瘓其防禦系統；然後，在海、空軍的支援下，以出其不意的地面進攻、快速堅決的縱深穿插和迂迴包圍，將伊軍主力殲滅於科威特北部和伊拉克南部地區，迫使伊拉克結束戰爭；同時，給以色列足夠的軍事援助，以免以色列捲入戰爭，導致多國聯盟破裂，給伊可乘之機。

伊拉克整體戰略指導思想是，拖延戰爭爆發，使波斯灣衝突長期化、複雜化，進而分化以美國為首的軍事陣營，打破對伊拉克的各項制裁，同時做好軍事上防禦作戰的準備。為此，它在外交上打出「聖戰」的旗號，並且將撤軍問題和以色列從阿拉伯被佔領土撤軍連結在一起，以轉移阿拉伯國家的矛頭；在經濟上採取內部緊縮、對外尋求支持的政策；在軍事上加緊擴軍備戰，恢復和新建二十四個師，使軍隊總兵力達到七十七個師。

戰爭爆發的時候，伊軍總兵力一百二十萬人、作戰飛機七百七十餘架、坦克五千八百餘輛、裝甲車五千一百餘輛、火炮三萬八千餘門、地對地飛彈八百餘枚；在南部戰區部署四十三個師約四十五萬餘人，並且在科、沙邊境地區構築包括兩個防禦地帶的「海珊防線」；共和衛隊八個師為戰略預備隊，部署在伊、科邊界以北地區；在北部戰區部署二個軍約十七～十八個步兵師，以備美軍在土耳其方向開闢第二戰場；在西部戰區部署一～二個步兵師；在中部地區部署一個軍三個步兵師，另有一個師和四個旅部署在首都巴格達周圍；所有部隊由海珊直接指揮。

戰爭主要由兩個部份組成，即空中戰爭和地面戰爭。

空中戰爭的目的是奪取和保持制空權，摧毀伊拉克的核、生化武器，以及主要軍工廠、軍事設施和軍事力量，癱瘓伊軍指揮系統，瓦解科威特境內伊軍，為地面戰爭的進行，創造有利條件。

因此，空中戰爭包括戰略性空襲、奪取戰區制空權和為地面進攻做好戰場準備。經過十一天的空襲，多國部隊已經完全掌握制空權；第三週以後，空中行動的重點，轉入科威特戰區。

到了二月二十三日，多國部隊共出動飛機近十萬架次，投彈九萬噸，發射「戰斧」巡弋飛彈二百八十八枚、空射巡弋飛彈三十五枚。

並且，他們還使用各種最新式飛機和精確武器，對選定目標實施多方向、多波次、高強度的持續空襲，極大的削弱伊軍的指揮、控制、通信和情報能力，減弱伊軍的戰略反擊能力，使得伊軍前端部隊損失近五〇%，後方部隊損失約二十五%，為地面進攻創造條件。

相反的，伊軍實施消極防禦，以藏於地下、隱真示假、疏散國外等措施躲避空襲，保存實力。同時，不斷以「飛毛腿」飛彈襲擊以色列、沙烏地阿拉伯、巴林境內的目標，企圖使多國部隊出動大量飛機尋殲這些飛彈，延長空中戰役時間。但是，伊軍發射的「飛毛腿」飛彈多數偏離預定目標，或是被美國「愛國者」防空飛彈擊落，因此沒有達到預期目的。此外，伊軍曾經試圖以向波斯灣傾洩石油、點燃科威特油井和使用化學武器等手段，阻滯和遏止多國部隊的軍事行動，均以失敗告終。

一九九一年二月二十四日，多國部隊發動地面戰爭。地面戰爭的目的是消滅科威特戰區的伊軍，特別是共和衛隊，恢復科威特領土主權和合法政府。在地面戰爭發起前，多國部隊成功實施戰役欺騙，美國第七軍和美國第十八空降軍從沙、科邊界以南向西機動數百公里，進抵沙、伊邊境的進攻出發地域。確認伊軍前線兵力損失近半並且對上述西調行動毫無察覺以後，多國部隊於一九九一年二月二十四日當地時間四時發起地面進攻。

多國部隊在沙、科、伊三國邊界正面由東向西展開五個進攻集團：阿拉伯國家東線聯合部隊沿海岸向北進攻，佔領科威特市；美國第一陸戰遠征部隊從沙、科邊界「肘部」向北進攻，奪取穆特拉山口，切斷科威特市通往科威特東北部的道路，將伊軍主力吸引到科威特；阿拉伯國家北線聯合部隊從沙、科邊界西段向阿里塞萊姆機場方向進攻，聯合右鄰部隊消滅科威特境內伊軍並且佔領科威特市；美國第七軍實施主要突擊，避開伊軍在科國境內構築的防線，從巴廷幹河以西向北推進，直插伊拉克縱深，爾後揮師東進，與其左鄰第十八空降軍共同作戰，將伊拉克共和衛隊圍殲在巴斯拉以南地區；美國第十八空降軍實施輔助突擊，從沙、伊邊界突入伊境至幼發拉底河岸，控制薩瑪沃以東通往巴格達的八號公路，孤立科威特境內伊軍部隊，幫助美國第七軍殲滅伊軍共和衛隊。

進攻首先由美國第一陸戰遠征部隊發起，阿拉伯國家東線聯合部隊在波斯灣多國部隊海軍和兩棲部隊的配合下，發起進攻，吸引伊軍注意力，為西部主攻部隊的進攻創造條件。

美國第七軍原本計畫二月二十五日發起進攻，後來因為東部三個進攻集團和美國第十八空降軍進展迅速，而且科威特境內的伊軍有北撤跡象，遂提前於二十四日午後發起攻擊。

美國第七軍和美國第十八空降軍利用空中機動和裝甲突擊力強等優勢，在海、空軍的支援下，實施「左勾拳」計畫，將伊拉克共和衛隊合圍於巴斯拉以南地區。

伊軍遭受三十八天空襲以後，損失慘重，指揮中斷，補給告罄，再加上對戰場情況不明，對多國部隊主攻方向判斷失誤，防禦體系迅速瓦解。在此期間，伊軍繼續向沙烏地阿拉伯、以色列和巴林發射飛彈，使美軍傷亡百餘人。在波斯灣佈設水雷一千一百多枚，炸傷美國海軍二艘軍艦，但是未能扭轉敗局。

一九九一年二月二十六日，海珊宣佈接受停火，伊軍迅即崩潰。二十八日清晨八時，多國部隊宣佈停止進攻，歷時一百小時的地面戰爭至此結束。暫時停火以後，伊拉克表示接受美國提出的停火條件，願意履行聯合國安理會歷次通過的有關各項決議。

在此基礎上，聯合國安理會於四月三日以十二票贊成、一票反對、二票棄權，通過波斯灣正式停火決議，即六八七號決議，波斯灣戰爭至此宣告結束。

結果與影響

在這場戰爭中，伊拉克部署在科威特戰區的四十三個陸軍師，幾乎全部喪失戰鬥力，傷亡差不多十萬人，被俘八萬六千人，損失坦克三千八百多輛、火炮二千九百多門、裝甲車一千四百多輛、飛機三百餘架，八十七%的海軍作戰艦艇遭到重創或是被擊毀。

美軍戰死約四百人、受傷三千三百餘人、被俘二十一人、失蹤四十五人，損失飛機三十四架、直升機二十二架、坦克三十五輛，二艘海軍艦艇觸雷負傷，英軍死亡三十六人、受傷四十三人、失蹤八人、被俘十二人，損失飛機七架，其他國家軍隊也損失輕微。

伊拉克損失達二千餘億美元，科威特直接戰爭損失六百億美元，美國耗資六百億美元。

波斯灣戰爭是在國際條件和地理條件特殊、雙方實力對比懸殊的情況下進行的，其教訓有一定的局限性。但是它是共黨世界瓦解、冷戰結束後的第一場大規模局部戰爭，深刻的反映世界向新格局過渡的時候各種問題的變化，是這些問題局部加深的結果。同時，它對冷戰以後國際新秩序的建立，產生深刻的影響。

此戰是第二次世界大戰結束以後現代化程度較高的戰爭，廣泛使用二十世紀八〇年代末、九〇年代初最先進的高技術武器裝備，展現人類社會生產力特別是科學技術的發展所引起的戰爭特徵的革命性變化，這些變化主要是：

武器裝備建立在高度密集的技術基礎之上；

攻擊方式已經不再以大規模毀傷為主，而是在破壞力相對降低的基礎上，突顯打擊的精確性；

整個戰爭的範圍與過程，被視為一個完整的系統，戰爭的協調性和時間性空前的明顯。

它也展示新的作戰方法和作戰思想運用於戰爭而產生的作戰模式的諸多新特點，這些特點主要包括：空中作戰已經成為一種獨立作戰模式；機動作戰是進攻作戰的基本方式；遠端火力戰是主要的交戰手段；電子戰是伴隨「硬殺傷」所不可缺少的作戰方式；夜戰是一種新的戰鬥方式。

透過波斯灣戰爭，各國認識到：掌握電磁空間的控制權，對於取得戰爭勝利，具有重大意義；戰略空襲已經成為戰爭的獨立階段，對戰爭的影響很大；在地面戰鬥中，實施戰術欺敵、加強海空合作、實施大縱深迂迴包圍、重點打擊對方重兵集團，對於迅速達成戰役目的，產生重要的作用；高技術武器裝備雖然在戰爭中發揮巨大威力，但是如果沒有可靠的技術保障和後勤保障，還是難以充份發揮作用。

成功講座 380

影響世界歷史的
50場戰爭

海鴿文化出版圖書有限公司
Seadove Publishing Company Ltd.

作者　張彩玲
美術構成　騾賴耙工作室
封面設計　九角文化設計
發行人　羅清維
企劃執行　林義傑、張緯倫
責任行政　陳淑貞

出版　海鴿文化出版圖書有限公司
出版登記　行政院新聞局局版北市業字第780號
發行部　台北市信義區林口街54-4號1樓
電話　02-27273008
傳真　02-27270603
E-mail　seadove.book@msa.hinet.net

總經銷　創智文化有限公司
住址　新北市土城區忠承路89號6樓
電話　02-22683489
傳真　02-22696560
網址　www.booknews.com.tw

香港總經銷　和平圖書有限公司
住址　香港柴灣嘉業街12號百樂門大廈17樓
電話　（852）2804-6687
傳真　（852）2804-6409

CVS總代理　美璟文化有限公司
電話　02-2723-9968
E-mail　net@uth.com.tw

出版日期　2022年04月01日　三版一刷
定價　380元
郵政劃撥　18989626　戶名：海鴿文化出版圖書有限公司

國家圖書館出版品預行編目資料

影響世界歷史的50場戰爭／張彩玲作.--三版，--臺北市 ：
海鴿文化，2022.04
面 ；　公分. －－（成功講座；380）
ISBN 978-986-392-453-1（平裝）

1. 戰史　2. 世界歷史

592.91　　111004003